电力电子建模和能量转换系统接口

Modeling Power Electronics and
Interfacing Energy Conversion Systems

〔美〕M. 戈多伊·西蒙斯(M. Godoy Simões)

〔巴西〕费利克斯·A. 法雷(Felix A. Farret) 著

孟繁荣 巩 冰 王 辉 译

科学出版社

北 京

图字：01-2019-2148 号

内 容 简 介

随着科学技术的发展，电力电子技术与其他学科的交叉和融合越来越深入，从事电力电子方面的研究人员往往需要具有多个学科的理论基础，本书正是适应这样的需求而编写的。本书内容涉及电力电子技术、电力系统、电能质量和可再生能源系统等多元化主题的数学分析和建模仿真技术，不但包括电路分析、电力电子系统建模、DC/DC 变换器和逆变器的控制、电能质量、能量转换等基础知识和基本概念，还包括数据处理、测量仪器和传感器技术、仿真建模技术和 DSP 硬件实现等相关技术的介绍。本书的撰写采用基于问题导向的学习方法，在每一章中都会先进行理论背景介绍，然后描述所要解决的问题以及要实现的目标，辅以案例或具体的实验内容来详细分析和说明，并给出了具体的解决方案和程序模型，便于读者更好地理解和掌握各章的内容。

本书可供从事电力电子技术、电力系统和可再生能源发电系统的研究和工程设计人员参考，也可以作为研究生或高年级本科生的辅助教材。

图书在版编目 (CIP) 数据

电力电子建模和能量转换系统接口/(美) M. 戈多伊·西蒙斯 (M. Godoy Simões)，(巴西) 费利克斯·A. 法雷 (Felix A. Farret) 著；孟繁荣，巩冰，王辉译. 一北京：科学出版社，2021.5

书 名 原 文：Modeling Power Electronics and Interfacing Energy Conversion Systems

ISBN 978-7-03-066775-5

Ⅰ. ①电…　Ⅱ. ①M… ②费… ③孟… ④巩… ⑤王…　Ⅲ. ①电力电子学-系统建模　Ⅳ. ①TM1-39

中国版本图书馆 CIP 数据核字 (2020) 第 224860 号

责任编辑：余　江/责任校对：王　瑞
责任印制：张　伟/封面设计：迷底书装

科 学 出 版 社 出版
北京东黄城根北街 16 号
邮政编码：100717
http://www.sciencep.com

北京凌奇印刷有限责任公司 印刷
科学出版社发行　各地新华书店经销
*
2021 年 5 月第 一 版　开本：787×1092　1/16
2022 年 12 月第二次印刷　印张：16 3/4
字数：397 000

定价：118.00 元
(如有印装质量问题，我社负责调换)

译 者 序

目前在全世界范围内，电力电子的相关理论与技术的发展对各行各业有着极其深远的影响，尤其是在可再生能源发电、电力系统、电力拖动等领域更是不可或缺的组成部分。因此，社会需要更多的电力电子方面的工程师和技术人员，对专业人员的培养也显得尤为重要。

本书适合电力电子方向高年级本科生、低年级研究生及相关的技术人员阅读，作者希望能够将电力电子及其应用领域的内容都呈现给读者，但由于相关问题涉及内容较多，作者只能从基础和主体内容方面加以介绍，较为细致和深入的问题需要读者进一步查阅资料并进行研究。

本书是由美国科罗拉多矿业大学（Colorado School of Mines）的教授 M. Godoy Simões 和巴西圣玛丽亚联邦大学（Federal University of Santa Maria）的教授 Felix A. Farret 合著，由 Wiley 出版社和 IEEE 出版社联合出版的高质量的专业书籍。相比于其他有关书籍和论文，它有着极其突出的特点：第一，本书涉及面广，以电能为媒介，将电力电子技术、电力系统、新能源发电技术、电能质量评估及监测等方面有机地融合在一起，让读者对电力电子、电力系统以及智能电网等方面有一个整体的认识。在本书中，电路原理、模拟电子技术、数字电子技术、电力电子技术、数字信号处理、自动控制原理等课程不再是独立学习的知识，而是应用于实际分布式发电系统和智能电网的各个方面，读者通过本书学会如何将所学的知识融会贯通，并使用合适的软件平台和硬件条件来解决实际的工程问题。第二，本书的撰写具有创新性，采用了问题导向的方式来展开学习内容，有些部分还采用了项目导向的论述方式。这种方式非常适合新工科背景下以学生为中心，培养高层次工程应用人才的需要。在每一章，作者先简要介绍相关的背景知识，然后提出要解决的问题和要实现的目标。以由浅入深的方式对问题进行层层分析，引导读者积极主动地跟随作者去思考和解决问题。第三，本书实践性强，可以作为创新实验课程的辅助教材。书中的内容已经过仿真和实验验证，读者可以进行仿真和测试，有助于迅速掌握相关的知识和技术。

由于译者水平有限，书中可能存在一些不足的地方，欢迎读者提出改进意见和建议。

译 者

2020 年 8 月

序

这本书对于电力电子技术、电力系统和新能源技术等基于计算机的课程来说是一本优秀的辅助教材，而这些内容都是当今电气工程领域极其重要的话题。同时该书对于具有电路暂态分析、能量转换（电机和变压器）方面基础知识以及掌握电力电子技术或电力系统基本原理的学生和工程师也会有一定的帮助。书中各章节的内容依照由浅入深的方式展开。每一章都先对本章的具体内容进行简要的背景知识介绍，并解决一些简单的问题；然后以一个综合性的实验为例进行深入的探讨；每章的最后给出的思考题，可供读者进行深入的研究，以加深对本章内容的理解。

由书中内容可以看出，作者在电力电子技术应用领域的建模、仿真和集成等方面有着极为丰富的经验，这些应用领域差别很大，范围很广：从电路到电力系统；从电动机到发电机和涡轮机；从基于风能、光伏、水力、燃料电池和地热能的新能源发电技术到智能电网应用。作者渊博的专业知识使该书的主题内容得以创新性地呈现在读者的面前：从电路的背景知识、DC/DC 变换器和逆变器的控制，再到能量转换以及电力电子技术。这本书可以培养读者应用数值方法、分析方法和计算方法进行能源系统与电力电子工程问题的多领域仿真能力。

这本书首先介绍基于电路分析的电气工程仿真方法，然后介绍如何利用线性代数知识、方框图法以及电路分析方法进行电路的建模，随后介绍如何应用拉普拉斯变换方法计算电路的暂态响应。该书通过具体电路实例，详细介绍了如何基于电路分析方法和方框图法建立电力电子电路模型，并分别使用 PSIM、MATLAB、MATLAB/Simulink 和 MATLAB/Power Systems Toolbox 等软件平台建立仿真模型，其中，后者最近更名为 Simscape Power Systems（之前称为 SimPowerSystems）。书中控制系统的实现过程，向读者展示了如何使用计算机方法进行 DC/DC 变换器、直流电动机以及风力涡轮机和光伏发电所用的独立/并网逆变器的反馈控制设计。

这本书通过 PSIM 仿真实例介绍了用于测量仪表及传感器电路和系统相连的有效方法。我喜欢其中使用等效电路进行电机建模的章节，包括双馈感应电机（DFIM）、自励感应发电机（SEIG）、永磁同步电机以及基于 Simulink 由畸变电源供电的单相非理想变压器暂态建模研究等实例。我还欣赏他们在可替代能源建模部分进行的全面介绍。作者首先介绍了一些典型发电系统的组件模型，如光伏（PV）电池、感应发电机（IG）、SEIG、双馈感应发电机（DFIG）、永磁同步发电机（PMSG）、燃料电池、铅酸蓄电池等，然后给出了一个集成发电系统的研究案例，并准备了详细的有关可替代能源的思考题。在独立和并网逆变器章节，作者将三个复杂的主题很好地组织在一起，介绍了独立和并网逆变器及其典型控制方案、IEEE 1547 标准、PI 谐振控制、同步锁相环（PLL）等，并通过实验——并网/独立逆变器的仿真来进行详细的说明。

这本书对如何将基于 PSIM 的仿真转化为 TI-DSP 硬件联合仿真进行了权威的讨论。作者还对电能质量、傅里叶级数以及使用 MATLAB 和离散傅里叶变换(DFT)进行电能质量评估脚本设计做了深入的介绍。在应用于电力电子技术的数字处理技术这一章节中,作者介绍了几种数字信号处理技术、电力系统滤波器的设计、总谐波畸变率(THD)、单相和三相 PLL 以及最大功率点跟踪(MPPT)技术,并通过具体实验——基于标准 IEEE 1547 的被动孤岛检测,对孤岛检测技术进行说明。

这本书可以在电力电子技术的入门课程之后使用,也可以用于同一学期含有实验的强化课程。所有的问题、实验和主题都可以在其他计算环境中实现。各章节中的理论和方法也适用于其他仿真软件包,如 Modelica、PLECS、CASPOC、Simplorer、Saber、Mathematica 或 Maple。

我觉得这本书极富创新性。市场上没有其他书籍能像这本书一样进行如此多领域、多方面的分析,用于理解电力电子的建模技术以及与电力电子技术相关的多学科主题。这本书的内容非常新颖,适合想要寻求新方法来讲授那些先进概念的教师选用。

Bimal K. Bose 博士
名誉讲席教授
电气工程和计算机科学系
田纳西大学,诺克斯维尔市,美国

前　言

几年前，我们团队的一位成员（M. Godoy Simões）与 Bimal K. Bose 教授一起讨论综合性配套教材的需求问题，内容主要涉及对电力电子技术、电力系统、电能质量和可再生能源系统这些极其多元化的主题进行分析与仿真研究。我们提出的解决方法是将关于这些主题的计算和建模技术中最有用的技术统一放在一本书中讲授。如今，学生要想在先进的电力电子领域工作，就必须接受培训，要具有多个学科的理论基础，并学会如何将电力系统、电力电子技术、能量转换、热系统、信号处理、控制系统、先进的实时硬件、DSP、机电一体化、可再生能源以及智能电网应用等知识和技术结合起来。Bose 教授的话对我们很有启发，他强烈鼓励我们投入本书的编写中。

我们决定在第一版中介绍关于这些主题基于计算机的基础知识，主要针对电力电子建模和能量转换系统接口技术，面向的是具有电力系统和/或电力电子技术基础的学生。我们两人在电力电子及能源系统的理论和仿真实践方面都有着丰富的经验。我们在书中加入大量的实验项目，采用 MATLAB、Simulink、Power Systems Toolbox 以及 PSIM 来仿真解决，这些问题也可以在其他仿真环境中解决。第 11 章和第 12 章是由我们的同事撰写的，他们是特定领域的专家，例如，使用 PSIM 实现硬件在环仿真以及数字处理技术的应用方面。

本书不仅可以作为电力电子技术、电力系统和可替代能源课程计算机建模仿真实验的辅助教材，还可以作为自学教材，为具有电力电子方面基础，想要学习如何使用数学和工程工具来进行能源系统与电力电子的建模、仿真及控制设计的读者提供帮助。各章节的顺序遵循由浅入深、渐进复杂的原则，可以作为其他更复杂、更详细的电力电子和电力系统项目的起点。读者也可以改变顺序或跳过一些内容，以便定制更符合基本组合主题（电力电子、电力系统和可再生能源）的顺序。

本书的撰写是基于问题导向的学习方法，还有一些更复杂的章节是基于项目导向的学习方法。每章都会简要介绍理论背景，描述所要解决的问题以及要实现的目标。书中对方框图、电路、数学分析或计算机代码的讨论很有意义。

在本书中，我们介绍电路基础、DC/DC 变换器和逆变器控制、能量转换、电力电子技术的基础知识和基本概念，使读者具备一定的专业基础知识，能够应用计算方法进行能源系统和电力电子工程问题的多域仿真。本书可用于实验课程，首先在课上讲授一些关于电能转换系统建模问题的数学分析和理论理解，然后通过特定的软件平台来进行仿真实现。这些软件平台都是行业和研究机构常用的，例如，MATLAB/Simulink、Power Systems Toolbox 以及 PSIM，也可以使用其他软件，如 PLECS、CASPOC、Simplorer、Mathematica 和 MapleSim。

本书第 1 章介绍电气工程仿真的基础知识。第 2 章介绍两种电路分析方法：网孔分析法和节点分析法。第 3 章讲述如何使用方框图对电路进行建模和分析，并给出一个具体的实验：基于拉普拉斯变换方框图系统的瞬态响应研究。第 4 章介绍电力电子的仿真，其中还分别使用 MATLAB 的 Power Systems Toolbox 以及 PSIM 对具体电路实例进行了仿真,并进行了 MATLAB 分析。第 5 章对电力电子控制系统设计进行深入的讨论,并以两个实验为例进行详细的分析和说明。一个实验是 DC/DC 升压变换器设计,书中推导了它的小信号模型和传递函数,并进行了控制器设计;另一个实验是基于 MATLAB 和 Simulink 对 PI 控制的直流电机拖动系统的离散控制研究。第 6 章详细介绍测量仪表及传感器的电路和系统,并给出基于 PSIM 的研究实例。这些电路也可以在其他电子仿真软件中实现,例如,NI/MultiSim、Saber 或 MATLAB/Simscape。第 7 章介绍使用等效电路的电机建模方法,考虑了铁心饱和的情况,列举了 DFIG、DFIM、SEIG 以及永磁同步电机的例子,并给出了具体实验:不同电源供电情况下,基于 Simulink 单相非理想变压器的暂态建模研究。第 8 章的内容是关于集成可再生能源发电常用的独立和并网逆变器的,这里介绍常用的控制方案、标准 IEEE 1547、PI 谐振控制、用于同步的 PLL,并通过实验——并网/独立逆变器的综合仿真来详细说明。第 9 章介绍可替代能源的建模,其中的典型实例覆盖面广,不仅包括 PV、IG、SEIG、DFIG、PMSG、燃料电池、铅酸蓄电池等,还包括一个具体的集成发电系统建模案例,本章最后提供了详细的关于可替代能源的思考题。由于电能质量对于电力系统和电力电子来说都是非常重要的主题,因此在第 10 章详细介绍如何使用傅里叶级数、离散傅里叶变换(DFT)和快速傅里叶变换(FFT),以及如何使用 MATLAB 进行畸变电网条件下的电力参数和功率因数计算。第 11 章介绍如何使用 PSIM 仿真完成在 DSP 中的硬件实现,其中对 PSIM 与 DSP 外设模块结合使用、代码的生成以及处理器在环(PIL)仿真等细节进行了详细的阐述。第 12 章全面介绍应用于电力电子技术的数字处理技术,包括多种 DSP 技术、滤波器、THD 的计算、负序和零序分量的计算等。此外,书中还讨论了单相和三相 PLL,并附有具体实验:基于标准 IEEE 1547 的被动孤岛检测。

我们编写本书的初衷是,在 21 世纪,为了未来的可持续发展,全世界都需要可再生能源,所以我们需要了解如何利用信息技术、物联网和人工智能来推进分布式能源及可再生能源发电与公共电网的结合。本书旨在帮助学生、工程师和感兴趣的读者做好准备,为我们的社会贡献更多基于智能电网的应用、更多的自动化系统以及更多的能量转换控制系统。

在这里对我们的同事表示感谢: Hua Jin 博士 (Powersim Inc.)受邀编写了第 11 章,两位巴西教授 Danilo Iglesias Brandão 博士 (UFMG) 和 Fernando Pinhabel Marafão 博士 (UNESP) 受邀合作编写了第 12 章。Tiago Davi Curi Busarello 博士为一些案例研究和仿真的撰写提供帮助。我们还非常感谢 Farnaz Harirchi 的大力支持,他为本书开发了多个仿真实例,并提供了许多图形和数据。

如果没有朋友们持续不断的鼓励和支持、家人的爱,以及来自亲爱的学生的动力,我们不可能完成本书。

M. Godoy Simões,丹佛市,科罗拉多州,美国

Felix A. Farret,圣玛丽亚市,巴西

目　　录

1　电气工程仿真介绍

理论建模分析是一个基于自然和逻辑规律建立模型的过程，主要应用数学、物理和工程学的理论知识，对过程进行简化假设，以获得输入/输出关系模型。下面列出了可用于理论或实验建模的基本过程和公式：

1. 平衡方程式，关于存储的质量、能量和冲量。
2. 物理–化学本构方程。
3. 不可逆过程的唯象方程(热传导、扩散、化学反应)。
4. 熵平衡方程，如果几个不可逆过程是相互关联的。
5. 关联方程式，描述过程元素之间的相互联系。

使用这样的公式法则，就能够用常微分方程或代数方程来描述系统，然后设计遵循这些方程式的物理装置或计算机仿真程序。物理系统以适当的初始值进行初始化后，其随时间变化的过程就符合这些微分方程的描述。

常微分方程(ODE)的仿真可以用积分器和函数发生器来实现。Ragazzini 在 1947 年讨论过，多个变量的连续函数可以近似表示为标量积、标量函数及其时间导数的组合形式。为此必须找到合适的状态变量，即描述能量存储的变量。通常这些变量以微分形式出现在常微分方程中。

一些计算机仿真采用模拟计算的原理，如式(1.1)所示的微分方程必须用诸如积分器、加法器、乘法器和函数发生器等基本运算器来表示。过去的模拟计算系统需要对变量进行缩放，但在现代计算机中，用浮点数表示变量，不再需要缩放了。数字处理的主要优势在于精度更高，修改更灵活，稳定性更好，以及成本更低。模拟计算对于高速的在线数据处理更具优势，例如，电阻两端的电压能够立即响应。而如式(1.1)所示的函数需要几个互相关联的运算操作来表示所需的计算。

$$\frac{dx}{dt} = f(t, x) \tag{1.1}$$

数字计算机中必须使用数值求解技术和算法来解微分方程。式(1.1)的微分方程可以用许多方法来求得近似数值解。这些方法都是用差分方程来代替微分方程。欧拉法是采用一阶差分近似代替导数，另外还有更有效的方法，如龙格库塔法和多步法。虽然这些方法在 20 世纪 60 年代数字仿真器出现时就已广为人知，但在求解差分近似值时，一些新技术可以使算法变得更好、更稳定，例如，自动步长调整技术就是一种非常重要的改进技术。使用微分代数方程(DAEs)，即微分方程与代数方程的混合，可以建立更为数学化的动态系统数学模型。微分代数方程可以描述为

$$g(t, x, \dot{x}) = 0 \tag{1.2}$$

因为雅可比矩阵 $\frac{\partial g}{\partial x}$ 不一定可逆，所以式(1.2)这样的方程式不一定都能够转化为常微

分方程。20 世纪 70 年代出现了求解微分代数方程的数值方法。然而，即使到今天，微分代数方程的算法也没有像常微分方程的发展那样好。大多数可靠的计算机模拟和仿真都是基于常微分方程的数值解。因此，微分代数方程大多数情况下还仅限于数学研究，通常在进行工程和物理问题的建模时，仍然采用常微分方程。

当系统模型是基于微分代数方程建立时，其导数项通常不能明确表示出来。另外，一些因变量的导数也不一定出现在方程式中。基于微分代数方程的系统可以通过对自变量求导来转化为常微分方程的系统。实际上，微分代数方程的指数就是为获得常微分方程而需要对微分代数方程求导的次数。但是，通常不用这种通过求导来转化方程的方法，因为原始微分代数方程的特性往往会在微分方程的数值模拟中消失。

假设一个线性系统可以由代数方程表示，如式(1.3)所示。

$$AX = B \tag{1.3}$$

如果 A 是 $m \times n$ 矩阵，那么数值解可能有以下几种情况：

· 当 $m = n$ 时，它是方阵系统，只要没有行或列线性相关，系统就有唯一解。这时，求解通常就是一个矩阵求逆的数值问题。在大型系统中的输入/输出映射关系中，矩阵 A 未知，那么需要根据实验数据确定 A，例如，系统辨识中的梯度下降算法。

· 当 $m > n$ 时，它是超定系统(或过度识别系统)，至少可以定义一个解。过度识别系统在对实验数据进行曲线拟合时很常见，此时适合采用最小二乘法，它可以使数据偏离模型的误差平方和最小。

· 当 $m < n$ 时，它是欠定系统，它可以定义一个最多含有 m 个非零元素的平凡解。欠定系统中，未知量个数多于方程数，因此解并不唯一。特解计算可以采用所谓的列旋转 QR 分解法。这类问题可能含有其他的约束条件，此时，该方法就成了所谓的线性规划。

在本书中，我们强调采用常微分方程，特别是对于能源系统和电力电子的建模采用状态空间形式。然后，我们可以研究它们的动态情况和暂态解，或者利用线性代数系统的知识来了解这类系统的稳态解。本书采用的方法更适合大四本科生或研一学生学习。基于微分方程的系统是模拟实际例子建立的，这些实例主要来自典型应用电路、能量转换、可再生能源、分布式发电并网、电力电子、电力系统和电能质量问题。系统线性化是基于其平均模型和泰勒级数展开式来讨论的。在考虑电能质量时要用到傅里叶展开技术，包括离散傅里叶变换(DFT)、快速傅里叶变换(FFT)和小波技术。MATLAB 可用于编程、求解多种数值算法和图形绘制，Simulink 可用于方框图法建模，MATLAB 的工具箱 Power Systems Toolbox 以及 PSIM 电路仿真器用于分析面向电路的建模。

模拟计算的典型范例需要显式表示的状态模型以及从输入到输出的连接关系，这种模式可以帮助解决大多数的工程问题，但是这样限制了方框图法的使用，因为方框图法必须具有从输入到输出的单向数据流。使用方框图语言难以建立数据双向流动或能量双向流动的物理模型库。还有其他更先进的用于多物理域模拟和仿真的范例，比如使用针对微分代数系统的软件进行面向对象编程，旨在用数学方程式进行非因果建模。这种面向对象的方法便于建模知识的重复使用。但是，本书的重点不在于这种先进的混合计算机仿真。本书的目的是为电力电子、电力系统、分布式发电和可替代能源的计算机实验提供支持，同时可作为自学资料，为有电力电子方面基础知识，并想了解如何应用数学和工程工具进行能源系统与电力电子建模、仿真及控制设计的读者提供帮助。各章节的顺序遵循由浅入深、渐进复杂的原则，不过读者也可以自行改变顺序或跳过一些材料以便定制最适合基本组合主题(电力电子、电力系统、分布式发电和可再生能源)的顺序。大多数章节都集中于以实验项目为例的讨论，但有些章节更多地结合实际应用讨论如何建立各种电气工程系统模型。

本书遵循基于问题导向的学习方法，并辅以基于项目导向的学习方法。每章都会简要介绍理论背景，描述需要解决的问题以及希望达成的目标。另外，还论述了方框图、电路、数学分析、计算机代码等。书中给出问题的解决方案以及工程项目的解决方法。每章都会帮助读者理解理论、建模以及本章的计算问题，并对深入研究提出建议，研究可能出现的问题，甚至进行一些实验性的工作。

1.1 基于状态空间建模的基本原理

大多数由集总线性网络组成的电气系统都是因果系统。它们可以写成如下的状态空间形式：

$$\dot{x}(t) = Ax(t) + Bu(t) \tag{1.4}$$

$$y(t) = Cx(t) + Du(t) \tag{1.5}$$

这类一阶微分方程组定义为系统的状态空间方程，其中，$x(t)$ 是状态向量；$u(t)$ 是输入向量；$y(t)$ 是输出向量。第二个方程称为输出方程。输出量是状态量和输入量的线性组合。矩阵 A 称为状态矩阵，B 为输入矩阵，C 为输出的状态组合矩阵，D 为直接转移矩阵。状态空间形式的优点之一在于它不但适用于模拟建模和数字建模，而且还适用于进行控制方法的探讨或进行数学处理和分析。另外，状态空间方法可以扩展到非线性系统。状态方程组可以通过高阶的微分方程获得，有时也通过识别合适的状态变量(通常是与系统中的能量存储有关的变量)从系统模型获得。假设一个 n 阶线性系统模型可以由下面的微分方程描述：

$$\frac{\mathrm{d}^n y}{\mathrm{d}t^n} + a_{n-1}\frac{\mathrm{d}^{n-1} y}{\mathrm{d}t^{n-1}} + \cdots + a_1\frac{\mathrm{d}y}{\mathrm{d}t} + a_0 y = u(t) \tag{1.6}$$

其中，$y(t)$ 是系统的输出变量；$u(t)$ 是系统的输入变量。这个系统的状态模型并不唯一，等式形式取决于状态变量组的选择。为了将这个高阶微分方程转化为状态空间模型，可以定义一组状态变量(称为相变量)

$$x_1 = y, \quad x_2 = \dot{y}, \quad x_3 = \ddot{y}, \quad \cdots, \quad x_n = y^{n-1} \tag{1.7}$$

写成导数的形式，则有 $\dot{x}_1 = x_2, \dot{x}_2 = x_3, \dot{x}_3 = x_4, \cdots$，代入式(1.6)，得到 $\dot{x}_n$ 的表达式为

$$\dot{x}_n = -a_0 x_1 - a_1 x_2 - \cdots - a_{n-1} x_n + u(t) \tag{1.8}$$

可以写成矩阵形式：

$$\begin{bmatrix} \dot{x}_1 \\ \dot{x}_2 \\ \vdots \\ \dot{x}_{n-1} \\ \dot{x}_n \end{bmatrix} = \begin{bmatrix} 0 & 1 & 0 & \cdots & 0 \\ 0 & 0 & 1 & \cdots & 0 \\ \vdots & \vdots & \vdots & & \vdots \\ 0 & 0 & 0 & \cdots & 1 \\ -a_0 & -a_1 & -a_2 & \cdots & -a_{n-1} \end{bmatrix} \times \begin{bmatrix} x_1 \\ x_2 \\ \vdots \\ x_{n-1} \\ x_n \end{bmatrix} + \begin{bmatrix} 0 \\ 0 \\ \vdots \\ 0 \\ 1 \end{bmatrix} u(t) \tag{1.9}$$

输出方程为

$$y = \begin{bmatrix} 1 & 0 & \cdots & 0 & 0 \end{bmatrix} \begin{bmatrix} x_1 \\ x_2 \\ \vdots \\ x_{n-1} \\ x_n \end{bmatrix} \tag{1.10}$$

例如，考虑如下微分方程：

$$2\frac{\mathrm{d}^3 y}{\mathrm{d}t^3} + 4\frac{\mathrm{d}^2 y}{\mathrm{d}t^2} + 6\frac{\mathrm{d}y}{\mathrm{d}t} + 8y = 10u(t) \tag{1.11}$$

由于最高阶导数的系数必须等于 1，所以改为

$$\frac{\mathrm{d}^3 y}{\mathrm{d}t^3} + 2\frac{\mathrm{d}^2 y}{\mathrm{d}t^2} + 3\frac{\mathrm{d}y}{\mathrm{d}t} + 4y = 5u(t) \tag{1.12}$$

这是一个三阶方程，因此可以定义三个如下的状态变量：

$$x_1 = y, \quad x_2 = \dot{y}, \quad x_3 = \ddot{y} \tag{1.13}$$

它们的导数为

$$\dot{x}_1 = x_2, \quad \dot{x}_2 = x_3, \quad \dot{x}_3 = -4x_1 - 3x_2 - 2x_3 + 5u(t) \tag{1.14}$$

写成矩阵形式：

$$\begin{bmatrix} \dot{x}_1 \\ \dot{x}_2 \\ \dot{x}_3 \end{bmatrix} = \begin{bmatrix} 0 & 1 & 0 \\ 0 & 0 & 1 \\ -4 & -3 & -2 \end{bmatrix} \begin{bmatrix} x_1 \\ x_2 \\ x_3 \end{bmatrix} + \begin{bmatrix} 0 \\ 0 \\ 5 \end{bmatrix} u(t) \tag{1.15}$$

$$y = \begin{bmatrix} 1 & 0 & 0 \end{bmatrix} \begin{bmatrix} x_1 \\ x_2 \\ x_3 \end{bmatrix} \tag{1.16}$$

状态空间形式可以采用常微分方程求解器进行数学实现(可通过 MATLAB 计算)，也支持信号建模仿真器(如 Simulink)定义的方框图形式。

1.2 电气网络建模实例

状态变量与系统中的能量存储元件直接关联，可以通过节点分析法或网孔分析法得到系统的常微分方程组。但是，独立状态变量的数量取决于是否有仅包含电容和电压源的回路，以及是否有仅包含电感和电流源的割集。总之，如果所有包含电容和电压源的回路数

为 n_C，所有包含电感和电流源的割集数为 n_L，那么状态变量的个数为

$$n = e_L + e_C - n_C - n_L \tag{1.17}$$

其中，e_L 是电感数；e_C 是电容数；n_C 是含有电容和电压源的回路数；n_L 是含有电感和电流源的割集数。

假设电路如图 1.1 所示，求该电路的微分方程组(使用戴维南定理)，并写出其状态空间形式。

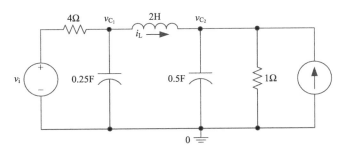

图 1.1   含一个电压源和一个电流源的电路

定义状态变量为流过电感的电流和电容两端的电压，我们需要的是将 $\dfrac{di_L}{dt}$、$\dfrac{dv_{C_1}}{dt}$ 和 $\dfrac{dv_{C_2}}{dt}$ 分离出来放于左侧的一阶微分方程组。首先，写出包含电容电压的两个节点方程以及包含电感电流的回路方程。状态变量为 i_L、v_{C_1} 和 v_{C_2} [①]，则节点的 KCL 方程为

$$0.25\frac{dv_{C_1}}{dt} + i_L + \frac{v_{C_1} - v_i}{4} = 0 \Rightarrow \dot{v}_{C_1} = -v_{C_1} - 4i_L + v_i \tag{1.18}$$

$$0.5\frac{dv_{C_2}}{dt} - i_L + \frac{v_{C_2}}{1} - i_s = 0 \Rightarrow \dot{v}_{C_2} = 2i_L - 2v_{C_2} + 2i_s \tag{1.19}$$

而 KVL 的回路方程为

$$2\frac{di_L}{dt} + v_{C_2} - v_{C_1} = 0 \Rightarrow \dot{i}_L = 0.5v_{C_1} - 0.5v_{C_2} \tag{1.20}$$

图 1.1 的电路可以用下面的状态空间方程表示：

$$\begin{bmatrix} \dot{v}_{C_1} \\ \dot{v}_{C_2} \\ \dot{i}_L \end{bmatrix} = \begin{bmatrix} -1 & 0 & -4 \\ 0 & -2 & 2 \\ 0.5 & -0.5 & 0 \end{bmatrix} \begin{bmatrix} v_{C_1} \\ v_{C_2} \\ i_L \end{bmatrix} + \begin{bmatrix} 1 & 0 \\ 0 & 2 \\ 0 & 0 \end{bmatrix} \begin{bmatrix} v_i \\ i_s \end{bmatrix} \tag{1.21}$$

状态空间方程形式有助于搭建仿真方框图，将方框图组建起来可以实现给定微分方程的建模。仿真方框图的基本元素是积分器。假如不用电路参数，而是使用一般变量表示，即令 $v_{C_1} = x_1$、$v_{C_2} = x_2$ 和 $i_L = x_3$，则电路模型可以用如下的矩阵方程表示：

---

① 小写变量，如 "v_o" 和 "v_i" 是瞬时值，是随时间变化的；而大写变量，如 "V_o" 和 "V_i" 是特征值，如峰值、有效值、平均值，它们不随时间变化。

$$\begin{bmatrix} \dot{x}_1 \\ \dot{x}_2 \\ \dot{x}_3 \end{bmatrix} = \begin{bmatrix} -1 & 0 & -4 \\ 0 & -2 & 2 \\ 0.5 & -0.5 & 0 \end{bmatrix} \begin{bmatrix} x_1 \\ x_2 \\ x_3 \end{bmatrix} + \begin{bmatrix} 1 & 0 \\ 0 & 2 \\ 0 & 0 \end{bmatrix} \begin{bmatrix} v_i \\ i_s \end{bmatrix} \tag{1.22}$$

对于每个状态变量,都关联一个积分器,也就是 $x_1 = \int \dot{x}_1 \mathrm{d}t$,如图 1.2 所示。

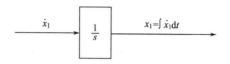

图 1.2　关联状态变量的积分器

为了区别于绘制仿真方框图中常用的拉普拉斯变换,这里有必要强调符号 1/s 是用来表示积分的。而且,这种仿真图是表示时域关系的,应该在电路仿真器中使用,此时应当选择合适的数值算法,并选择合适的时间步长和公差。积分器的个数与状态变量的个数相等。在表示图 1.1 的状态方程中,有三个状态变量,因此有三个积分器,它们的输出就是这三个状态变量。方程的等号部分是通过将累加点的输出与适当的反馈通道连接来实现的。选择正确的变量与相应的乘积系数和恰当的尺度函数相连就可以得到输出方程。图 1.3 给出了表示图 1.1 电路的仿真方框图。

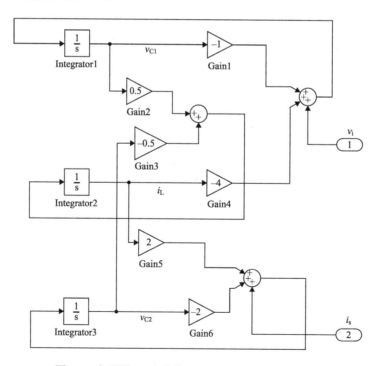

图 1.3　表示图 1.1 电路的 MATLAB/Simulink 方框图

1.3　传　递　函　数

线性时不变系统的传递函数定义为输出(响应函数)的拉普拉斯变换形式 $Y(s) = L\{y(t)\}$ 与输入(驱动函数或控制变量)的拉普拉斯变换形式 $X(s) = L\{x(t)\}$ 的比值，假设所有初始条件均为零，如图 1.4 所示。

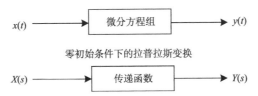

图 1.4　拉普拉斯变换将一般系统的微分方程组变换为传递函数形式

对于一般系统来说，定义哪个变量作为输入量是很重要的，它往往与控制输出的变量有关联。通常传递函数具有如下的特征：

1. 传递函数的定义仅适用于线性时不变系统。
2. 一对输入输出变量之间的传递函数是指输出与输入变量拉普拉斯变换形式的比值。
3. 系统的所有初始条件都设置为零。
4. 传递函数与系统的输入无关。

动态系统可以由如下与输入/输出系统响应相关的时不变传递函数来描述：

$$G(s) = \frac{Y(s)}{X(s)} \tag{1.23}$$

其中，$X(s)$ 的根称为系统的极点；$Y(s)$ 的根称为系统的零点。并且认为系统分母多项式的阶数更高，即 $n > m$：

$$\frac{Y(s)}{X(s)} = \frac{b_m s^m + b_{m-1} s^{m-1} + \cdots + b_1 s + b_0}{a_n s^n + a_{n-1} s^{n-1} + \cdots + a_1 s + a_0} \tag{1.24}$$

将分母函数设为零，可以得到特征方程：

$$a_n s^n + a_{n-1} s^{n-1} + \cdots + a_1 s + a_0 = 0 \tag{1.25}$$

线性单输入单输出(SISO)系统的稳定性完全取决于其特征方程的根。为了得到系统的传递函数，我们采用如下步骤：

1. 根据物理规律，如牛顿定律、基尔霍夫定律、功率能量守恒、质量流量守恒、熵平衡等得出系统的微分方程，微分方程应与输出的驱动变量或控制变量相关联。
2. 假设初始条件为零，对微分方程进行拉普拉斯变换。
3. 求输出 $Y(s)$ 与输入 $X(s)$ 的比值。这个比值就是传递函数。

也可以用一些实验步骤来进行这种传递函数的评估。

考虑系统的状态方程(1.4)和输出方程(1.5)，对它们进行拉普拉斯变换，得到

$$sX(s) = AX(s) + BU(s) \Rightarrow X(s) = [sI - A]^{-1} BU(s) \tag{1.26}$$

$$Y(s) = CX(s) + DU(s) \tag{1.27}$$

将式 (1.26) 代入式 (1.27)，得

$$Y(s) = C[sI - A]^{-1} BU(s) + DU(s) \Rightarrow \frac{Y(s)}{U(s)} = C[sI - A]^{-1} B + D \tag{1.28}$$

MATLAB 中有一个函数，形式为 [num,den] = ss2tf (A,B,C,D,i)，它可以把状态方程转换为传递函数。以下面的状态空间方程组为例：

$$\begin{bmatrix} \dot{x}_1 \\ \dot{x}_2 \end{bmatrix} = \begin{bmatrix} 0 & 1 \\ -6 & -5 \end{bmatrix} \begin{bmatrix} x_1 \\ x_2 \end{bmatrix} + \begin{bmatrix} 0 \\ 1 \end{bmatrix} u(t) \tag{1.29}$$

$$y = \begin{bmatrix} 8 & 1 \end{bmatrix} \begin{bmatrix} x_1 \\ x_2 \end{bmatrix} \tag{1.30}$$

系统的传递函数可以通过矩阵运算求得

$$[sI - A] = \begin{bmatrix} s & -1 \\ 6 & s+5 \end{bmatrix} \Rightarrow \Phi(s) = [sI - A]^{-1} = \frac{\begin{bmatrix} s+5 & 1 \\ -6 & s \end{bmatrix}}{s^2 + 5s + 6} \tag{1.31}$$

$$G(s) = C[sI - A]^{-1} B = \begin{bmatrix} 8 & 1 \end{bmatrix} \frac{\begin{bmatrix} s+5 & 1 \\ -6 & s \end{bmatrix} \begin{bmatrix} 0 \\ 1 \end{bmatrix}}{s^2 + 5s + 6} = \frac{\begin{bmatrix} 8 & 1 \end{bmatrix} \begin{bmatrix} 1 \\ s \end{bmatrix}}{s^2 + 5s + 6} = \frac{s+8}{s^2 + 5s + 6} \tag{1.32}$$

因此

$$G(s) = \frac{s+8}{s^2 + 5s + 6} \tag{1.33}$$

下面的例子采用 MATLAB 来求解，已知状态空间方程描述如下：

$$\begin{bmatrix} \dot{x}_1 \\ \dot{x}_2 \\ \dot{x}_3 \end{bmatrix} = \begin{bmatrix} 0 & 1 & 0 \\ 0 & 0 & 1 \\ -1 & -2 & -3 \end{bmatrix} \begin{bmatrix} x_1 \\ x_2 \\ x_3 \end{bmatrix} + \begin{bmatrix} 10 \\ 0 \\ 0 \end{bmatrix} u(t) \tag{1.34}$$

$$y = \begin{bmatrix} 1 & 0 & 0 \end{bmatrix} \begin{bmatrix} x_1 \\ x_2 \\ x_3 \end{bmatrix} \tag{1.35}$$

求该系统的传递函数 $G(s) = \dfrac{Y(s)}{U(s)}$。

在 MATLAB 命令窗口中输入以下表述：

$A = [0\ 1\ 0;\ 0\ 0\ 1;\ -1\ -2\ -3];\ B = [10;\ 0;\ 0];$

$C = [1\ 0\ 0];\ D = [0];$

[num,den] = ss2tf $(A,B,C,D,1)$

$G = $ tf (num,den)

结果为

num =

　　0.0000 10.0000 30.0000 20.0000

den =

　　1.0000 3.0000 2.0000 1.0000

由 MATLAB 函数计算出的传递函数为

$$\frac{10s^2+30s+20}{s^3+3s^2+2s+1}$$

　　使用 MATLAB 函数[z, p]= ss2tf($A,B,C,D,$1)，可以将状态方程转换为分数形式的传递函数。

　　闭环控制系统如图 1.5 所示。可以通过各部分的传递函数得到闭环系统的传递函数，并使用 tf2ss 函数得到图 1.5 闭环系统的状态空间模型。

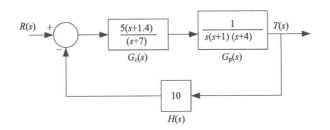

图 1.5　闭环控制系统的传递函数和状态空间模型

　　以下是 MATLAB 命令框中输入的程序指令：

```
Gc = tf(5*[1 1.4], [1 7])      % transfer function Gc
Gp = tf([1], [1 5 4 0]);       % transfer function Gp
H = 10;
G = series(Gc, Gp)             % connects Gc & Gp in cascade
T = feedback(G, H)            % obtains the closed loop transfer function
[num, den] = tfdata(T, 'v');   % returns num & den as row arrays
[A, B, C, D]=tf2ss(num, den)   % returns the A,B, C, D matrices of the
                              % state space model
```

得到传递函数和状态空间模型矩阵为

$$\frac{5s+7}{s^4+12s^3+39s^2+78s+70}$$

A=　　　　　　　　　　　B=　　C=　　　　D=

−12	−39	−78	−70	1	[0 0 5 7]	0
1	0	0	0	0		
0	1	0	0	0		
0	0	1	0	0		

1.4 能源系统和电力电子的建模与仿真

绝大多数带有线性元件(电阻、电感、电容、电压源、电流源、受控电压源和受控电流源)的模拟电路是理想电路,除非其中的某些元件可能具有非线性的电压/电流关系(由于磁饱和,温度变化)。然而,当电路中使用二极管或晶体管时,元件的开关特性会给电路分析和计算机仿真带来挑战,使得求解要么变得更加困难或呈现非线性,要么需要一个鲁棒性非常强的算法才能得到数值解。开关可以是真正的开路,也可以是真正的短路,这取决于电路条件(对于二极管和晶闸管来说),或者可以由外部控制器来控制(对于晶体管,如IGBT、功率 MOSFET 和其他一些晶体管)。大多数情况下,器件在关断时会阻断正向电压,但不会阻断负向电压,例如,晶体管不能持续承受负电压,因为它可能会发生击穿并造成损坏。另外,晶闸管(SCR 和相关器件)可承受一定的负向过电压却不会造成任何损坏。因此,电力电子电路的一种分类方法是判断开关器件是单向电压阻断(晶体管)还是双向电压阻断(SCR 或更复杂的晶体管和二极管的连接形式)。

在本书中,我们强调的是对能量转换、电力电子系统的装置结构以及电路拓扑的理解,因此假设开关是理想的,即开关闭合时没有任何杂散电容或电感,没有任何内阻或任何导通压降。而开关断开时不存在漏电流,且从闭合到断开以及从断开到闭合的变化是瞬时完成的。因此,理想开关不会出现导通损耗(导通压降乘以开关电流),也不会出现开关损耗(开关期间电压和电流的过渡转换形成的损耗)。如果读者对半导体非理想建模特别感兴趣,应该研究半导体物理和电子学方面的书籍和文章。电力电子或电力系统工程设计人员的主要兴趣在于了解整体能量转换的有效性、电能质量和控制方面,而理想开关主要考虑可控性,如果缺乏可控性才是我们应该关心和要解决的问题。

由于理想开关器件的存在,我们会遇到一些在没有开关的线性模拟电路中通常不会出现的情况。例如:(i)一些电容电压或电感电流可能在一种电路结构(某种特定的开关状态)情况下作为状态变量,但可能在另一种电路结构(另一种开关状态)情况下不是状态变量。(ii)开关切换可能导致电容电压或电感电流瞬时改变,产生脉冲;产生这种现象的原因可能是因为电路设计不合理,也可能是在某些特殊情况下出现,比如,当二极管作为续流二极管在电感非零初始状态情况下作为支路连接电路,由于二极管本身的自然特性,当它开通或关断时会引起脉冲。(iii)开关切换时,常微分方程模型也可能从一组方程转换到另一组方程,此时只能采用平均法来实现系统的线性化。

简单的半波整流电路如图 1.6(a)所示,当二极管关断时,等效电路如图 1.6(b)所示;当二极管导通时,等效电路如图 1.6(c)所示。当然,例子中的二极管是理想的,如果是非理想的,将会使对能量转换的理解复杂化。当半导体的物理特性和电压电流的具体变化对于了解电路工作非常重要时,应该使用非理想的模型器件(二极管、晶体管和晶闸管),典型情况见于电子产品设计而不是电力电子或电力系统设计。通过图 1.6,我们可以看出,当二极管关断时,电路非常简单,输入正弦电压断开,电容器将具有初始电压,并以指数规律对电阻放电。二极管关断状态的方程式为 $\frac{\mathrm{d}v_C}{\mathrm{d}t} = -\left(\frac{1}{RC}\right)v_C$,其中电容电压的初始条件为

v_C（当二极管刚刚关断的时刻）$= v_C(0_-) = V_{C0_-}$，且 $i_s(t) = 0$。当二极管导通时，如图 1.6(c) 所示，电压源 v_s 直接接于电容两端，此时 v_C 不再是状态变量。而方程式变为 $v_s(t) = v_C(t)$，电源电流 $i_s = \left(\dfrac{1}{R}\right)v_s + C\dfrac{\mathrm{d}v_s}{\mathrm{d}t}$。这种状态下，电源函数需要为可导的。在一些系统中，我们甚至可能需要更高阶的导数，仅仅是在与电容并联的电压源支路中插入了一个简单的二极管，就使原本简单电路的求解变得复杂，此时我们可以在电压源和电容之间引入一个有限阻抗来替代分析，或是做其他近似，或者进行更真实的非理想情况分析。这个简单问题只是用来给大家展示仅仅插入一个二极管就可以使得系统高度非线性。而从电源电压的导数可以看出，任何输入电压的瞬时变化都会产生通过电容器的脉冲电流，这对于真实系统是有害的。

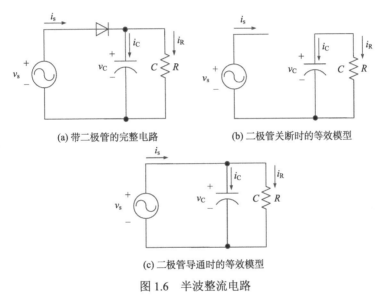

(a) 带二极管的完整电路 (b) 二极管关断时的等效模型

(c) 二极管导通时的等效模型

图 1.6 半波整流电路

图 1.7(a) 描述了物理课上关于电路部分讲述的一个经典问题，图中两个电容器已经充过电，初始电压为 V_{C_1-} 和 V_{C_2-}。当开关闭合后，两电压值很快就会变为相同值，新电压值遵循电荷守恒，或者表示为

$$V_{C+} = \frac{1}{C_1 + C_2}\left(C_1 V_{C_1-} + C_2 V_{C_2-}\right) \tag{1.36}$$

在开关切换期间，开关中必然会流过脉冲电流来使电容电荷重新分布。在现实生活中，当开关中流过很高的电流，而电流值只受到开关内阻的限制时，很可能会造成开关损坏。然而在某些情况下，可能必须研究这样的系统，处理这种情况的技巧是，对于并联的电容或串联的电感，可以给每个电容并联一个电流源，给每个电感串联一个电压源。这些电源的数值除了在开关切换期间提供脉冲，其余情况都为零。在开关动作之前，先计算所有电容的电荷和所有电感的磁通量，然后将开关设置为下一步的状态，施加脉冲电源，就可以计算电容上新的电荷分布和电感上新的磁通量分布。对于图 1.7(a) 中的电容电路，在切换到有效电容之前，先将两个脉冲电源加在电容两端来施加电荷，如图 1.7(b) 所示。

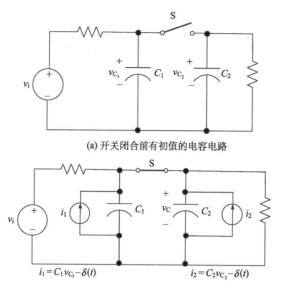

S
+
v_{C_1}
−
C_1
+
v_{C_2}
−
C_2
+
v_i
−

(a) 开关闭合前有初值的电容电路

S
+
v_i
−
i_1
C_1
+
v_C
−
C_2
i_2
$i_1=C_1v_{C_1}-\delta(t)$
$i_2=C_2v_{C_2}-\delta(t)$

(b) 开关闭合后，两电容电路加入脉冲电源，以实现总电荷平衡

图 1.7　开关连接的两电容电路图

图 1.8(a)中是一个典型的升压变换器，也称为反激电路。如果你熟悉这个电路，就会知道当 S 处于闭合状态时，电感上施加电压，电感电流线性上升，电感储能，并且假设输出电压高于电源电压，二极管处于截止状态。当主开关 S 断开时，电感电流有减小的趋势，此时会产生一个电压脉冲施加在二极管上，使其从截止状态变为导通状态，其大小为 L 乘以电流的变化量再除以小时间间隔 Δt(值由用户自己定义)。

图 1.8(b)显示了电感产生的电压脉冲，图 1.8(c)显示了电容产生的电流脉冲。当具有多个开关的电力电子电路建模和仿真时，必须考虑这样的脉冲电流和脉冲电压、电荷平衡和磁通平衡，并且仿真器中必须包含非常好的、鲁棒性强的微分方程的数学算法。目前有多种软件可以用于电路建模，但本书主要集中在 PSIM 和 Power Systems Toolbox 上。我们还推荐 PLECS、CASPOC 和 Simplorer 等软件，但本书不能全部涵盖。另外，还有一些重要的面向对象的建模技术和语言(如 MODELICA 和 DYMOLA)。建议读者以本书为向导，充分理解我们的教学理念，采用自己熟悉的软件进行建模和仿真，并用于自己的学习和工作中。

电路的建模和仿真始于 IBM 开发的 ECAP 程序。它是第一个求解时变电路方程的通用程序，对于需要不同建模和仿真方法的电气工程各类学科都非常有用。随着以集成电路为重点的仿真程序(SPICE)的开发，电路仿真变得越来越普及。而随着计算机的计算功能日趋强大并且在 20 世纪 70 年代和 80 年代越来越受到人们的欢迎，一些面向数学方程式的求解程序开始使用方框图模型或建模语言，如 CSMP、TUTSIM、ACSL(或 ACSLx)、SIMNON、MATRIXx、DYMOLA、MODELICA、VISSIM 和 SIMULINK 等。

21 世纪初期，电力电子、驱动系统以及能量转换系统的建模和仿真方法发展非常快，而且功能更加强大。此外，开关切换的电力电子转换电路(引入了一种因果的非线性关系)常微分方程的定义以及状态空间平均法在数学上都得到了发展，即用于控制分析和设计的

开关电源与逆变器的线性化建模技术都得到了发展。仿真全部基于非线性状态方程的数值解，其中独立存储元件由微分方程来描述，如电感和电容。

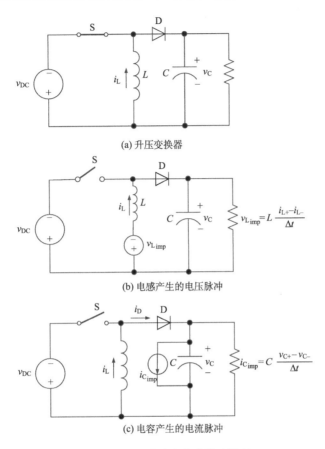

(a) 升压变换器

(b) 电感产生的电压脉冲

(c) 电容产生的电流脉冲

图 1.8　电压脉冲和电流脉冲情况

　　由于电路、数字控制器、模拟控制器以及组成元件等不同模型之间的差异，需要采用多层次的方法将各种模型，如电路模型、方框图，甚至计算机程序指令结合起来。这种复合的模型是一个混合的数学模型，该数学模型的数值求解揭示了时间响应，即采用数值方法可以计算出时间响应。如果一个数学模型可以用线性数学关系和常量参数来描述其行为，那么可以采用频域方法来分析该模型。也就是说，采用数值方法也可以求出频率响应。

　　数学模型的复杂性不一定与组成元件的模型复杂性有关。一个简单模型如果包含(非线性)因果数学关系，那么数学模型需要采用微分代数方程来描述；如果模型不包含任何因果关系，则可以采用常微分方程组来详细描述它。描述能源系统和电力电子组成元件的所有非线性数学关系都是关于时间和/或其他变量的函数。这些数学关系可以组成微分代数方程，用微分代数方程组来描述这些关系比其他数学建模方法更为通用。

　　SPICE 这个软件是基于改进的节点分析(MNA)方法的，而且近几年还出现了其他几种类似的面向电路的仿真软件，如 PSIM、Simplorer、CASPOC 和 Power Systems Toolbox。矩阵 A 的参数取决于向量 $x(t)$ 中的变量和状态变量，向量 $b(t)$ 中存储独立源的数值。$x(t)$ 的时间导数由数值积分近似替代，其中参数 h 是数值积分的步长。算法中有几个循环，其中之一用于递归的牛顿-拉弗森法。如果牛顿-拉弗森方法不能收敛，则减小步长 h，再次求解常微分方程。电流的过零点可用于评估牛顿-拉弗森方法是否发散。结果是，如果步长减小，可能导致循环次数增加。

　　不同的仿真软件可能采用不同的方法来解决电路仿真问题，但原则上，所有仿真软件都有一个用于电气和电子系统定义的图形用户界面，采用节点分析方法，模型由代数和差分方程构成，对一些组件采用内置模型，特别是需要较小步长的更为复杂的组件。电路使用微分代数方程描述非线性因果关系，然后运用改进节点分析方法来组建系统。对于面向方框图的仿真，系统的构成是基于非线性因果数学关系和常微分方程的。

　　近几年，混合系统、离散事件、非线性、与实时交互控制、先进信号处理技术和基于人工智能技术的使用实现了全面集成。本书仅介绍电力电子建模和能量转换系统接口的基础知识。本书的目标是培养本科生和研究生，使其理解建模原理并奠定基于计算机建模设计的基础。

1.5　思　考　题

　　1. 如图 1.9 所示的热水器的等效模型，采用电阻加热，假设电阻没有电感值，当电流流过电阻时可以使周围的水温上升。电阻通过一个开关(晶体管)与直流电源 V_{DC} 相连，当开关导通和关断时，可以改变施加在电阻上的平均电压。开关的导通时间由指令函数 $\delta(t)$ 控制，$\delta = T_{ON}/T$，是 PWM 斩波电路的占空比。

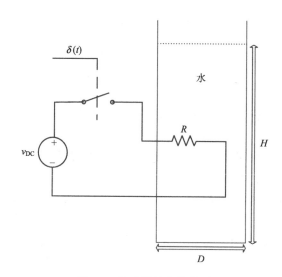

图 1.9　热水器的等效模型

　　请完成如下内容：

　　(1)列出所有描述水温升高与 PWM 占空比关系的方程。假设在加热过程中水的质量不变。

(2)使用方框图法和面向电路的方法进行系统仿真。

(3)假设采用比例控制，即将参考设定值与水温相比较，得到的差值与比例增益相乘后作为 PWM 占空比的指令来使用。对闭环系统进行仿真，并确保它稳定且完全可以运行。

(4)假设太阳能系统为进水口提供已知温度的热水，加热器就需要提供能量进一步提高水温使其达到给定值。试分别计算采用全电力加热和混合太阳能+电能加热的电力成本。

(5)假设在加热过程中水质量发生变化，也就是说，在温度为 T_{IN} 时进水，在温度为 T_{OUT} 时出水。加热过程中水位高度变化不能超过最大容量的 30%，同时，水位高度最低为 $0.7H_{max}$。考虑设计所需的其他要求，重复前面提到的步骤(1)~(4)。为开环系统和闭环系统建立基于方程式的方框图模型并仿真。

(6)因为水加热升温需要时间较长，且电阻通常是随温度变化的非线性器件，所以要将这些实际情况纳入建模研究中。

(7)假设水的质量会发生变化，即热水器有进水口和出水口，流量为给定值，在此条件下重新设计系统。

2. 本章中介绍了几种基于计算机的分析和仿真技术，这些技术都是基于对系统代数方程、微分方程原理的理解，采用数值求解、方框图和电路仿真等方法来实现的。下面的问题是关于两个大功率整流电路的，它们被定义为由三相交流电源供电的六脉冲二极管桥式整流电路。其中，图 1.10 中所示的整流电路有典型的漏感和杂散电感，但二极管可以认为是理想的。该电路直接与 Y 形接法的三相交流电源相连，三相交流电源的中性点不接地，可以用电阻 R_{G_1} 表示从整流器输出到中性点之间的电流通路，也可以通过具有某种匝数比的 Y/Y 联结变压器与上述的交流电源相连。图 1.11 所示的整流电路也是一个六脉冲整流器，但电路中有一个匝数比为 1:1 的 △/Y 联结的变压器。设计者考虑电能质量(在另一章中定义)的因素，可以在工业装置中使用其中一个电路或两者的组合。

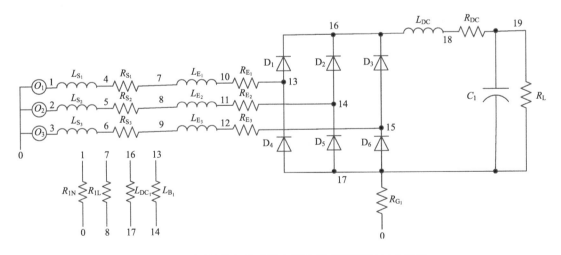

图 1.10 用于计算机仿真的六脉冲桥式整流器(1:1 Y/Y)

请完成如下步骤：

(1)列出描述这两个电路的等式和方程式，以便搭建电路的仿真方框图。

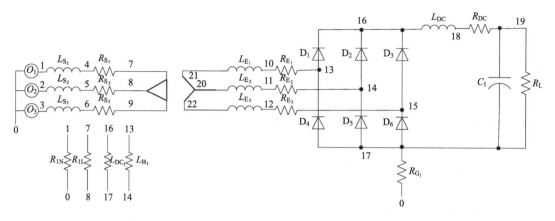

图 1.11　用于计算机仿真的六脉冲桥式整流器(1∶1 △/Y)

(2)使用面向电路的仿真器(如 PSIM 和 MATLAB Power Systems Toolbox)对两个整流器进行仿真，并与基于方程式的方框图方法进行比较。

(3)研究 Y/Y 联结和 △/Y 联结的变压器会使输入电网的电流发生怎样的改变，并了解两种联结方式下的电网提供的电流有哪些不同。

(4)让带有 Y/Y 和 △/Y 联结变压器的整流电路接大电感负载或是一个电流源，不再接电容和电阻负载，研究这种情况下仿真应该如何修改，重复步骤(1)～(3)。

(5)研究步骤(4)中电网电流的傅里叶展开式，思考一个整流器的 5 次和 7 次谐波是如何与另一个整流器的 5 次、7 次谐波相抵消的。

(6)假设一个大型发电厂同时使用这两种结构的整流器，即同时使用带有 Y/Y 联结和△/Y 联结变压器的整流器，两整流器输出都接大电感负载，并假设这两个整流器的有功功率相同，分布也相同。分别使用(i)方框图、(ii)电路仿真方法对整流器进行仿真研究，验证这种情况下该系统不包含 5 次和 7 次谐波。

3. 多直流输出变换器在小功率场合应用广泛，例如，计算机电源和报警系统图 1.12 中的电路是这类变换器的一个简单例子。如图所示的变压器，将其二次侧设置多个绕组，采用 PWM 控制可以实现向外输出不同电平的电压。研究该电路原理并设计一个+5V 和一个±12V 的直流电压源。

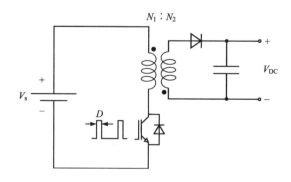

图 1.12　反激变换器

请完成如下内容：

(1)对于三个相互关联的输出电压，列出每个输出电压与PWM占空比之间的关系式。

(2)使用方框图和面向电路的方法进行系统仿真。

(3)对所有的电源都以事先给定的同一个参考电压作为给定值，确定适当的占空比以使得每路电压源输出电压在不同的负载电流下都尽可能地接近给定值。对偏差值使用PI控制，PI调节器的输出作为PWM占空比指令。仿真这个闭环系统并确保它完全可行并且稳定。

(4)假设电流不平衡最糟糕的情况，对这种多路电压源设立各项技术指标。考虑所需要的其他约束或条件进行设计，重复前面提到的步骤(1)～(3)。例如，敏感负载的情况。

(5)针对开环和闭环系统，建立基于方程式的方框图模型并仿真。

4. 虚拟短路是电气工程中的常见问题，例如，三相对称系统的零地电压V_g和电流I_g（图1.13）以及运算放大器的差分输入。但是当负载为非线性负载时，线间会产生谐波环流，这与之前的情况不同了。

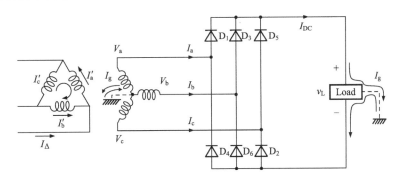

图1.13　三相系统中的虚拟短路

请完成如下内容：

(1)列出描述虚拟接地短路电流和三相对称电源关系的所有方程。

(2)使用方框图法和面向电路的方法进行电路仿真。

(3)绘制并计算在虚拟短路过程中接地电流的有效值。

(4)在a相产生10%的不平衡电流，然后观察接地电流的变化。

(5)考虑接地线路中的阻抗影响，重复步骤(1)～(4)。

(6)考虑设计所需的其他约束或条件，例如，过流保护水平和最小相电压水平。

5. 图1.14中是一个电流中断电路。在$t=0$时闭合开关，分析此时电路中各电流的情况，其中当开关导通时用电压源来替代有源负载。

请完成如下内容：

(1)列出电路中所有有源和无源元件的方程。

(2)使用方框图法和面向电路的方法进行电路仿真。

(3)假设电流源在$T=0.01\text{s}$时有阶跃电流0.5A，从电流和电压浪涌的角度看，该电路会如何响应？

(4)考虑当$T=0.01\text{s}$时有阶跃电压10V，重复之前的步骤(3)。

(5)考虑所需要的其他约束或条件进行设计，重复之前的步骤(3)。

(6)如果将图中电源换成交流电流源和交流电压源，试建立基于方程式的方框图模型并进行仿真。

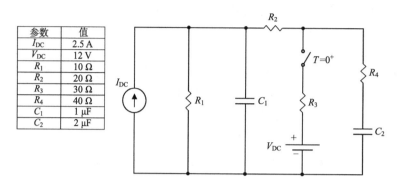

参数	值
I_{DC}	2.5 A
V_{DC}	12 V
R_1	10 Ω
R_2	20 Ω
R_3	30 Ω
R_4	40 Ω
C_1	1 μF
C_2	2 μF

图 1.14　基于 RC 响应的开关电路

补充阅读材料

BALBANIA, N. and BICKART, T. A., Electrical Network Theory, John Wiley & Sons, New York, 1969.

BANKS, J., CARSON, J. and NELSON, B., Discrete Event System Simulation, Prentice Hall, Upper Saddle River, 1996.

BAUER, P., DUIJSEN, P. and VAN, J., "Large signal and small signal modeling techniques for AC-AC power converters", Proceedings of PCC-Yokohama, IEEE, pp. 520-525, 1993.

CARNAHAN, B., LUTHER, H. A. and WILKES, J. O., Applied Numerical Methods, John Wiley & Sons, Inc., New York, 1969.

CUK, S. and MIDDLEBROOK, R. D., "A general unified approach to modeling switching dc-dc converters in discontinuous conduction mode", Proceedings PESC 1977, pp. 36-57, 1977.

DIRKMAN, R. J., "The simulation of general circuits containing ideal switches", IEEE 0275-9306/87/0000-0185, 1987 IEEE, pp. 185-194, 1987.

FISHWICK, P., Simulation Model Design and Execution: Building Digital Worlds, Prentice Hall, Englewood Cliffs, 1995.

FUJIMOTO, R. M., Parallel and Distributed Simulation Systems, John Wiley & Sons, New York, 2000.

GHOSH, A. and LEDWICH, G., Power Quality Enhancement Using Custom Power Devices, Kluwer's Power Electronics and Power Systems Series, Kluwer Academic Publishers, Boston, 2002.

HO, C. W., RUEHLI, A. E. and BRENNAN, P. A., "The modified nodal approach to network analysis", IEEE Transactions on Circuits and Systems, vol. CAS-22, no. 6, pp. 504-509, 1975.

JAMES, M. L., SMITH, G. M. and WOLFORD, J. C., Applied Numerical Methods for Digital Computation, University of Nebraska, IEP-A Dun-Donnelley Publisher, New York, 1977.

KELTON, W. D and AVERILL, M., Simulation Modeling and Analysis, McGraw Hill, Boston, 2000.

MIDDLEBROOK, R. D. and ĆUK, S., "A general approach to modelling switching-converter power stages", Proceedings PESC 1976, pp. 18-31, 1976.

MOHAN, N., UNDELAND, T. M. and ROBBINS, W. P., Power Electronics: Converters, Applications and Design, John Wiley & Sons, Inc., New York, 1989.

MORRIS, N. M., Advanced Industrial Electronics, McGraw-Hill Book Co. Ltd., London, ISBN-10: 0070846944,

ISBN-13: 978-0070846944, 1984.

NAKAHARA, M. and NINOMIYA, T., "A general computer algorithm for analysis of switching converters", IEEE PESC 1992, pp. 1181-1188, 1992.

NELMS, R. M. and GRIGSBY, L. L., "Simulation of power electronic circuits containing nonlinear inductances using a sampled-data model", APEC-IEEE, CH2853-0/90/0000-0746, pp. 746-749, 1990.

O'MALLEY, J., Theory and Problems of Basic Circuit Analysis, Schaum's Outline Series, McGraw-Hill, Inc., New York, 1982.

RAGAZZINI, J. R., RANDALL, R. H. and RUSSELL, F. A., "Analysis of problems in dynamics by electronic circuits", Proceedings of the IRE, vol. 35, no. 5, pp. 444, 452, 10. 1109/JRPROC. 1947. 232616, May 1947.

2 使用网孔分析法和节点分析法分析电路

2.1 引 言

网络拓扑学是电路理论的一个分支，它涉及完整描述电气系统所需的方程和定理。在本书中，我们主要关注以下两个定理，它们适用于常规的、可以用平面图表示的电路(即使是非常大的电路)：

1. 设一个电路中的节点数为 N，那么完整描述电路就需要 $N–1$ 个独立的节点方程。令这 $N–1$ 个节点中每个节点处的电流代数和为 0，即可得到这些方程，这就是所谓的基尔霍夫电流定律，简称 KCL 或节点分析法。

2. 设 $L = M$ 为回路或网孔个数，B 为支路个数，N 为电路的节点个数，那么完整描述电路就需要 $L = M = B – N + 1$ 个独立的回路或网孔方程。令沿每一闭合回路或网孔的电压降代数和为 0，即可得到 $L = M = B – N + 1$ 个方程，这就是所谓的基尔霍夫电压定律，简称 KVL 或网孔分析法。

当采用网孔分析法或节点分析法描述电路时，所得到的线性系统方程可以采用笔算求解，也可以采用数值分析法求解。例如，$Ax = y$，其中 y 是向量，A 是方阵，x 也是向量。

y 是一个由节点电压或网孔电流组成的向量，到底是哪一种取决于电路采用的是网孔分析法还是节点分析法，A 是阻抗或导纳矩阵。对于物理定义明确的系统，线性系统 $Ax = y$ 中的矩阵 A 是一个方阵，即 $m = n$，系统有唯一解。因此，解决的方法是笔算或用计算机求解逆阵。矩阵 A 只有当电路为电阻电路时才完全是由实数构成；如果是相量分析(正弦稳态)，A 中可能含有复数；如果是暂态分析，A 中可能含有拉普拉斯算子。对于暂态分析的情况，矩阵 A 需要通过符号软件操作求解或是将拉普拉斯形式的矩阵转化到状态空间，并用常微分方程数值计算来求解(第 3 章)。

2.2 矩阵方程的解

为了求解矩阵方程，我们需要确定是采取左乘还是右乘，因为矩阵运算并不服从交换定律(即 $AB = BA$)。已知矩阵 A、B 和 C，且 $AB = C$，其中 A 和 B 是非奇异的，即为方阵且可逆，那么可以在方程式两端同时左乘 A^{-1}，则有 $A^{-1}AB = A^{-1}C$。由于 A 是非奇异的，因此 $A^{-1}A = I$，这样矩阵 B 可以被分离出来，得到 $B = A^{-1}C$。这个结论可以应用到线性系统的解中，得到 $x = A^{-1}y$，也就是说，只要能够求解 A 逆阵的算法都可以应用于求解矩阵方程。本章中的实验就是要处理电路的这种矩阵计算。

还有一个有趣的观点。假设我们要分离矩阵 A，已知矩阵 B 可逆，那么我们可以在方程两端同时右乘 B^{-1}，即 $ABB^{-1} = CB^{-1}$。如果 B 是非奇异的，那么 $B^{-1}B = I$，矩阵 A 就可

以表示为 $A = CB^{-1}$。如果 A 是表示图形或输入/输出映射关系的关联矩阵，若已知输入和输出矩阵(这里设为 C 和 B)，就可以计算映射矩阵 A。当然，对于 $Ax = y$，且 x 和 y 都是向量的电路场合，这种方法并不适用。但是在其他的信号处理问题或概率方法(其中该矩阵表示的是两集合之间的贝叶斯概率密度函数关系)中，使用这种方法进行计算非常容易。在神经网络系统或基于模糊逻辑的系统中也可以使用人工智能的方法来近似得到矩阵 A，但所有这些内容都不在本书的讨论范围之内[1]。

为什么说确定采用左乘还是右乘是很重要的？因为无论左乘还是右乘，都可能遇到 $B^{-1}AB$ 项无法化简的问题。矩阵运算是不可交换的，因为它通常是实数或复数的运算。在基于图形问题、控制分析和信号处理研究中，这种 $B^{-1}AB$ 形式的矩阵运算是非常重要的线性代数考虑因素。有关这种矩阵方程的研究可以在其他关于先进控制和优化的主题中进行[2,3]。

2.3 实验：使用网孔分析法和节点分析法分析电路

在本实验中，需要读者运用 MATLAB 对电路进行数值求解，并采用 PSIM 进行电路仿真得到各部分的电压和电流，从而加深对电路分析的理解和认识。对电路中的每个电源都需要计算功率因数，不但要进行数值计算，还要与电路仿真相比较。以图 2.1 所示的电路为例，电路参数为

$$v_o(t) = 169.7\cos(\omega t + 0.25) \quad \text{(V)}$$

$$i_x(t) = 1.5\sin(\omega t - 0.15) \quad \text{(A)}$$

其中，$\omega = 2\pi f$ rad/s，$f = 60\text{Hz}$。电路中其他元件参数为 $R_1 = 10\Omega$，$R_2 = 1.5\Omega$，$R_3 = 5\Omega$，$C_1 = 200\mu\text{F}$，$C_2 = 400\mu\text{F}$，$L_1 = 750\text{mH}$。

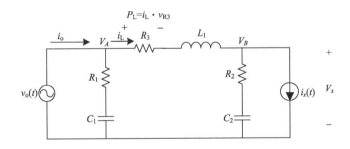

图 2.1　用于网孔分析和节点分析的电路

1. 使用节点分析、网孔分析以及相量分析方法，求出每一元件的电流和电压，包括它们的相量形式和对应的时域响应。
2. 求从电压源流出电流的相量形式和对应的时间响应。
3. 绘制输入电流和输出电压波形。
4. 每个电源的功率因数是多少？
5. 使用 MATLAB 重复上述工作。

6. 使用 MATLAB 编写脚本文件 (.m)，实现节点分析和网孔分析。将所有的理论计算结果与计算机计算结果相比较。

7. 假设电流源改为 $i_x(t) = -1.5\sin(\omega t - 0.15)$(A)。请将之前情况(正向电流源)与现在情况下的瞬时功率、有功功率、无功功率和功率因数进行比较，并对结果进行详细分析。

8. 假设要计算与电感串联的电阻功率 (P_L)，请简述求解方法，并给出可能的仿真实现方法。

使用节点分析方法解决电路问题的一般步骤为：首先对电路的主要节点应用 KCL 得到方程组来建立矩阵系统。如果系统规模较小(两个或三个节点)，可以采用代数方法和克拉默法则来求解未知的主要节点电压。大型系统可以使用数学软件求解，例如，MATLAB 或其他软件。其次，在求出节点电压之后，可以使用常规电路分析方法(如欧姆定律、电压和电流分配原理等)来得到所需其他任意电路变量的表达式或者数值。节点分析法可以总结为以下步骤：

1. 选择一个参考节点。(经验法则：选择有大多数支路连接的节点)，也就是通常所说的"地"，但它没有必要真是电路的物理地——它可以是任意方便的节点，不接地电路需要认真选择参考节点。

2. 给各主要节点编号以便于识别，并进行标注。

3. 对已确定的主要节点应用 KCL，列出电路方程组。

4. 如果节点处有电压源，那么其电压值就是该节点的电压；如果节点处有受控源，则必须为这些受控源额外列写方程。

5. 由获得的 KCL 方程组创建一个矩阵系统。

6. 采用克拉默法则或高斯法求解矩阵得到未知的节点电压，或者进行数值求解。

7. 利用求解的结果即节点电压值，继续求解所需的其他电路变量。

对于图 2.1 所示的电路，节点 A 和地之间的外加电压是 $v_o(t) = 169.7\cos(\omega t + 0.25)$，其相角为 0.25rad，也可以表示为 $0.25 \times \dfrac{180}{\pi} = 14.324°$，角频率 $\omega = 2\pi f$，$f = 60\text{Hz}$。因此，得到电压的相量形式为 $\bar{V}_0 = 120\angle 14.324°$，其中相量的幅值用有效值表示。为了方便在瞬时的正弦和余弦形式之间互相转换，需要记住这些简单的三角公式：$\sin(\omega t + \alpha) = \cos(\omega t + \alpha - 90°)$ 和 $\cos(\omega t + \alpha) = -\sin(\omega t + \alpha - 90°)$。

电路中的电流源定义为 $i_x(t) = 1.5\sin(\omega t - 0.15)$。假设将瞬时变量如 $\cos(\omega t \pm 0°)$ 表示为相量形式，其相角为 0°，则对于用正弦函数表示的电流 i_x，计算相角时，需要从其正弦表达式的相移中减去 90°，也就是说 $\phi_i = -(0.15 \times \dfrac{180}{\pi}) - 90° = -98.6°$。因此，电流源的相量表示式为 $\bar{I}_x = 1.06\angle -98.6°$。假设两个节点的电压分别为 $\bar{V}_A$ 和 $\bar{V}_B$，采用节点分析法可以得到节点#1 和节点#2 的方程式：

• 节点#1

$$\bar{V}_A = \bar{V}_0 = 120\angle 14.324°$$

• 节点#2

$$\frac{\overline{V}_B}{1.5 - j6.63} + \frac{\overline{V}_B - \overline{V}_A}{5 + j282.743} + \overline{I}_x = 0$$

用矩阵形式表示，使原方程成为具有 $Ax = y$ 形式的线性方程：

$$\begin{bmatrix} 1 & 0 \\ \left(\dfrac{1}{5 + j282.743}\right) & \left(\dfrac{-1}{1.5 - j6.63} + \dfrac{-1}{5 + j282.743}\right) \end{bmatrix} \begin{bmatrix} \overline{V}_A \\ \overline{V}_B \end{bmatrix} = \begin{bmatrix} 120\angle 14.324° \\ 1.06\angle -98.6° \end{bmatrix}$$

矩阵 A 具有导纳分量。对于这种简单的 2×2 矩阵系统，可以通过笔算或计算机求解。经过代数运算，就可以求得 $\overline{V}_B = 4.83\angle -9.878°$。电压源流出的电流（$\overline{I}_o$）等于从节点 A 流向地的电流 $\dfrac{\overline{V}_A}{R_1 + \dfrac{1}{j\omega C_1}}$，加上从节点 A 流向节点 B 的电流 $\dfrac{\overline{V}_A - \overline{V}_B}{R_3 + j\omega L_1}$，结果为

$$\overline{I}_o = 6.91\angle 65.18°.$$

该电路中每个元件的电压和电流都可以使用 **MATLAB** 的脚本文件进行计算，采用的是完全的代数计算而不是基于矩阵求逆。

```
%%Nodal analysis for circuit of figure 2.1%%
%parameters definition
clear all
R1=10;
R2=1.5;
R3=5;
C1=200E-6;
C2=400E-6;
L1=750E-3;
A=169.7;
theta=0.25;
V0 = 169.7*exp(j*0.25);
Ix=1.5*exp(j*1.72089)
w=2*pi*60;
VB= (1/(1/(R2+1/(li*w*C2))+1/(R3 + li*w*L1))*(1/(R3+li*w*L1)*V0-Ix));
I2= (1/(R1+1/(li*w*C1))+1/(R3+li*w*L1))*V0-1/(R3+li*w*L1)*VB;
B=abs(VB);
phi=angle(VB);
T=2*pi/w;
tf=2*T;N =100;dt=tf/N;
t=0: dt: tf;
%-----------------------------------------------
%       Plot V0 and VB.
%-----------------------------------------------
for k=1:101
    V0(k)=A*cos(w*t(k)+theta);
```

```
      VB(k)=B*cos(w*t(k)+phi);
end
figure;plot(t,V0,t,VB)
%%end of Matlab script --------------------------------
```

还有一种电路分析方法称为广义网孔分析法。该方法对电路中的回路或网孔应用 KVL 得出方程式,然后根据方程式建立矩阵系统。对这种方法总结如下:

1. 使用传统方法,根据电流方向(无源符号约定)来确定正向电压降。

2. 编号并标明各回路或网孔(如果数量不多可以手动完成),每个网孔电流的正方向假设为顺时针方向。

3. 对各回路或网孔应用 KVL,建立电路方程组。

4. 如果回路中有电流源,那么电流源的电流即该网孔的电流;如果回路中有受控源,那么必须为其额外列写方程式。

5. 根据 KVL 列出的方程组可以建立矩阵系统,求解时可以利用代数规则笔算(利用克拉默法则或高斯法)或是用计算机辅助数学软件(MATLAB)计算。求得各网孔电流后,可以求解所需的其他电路变量。

图 2.1 中描述的电路有一个电流源,因此可以有两种途径来进行网孔分析:一种是将带有并联阻抗的电流源转换成带有串联阻抗的电压源,如图 2.2 所示,转换后的电路有两个网孔,也就有两个网孔电流有待求解(2×2 矩阵)。

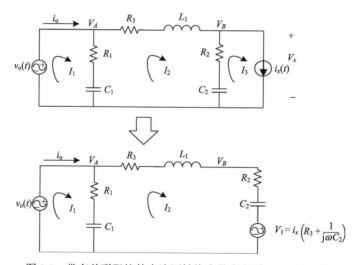

图 2.2　带有并联阻抗的电流源转换为带有串联阻抗的电压源

另一种途径是采用原始电路(3×3 矩阵)分析,其中一个网孔电流为 $\bar{I}_x$(已知其稳态相量形式)。然后,对每个网孔应用 KVL,步骤如下。

· 网孔#1

$$\left(R_1 + \frac{1}{\mathrm{j}\omega C_1}\right)(\bar{I}_1 - \bar{I}_2) = \bar{V}_\mathrm{o}$$

· 网孔#2

$$\left(R_1 + \frac{1}{j\omega C_1}\right)(\bar{I}_2 - \bar{I}_1) + (R_3 + j\omega L_1)\bar{I}_2 + \left(R_2 + \frac{1}{j\omega C_2}\right)(\bar{I}_2 - \bar{I}_3) = 0$$

改写为

$$-\left(R_1 + \frac{1}{j\omega C_1}\right)\bar{I}_1 + \left(R_1 + R_2 + R_3 + \frac{1}{j\omega C_1} + \frac{1}{j\omega C_2} + j\omega L_1\right)\bar{I}_2 - \left(R_2 + \frac{1}{j\omega C_2}\right)\bar{I}_3 = 0$$

- 网孔 #3

$$\bar{I}_3 = \bar{I}_x$$

这样的线性系统可以写成形如 $ZI = V$ 的矩阵形式，即

$$\begin{bmatrix} \left(R_1 + \dfrac{1}{j\omega C_1}\right) & -\left(R_1 + \dfrac{1}{j\omega C_1}\right) & 0 \\ -\left(R_1 + \dfrac{1}{j\omega C_1}\right) & \left(R_1 + R_2 + R_3 + \dfrac{1}{j\omega C_1} + \dfrac{1}{j\omega C_2} + j\omega L_1\right) & -\left(R_2 + \dfrac{1}{j\omega C_2}\right) \\ 0 & 0 & 1 \end{bmatrix} \begin{bmatrix} \bar{I}_1 \\ \bar{I}_2 \\ \bar{I}_3 \end{bmatrix} = \begin{bmatrix} \bar{V}_o \\ 0 \\ \bar{I}_x \end{bmatrix}$$

其中

$$\bar{V}_o = 120\angle 14.324°$$

$$\bar{I}_x = 1.06\angle -98.6°$$

```
%% Mesh analysis for circuit of figure 2.1%%
vo = 169.7*exp(j*0.25)
ix = 1.5*exp(j*(-0.15-pi/2));
R1 = 10; R2 = 1.5; R3 = 5;
C1 = 200e-6; C2 = 400e-6; L1 = 750e-3;
w=120*pi;
Xc1 = (w*C1); Xc2 = (w*C2); XL= w*L1;
z11 = R1 + 1/(i*Xc1);
z12 = -(R1 + 1/(i*Xc1));
z13 = 0;
z21 = -(R1 + 1/(i*Xc1));
z22 = (R1+R2+R3+1/(i*Xc1)+1/(i*Xc2)+i*XL);
z23 = -(R2 + 1/(i*Xc2));
z31 = 0;
z32 = 0;
z33 = 1;
Z = [z11, z12, z13; z21, z22, z23; z31, z32, z33];
V = [vo;0;ix];
mesh_currents =inv(Z)*V;
I1 = mesh_currents(1,1);
I2 = mesh_currents(2,1);
```

```
I3 = mesh_currents(3,1);
vx = (R2 + 1/(i*Xc2))*(I2-I3);
B = abs(I1);
phi = angle(I1);
A=abs(vo);
theta=angle(vo);
Voc=vo-z23*ix
C = abs(I3);
phi1 = angle(I3);
D = abs(vx);
phi2 = angle(vx);
T = 2*pi/w;
tf = 4*T; N = 100; dt = tf/N;
t = 0 : dt : tf;
%----------------------------------------------
%  Plot Vo and io.
%----------------------------------------------
for k = 1 : 101
    V0(k) = A * cos(w * t(k) + theta);
    I0(k) = B * cos(w * t(k) + phi);
end
plot (t, V0,'r',t, I0,'--')
for k = 1 : 101
    IX(k) = C * cos(w * t(k) + phi1);
    Vx(k) = D * cos(w * t(k) + phi2);
end
plot (t, Vx,'r',t, IX,'--')
figure
plot (t, V0,'r',t, I0,'--')
%%end of Matlab script --------------------------------
```

使用基本欧姆定律对之前的 MATLAB 脚本文件进行改进,因为这种方法是基于相量的稳态分析法,所以可以计算电路中的任意电压、电流或瞬时功率。

功率因数定义为有功功率与视在功率的比值,即平均功率除以由电压真有效值和电流真有效值的乘积构成的分母:

$$PF = \frac{P}{S} = \frac{\dfrac{1}{T}\displaystyle\int_{t}^{t+T} v(t)\cdot i(t)\mathrm{d}t}{\sqrt{\dfrac{1}{T}\displaystyle\int_{t}^{t+T} v^2(t)\mathrm{d}t}\sqrt{\dfrac{1}{T}\displaystyle\int_{t}^{t+T} i^2(t)\mathrm{d}t}}$$

当电压和电流是稳态正弦量时,对于单相系统,上述比值可以简化为 $PF = \cos\phi_{vi}$,其中,ϕ_{vi} 指电流相对于电压的相移。如果电流滞后于电压,这是一个滞后功率因数情况,而如果电流超前于电压,那么这是一个超前功率因数情况。

对于这个问题，可以使用 MATLAB 的脚本文件求出电压源的电流。结果是 $\overline{I}_o = 6.91\angle 65.18°$，其瞬时波形表达式可以写成 $i_o = 9.77\cos(\omega t + 65.18°)$。电压源的初始定义为 $v_o = 169.7\cos(\omega t + 14.324°)$。因此，电流相对于电压的相移为 $\phi_{vi} = \phi_v - \phi_i = 14.32° - 65.18° = -50.86°$。功率因数为 $PF = \cos(-50.86°) = 0.63$ 滞后。

对于电流源，初始定义为 $i_x(t) = 1.5\sin(\omega t - 0.15)$，即 $i_x = 1.5\cos(\omega t - 98.6°)$。可以使用节点分析法或是网孔分析法来求得电流源两端的电压，即 $v_x = 6.83\cos(\omega t - 9.88°)$。此时相移 $\phi_{vi} = -9.88° - (-98.6°) = 88.72°$，而电流源的功率因数为 $PF = \cos(88.72°) = 0.0223$（超前）。图 2.3 和图 2.4 给出了所计算的这些电压和电流曲线。需要注意的是，当电流源反向时，会向电路注入更多的有功功率。电流源正向和反向情况下电压源与电流源输出功率、功率因数的计算结果列于表 2.1。

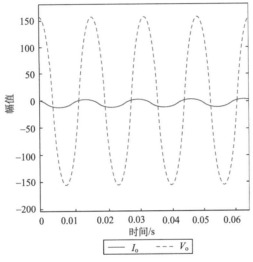

图 2.3　电压源及其电流

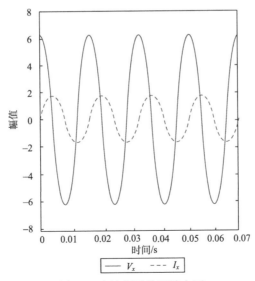

图 2.4　电流源及其两端电压

表 2.1　图 2.1 电路的计算结果

物理量	i_x 正向	i_x 反向
功率因数	电压源：0.63(滞后)	电压源：0.6343(滞后)
	电流源：0.0223(超前)	电流源：0.34(超前)
有功功率	电压源：523.56W	电压源：522.6W
	电流源：−0.1149W	电流源：3.66W
无功功率	电压源：−643var	电压源：−636.962var
	电流源：−5.12var	电流源：−10.12var

这个实验的最后一项要求是计算与电感串联电阻的功耗(P_L)。经分析可知，我们可以笔算求解电阻两端的电压和通过的电流，也可以在 MATLAB 的脚本函数中编写方程式计算电阻的电压和电流，然后求出功耗。然而，更有意思的方法是使用定义由电阻两端看进去的戴维南电路求解。我们可以依照"电路"课程中的方法来计算等效的戴维南电路参数。也可以移除元件(即所讨论的串联电阻)计算电路两端的开路电压，也就是戴维南等效电压 V_{th}。并假设短路来测量短路电流 I_{sc}，那么等效的戴维南阻抗可以通过公式 $Z_{th} = V_{th}/I_{sc}$ 求得。我们推荐读者编写 MATLAB 的脚本文件，依照最后一种方法得出等效的戴维南模型，即电压 V_{th} 和阻抗 Z_{th}。也可以依照同样的步骤，使用 Simulink 的方框图和 PSIM 软件基于电路仿真求解。

2.4　思　考　题

1. 对于本章讨论的实验，假定输入电压是畸变的(例如，是方波，也可以是其他任意的周期波)，对电压进行傅里叶展开，得到关于电压的频率等效模型。然后在电路中让每个谐波作为电压源单独作用，评估响应效果，并应用叠加原理研究整个畸变电压作用下的电路响应。并使用 MATLAB 对畸变电压输入情况进行数值求解。

2. 图 2.5 所示为模拟场效应晶体管(FET)的等效电路，建立该电路的模型，并从电子类教科书中查找电路的参数。求电路的电压增益($\frac{|v_o|}{|v_s|}$)，以及功率增益(电阻 R_L 上的有功功率除以输入功率)。利用数学公式分析系统的频率响应，并将其与 MATLAB 的数值解进行比较。

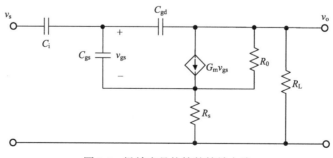

图 2.5　场效应晶体管的等效电路

3. 图 2.6 所示为反相运算放大器的等效电路。建立该电路的模型，并从电子类教科书中查找电路的参数。求电路的电压增益 $\dfrac{|v_o|}{|v_s|}$，然后利用数学公式分析系统的频率响应，并将其与 MATLAB 的数值解进行比较。

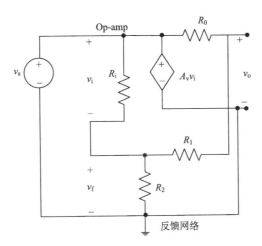

图 2.6　反相运算放大器的等效电路

4. 图 2.7 是感应电机每相的等效电路，对电路建模，并分析电机的机械功率计算方法。使用 MATLAB 分别绘制输出功率与电角频率、输出功率与静差率以及输出功率与输入电压的关系曲线。

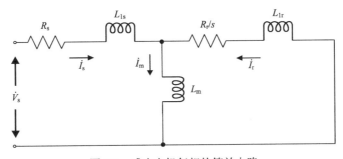

图 2.7　感应电机每相的等效电路

5. 图 2.8 为光伏电池的等效模型，其中 I_L 表示由于太阳辐射产生的电流，电路中的二极管应由适当的等效电路来代替。请建立图中电路的模型。

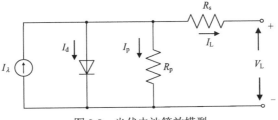

图 2.8　光伏电池等效模型

6. 图 2.9 是 IGBT 的等效电路,请使用 MATLAB 中的基本电路组件构造该电路的模型。从文献中选择一个功率 MOSFET,使它在正向电压 800V,反向电压 10V 的情况下,负载电流 $I_{C_{max}} = 50A$。其他参数都可以在产品数据表中找到,例如限制载流子注入的非线性调制电阻 R_{mod}、集电极电阻 R_C,以及集成场效应管的 g_m 和 PNP/NPN 晶体管参数。绘制随栅极电压变化的输出功率特性曲线。对此模型,你如何评价?

7. 晶闸管在正常工作范围内的线性特性如图 2.10 所示。请编写一个 MATLAB 的脚本程序来模拟下列情况下的平均功率损耗特性:(a)恒定电流为 23A,(b)正弦半波电流,平均值为 18A,(c)半周期内的电流为 39.6A,(d)1/3 周期内的平均电流为 48.5A。注意:第一个电流周期的有效值可以用作标称值,因为在这种情况下直流电流相当低。

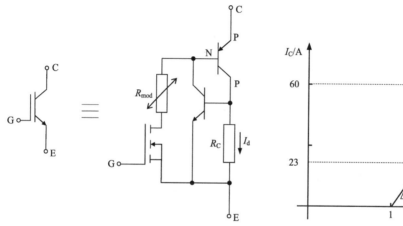

图 2.9 IGBT 及其等效电路

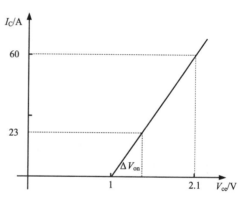

图 2.10 晶闸管导通后的伏安特性

参 考 文 献

[1] TSOUKALAS, L.H., UHRIG, R.E. and ZADEH, L.A., Fuzzy and Neural Approaches in Engineering, John Wiley & Sons, New York, ISBN-13: 978-0471160038, ISBN-10: 0471160032, 1996.

[2] WON YOUNG, W., CHUNG, Y., CAO, W., CHUNG, T.S. and MORRIS, J., Applied Numerical Methods Using Matlab, John Wiley & Sons, Hoboken, ISBN: 0-471-69833-4(cloth),2005.

[3] CHAPRA, S., Applied Numerical Methods with MATLAB: For Engineers & Scientists, McGraw-Hill Science, New York, ISBN-10: 0073401102, ISBN-13: 978-0073401102, 2011.

补充阅读材料

AYRES, JR, F., Schaum's Theory & Problems of Matrices, Schaum's Publishing Co, New York, 1962.

BRONSON, R. and COSTA, G.B., Differential Equations, 4th edition, Schaum's Outline Series, McGraw-Hill, 2014.

CARNAHAN, B., LUTHER, H.A. and WILKES, J., Applied Numerical Methods. John Wiley & Sons, New York, ISBN-10: 0471135070, ISBN-13: 978-0471135074, 1969.

DESOER, C.A. and KUH, E.S., Basic Circuit Theory, Kōgakusha'-McGraw-Hill, Inc., New York, 1969.

DIXON, C., Linear Algebra, The University Series in Undergraduate Mathematics, Van Nostrand Reinhold

Company, New York, ISBN-10: 0442221576, ISBN-13: 978-0442221577, 1971.

GRANVILLE, W.A. and SMITH, P.F., Elements of the Differential and Integral Calculus, revised edition, The Athenæum Press, Boston, 1911.

KREIDER, D.L, KULLER, R.G., OSTBERG, D.R. and PERKINS, F.W., An Introduction to Linear Analysis, Addison-Wesley Publishing Company Inc., Massachusetts, 1966.

KREYSZIG, E., Advanced Engineering Mathematics, John Wiley & Sons, New York, ISBN-13: 978-0470458365, ISBN-10: 9780470458365, 2011.

LANG, S., Introduction to Linear Algebra, Addison-Wesley Publishing Co., Massachusetts, ISBN-13: 978-0387964126, ISBN-10: 0387964126, 1966.

PISKUNOV, N., Integral and Differential Calculus, Editorial MIR, Moscow, 1969.

STRANG, G., Linear Algebra and Its Applications, Academic Press, New York, 1976. Harcourt Brace Jovanovich (1980). Third Edition: Brooks/Cole (1988). Fourth Edition: Brooks/Cole/Cengage (2006).

3 用方框图对电路进行建模与分析

3.1 引 言

为了对能量转换系统、电力系统和电力电子建模，学生需要至少了解以下各项内容的基础知识、基本原理和操作运行情况：(i) 无源器件(电感、电容、电阻和变压器)；(ii) 半导体器件(二极管、晶体管和晶闸管)；(iii) 模拟控制；(iv) 数字控制；(v) 电源，如电压源、电流源、电池、旋转发电机、光伏电池和燃料电池等；(vi) 能源基础知识，如基于化石燃料的热力学、水力发电、风力发电、太阳能发电和热电转换器等。本章将介绍基于方框图的仿真技术在电路拓扑中的应用。方框图的连接关系应基于常微分方程(ODE)来实现，而这些常微分方程可通过因果建模方法得到。因果模型由一组数学结构方程组成，这些结构方程可以用流程图表示，在图中信息可以从特定函数(模块)的输入端传递到输出端。然而，要使这些信息逆向传输的唯一方法是以数学方法反演这种关系。通常方框图在线性和非线性两种情况下都可以用来表示常微分方程，并且对于大多数典型工程问题来说，该方法已经成为一种强大的计算范例。

首先，需要了解如何对以下四种元件建模，这点非常重要：(i) 理想开关，(ii) 理想电阻，(iii) 理想电容，(iv) 理想电感。

"开关"一词以前是指断开或闭合电路的机械元件。然而，一些开关是手动工作的，另一些开关是通过线圈(继电器或接触器)驱动的，或者也可以仅由电压电流驱动，如晶体管开关。理想开关可以代表处于完全 ON 或 OFF 状态的半导体器件。因此，在理解大多数基本电力电子电路的工作原理时，可以用理想开关来代替二极管、晶体管和晶闸管。对于所有的开关元件，需要考虑以下四种状态：

1. 关断。
2. 通态。
3. 开通。
4. 断态。

在大多数情况下，可以用无穷大电阻来模拟断态(当开关断开时)，而用零电阻来模拟通态(当开关闭合时)，通常这两种状态是我们对电路进行基本理解和最初建模时所假设的状态。开通和关断的过渡过程可以忽略(考虑开关从通到断以及从断到通的瞬时切换)。然而，也可以将这种动态过程看作控制信号与开关动作之间的延迟。在考虑开通和关断状态时，开关两端的电压或流过开关的电流存在线性或非线性的上升时间和下降时间，或者电压、电流变化存在拖尾效应时间，或是由于串联漏电感，会产生电压超调。这样考虑后的开关过程非常复杂，从而使得仿真也变得非常复杂，有时还需要非常具体的物理模型。本书内容不包含这样的物理建模。通常情况下，我们在了解电力电子、电力系统、电能质量和可再生能源系统的主要功能时，可以不考虑这样的物理模型。

理想电阻是指遵循简单欧姆定律的电阻，这种电阻的电压降等于流过电阻的电流乘以阻值，即 $v = R \cdot i$。而非理想电阻需要考虑一些其他因素，如电阻的阻值会受以下因素影响：(i) 温度，(ii) 频率(趋肤效应和邻近效应)，(iii) 电感性，(iv) 电容性，(v) 老化，(vi) 非线性，非线性是指电阻的阻值是关于电压、电流的函数，或者受其他物理效应影响。

理想电容遵循简单的微分方程关系，即 $i = C\dfrac{\mathrm{d}v}{\mathrm{d}t}$，并且电容储存的能量按照公式 $E_C = \dfrac{1}{2}Cv^2$ 计算。因此，稳态时电容上没有电流流动，而当电容电流为正向或负向电流时，代表电压将会上升或下降，且瞬时的电压值可以用来衡量电容储存的能量。非理想电容需要考虑一些复杂因素，如：(i) 受温度影响，(ii) 电流相关损耗("等效串联电阻-ESR")，(iii) 电压相关损耗(尤其是电解电容)，(iv) 串联电感，(v) 双层电容。

理想电感遵循微分方程 $v = L\dfrac{\mathrm{d}i}{\mathrm{d}t}$ 的关系，并且电感储存的能量按照公式 $E_L = \dfrac{1}{2}Li^2$ 计算。因此，稳态时电感两端没有电压降，而当电感电压为正或为负时，代表电流将会上升或下降，且瞬时的电流值可以用来衡量电感存储的能量。非理想电感需要考虑一些复杂因素，如：(i) 由等效串联内阻引起的损耗，(ii) 频率相关的损耗(由于趋肤效应、邻近效应引起的损耗和铁心损耗)，(iii) 由于线圈铁心饱和所导致的非线性因素，(iv) 电容响应(分布电容)，因为电感线圈是物理闭合的，其中相邻线圈在很高的频率下有着类似于电容的响应。

如前所述，这些无源器件有着线性的模拟特性，表 3.1 列出了电阻、电容和磁阻的基本模拟特性。但是读者必须知道，当考虑一些实际存在的效应时，这些原本非常简单的无源器件建模会变得非常复杂。因此，因果建模在工程分析中非常重要，而基于模型方程的方框图能够帮助我们更好地理解系统的功能。

表 3.1 无源元件的模拟特性

电阻	电容	磁阻
$R = \rho\dfrac{l}{A}$	$C = \varepsilon\dfrac{A}{l}$	$\Re = \mu\dfrac{l}{A}$

3.2 实验：暂态响应研究和基于拉氏变换的方框图仿真分析

图 3.1 中的电路与图 2.1 中所用电路相同，其中与频率有关的无源器件由其等效拉式阻抗表示，即用 sL 表示电感，用 $\dfrac{1}{sC}$ 表示电容，用 $V_0(s)$ 和 $I_x(s)$ 表示外加的电压源和电流源。使用拉氏变换后，就可以利用代数方程来进行电路分析。分析的结果可以用于绘制 Simulink 的仿真方框图，也可以令 $s = \mathrm{j}\omega$ 来进行电路的频率响应分析。

图 3.1 描述的电路中有三个网孔电流，可以列出以下三个方程求解：

• 网孔 #1

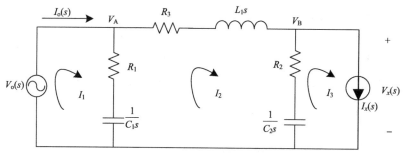

$R_1=10\Omega$, $R_2=1.5\Omega$, $R_3=5\Omega$, $C_1=200\mu F$, $C_2=400\mu F$, $L_1=750mH$

图 3.1　基于拉氏变换的电路分析

$$-V_o(s)+\left(R_1+\frac{1}{sC_1}\right)\left[I_1(s)-I_2(s)\right]=0 \tag{3.1}$$

• 网孔#2

$$\left(R_1+\frac{1}{sC_1}\right)\left[I_2(s)-I_1(s)\right]+\left(R_3+sL_1\right)I_2(s)+\left(R_2+\frac{1}{sC_2}\right)\left[I_2(s)-I_3(s)\right]=0 \tag{3.2}$$

• 网孔#3

$$I_3(s)=I_x(s) \tag{3.3}$$

网孔电流方程的矩阵形式为

$$\begin{bmatrix}\left(R_1+\frac{1}{sC_1}\right) & -\left(R_1+\frac{1}{sC_1}\right) & 0 \\ -\left(R_1+\frac{1}{sC_1}\right) & \left(R_1+R_2+R_3+\frac{1}{sC_1}+\frac{1}{sC_2}+sL_1\right) & -\left(R_2+\frac{1}{sC_2}\right) \\ 0 & 0 & 1\end{bmatrix}\begin{bmatrix}I_1(s)\\I_2(s)\\I_3(s)\end{bmatrix}=\begin{bmatrix}V_o(s)\\0\\I_x(s)\end{bmatrix}\Rightarrow$$

$$\boldsymbol{Z}\begin{bmatrix}I_1(s)\\I_2(s)\\I_3(s)\end{bmatrix}=\begin{bmatrix}V_o(s)\\0\\I_x(s)\end{bmatrix} \tag{3.4}$$

　　在第 2 章中，我们的目标是获得线性矩阵方程 $\boldsymbol{ZI}=\boldsymbol{V}$，并在稳态条件下使用相量分析法计算。而现在的目标是获得状态空间方程 $\dot{x}=Ax+Bu$。如果将状态变量定义为电感中流过的电流和电容两端的电压，那么我们需要将带有 $\frac{di_{L_1}}{dt}$，$\frac{dv_{C_1}}{dt}$ 和 $\frac{dv_{C_2}}{dt}$ 的一阶导数项隔离后放在等式的左边。因此，必须将之前得到的方程扩展，将状态变量根据电路关系由系统网孔电流 $I_1(s)$、$I_2(s)$ 和 $I_3(s)$ 表示并隔离出来，将隔离出的变量乘以拉普拉斯算子后放在方程的左边。这样就与之前需要隔离的状态变量一阶导数等价，也就是说，我们要获得的目标方程可以由式(3.4)转化为如下形式的状态方程：

$$\begin{bmatrix} sV_{C_1}(s) \\ sV_{C_2}(s) \\ sI_{L_1}(s) \end{bmatrix} = A_{3\times3}(s) \begin{bmatrix} V_{C_1}(s) \\ V_{C_2}(s) \\ I_{L_1}(s) \end{bmatrix} + B_{3\times2}(s) \begin{bmatrix} V_o(s) \\ I_x(s) \end{bmatrix} \tag{3.5}$$

其中，$V_o(s)$ 和 $I_x(s)$ 是电源的拉氏变换形式。

为了将网孔方程转换为状态空间方程，需要建立状态变量和网孔电流之间的关系。对于这个电路，我们可以写出

$$V_{C_1}(s) = \frac{1}{sC_1}\big[I_1(s) - I_2(s)\big] \tag{3.6}$$

$$V_{C_2}(s) = \frac{1}{sC_2}\big[I_2(s) - I_3(s)\big] \tag{3.7}$$

$$I_{L_1}(s) = I_2(s) \tag{3.8}$$

用矩阵形式表示为

$$\begin{bmatrix} V_{C_1}(s) \\ V_{C_2}(s) \\ I_{L_1}(s) \end{bmatrix} = \begin{bmatrix} \dfrac{1}{sC_1} & -\dfrac{1}{sC_1} & 0 \\ 0 & \dfrac{1}{sC_2} & -\dfrac{1}{sC_2} \\ 0 & 1 & 0 \end{bmatrix} \begin{bmatrix} I_1(s) \\ I_2(s) \\ I_3(s) \end{bmatrix} = \boldsymbol{T} \begin{bmatrix} I_1(s) \\ I_2(s) \\ I_3(s) \end{bmatrix} \tag{3.9}$$

由此得到

$$\begin{bmatrix} I_1(s) \\ I_2(s) \\ I_3(s) \end{bmatrix} = \boldsymbol{T}^{-1} \begin{bmatrix} V_{C_1}(s) \\ V_{C_2}(s) \\ I_{L_1}(s) \end{bmatrix} = \begin{bmatrix} \dfrac{1}{sC_1} & -\dfrac{1}{sC_1} & 0 \\ 0 & \dfrac{1}{sC_2} & -\dfrac{1}{sC_2} \\ 0 & 1 & 0 \end{bmatrix}^{-1} \begin{bmatrix} V_{C_1}(s) \\ V_{C_2}(s) \\ I_{L_1}(s) \end{bmatrix} \tag{3.10}$$

然后将式 (3.10) 代入式 (3.4) 中可以得到

$$\boldsymbol{Z} \begin{bmatrix} I_1(s) \\ I_2(s) \\ I_3(s) \end{bmatrix} = \boldsymbol{Z}\boldsymbol{T}^{-1} \begin{bmatrix} V_{C_1}(s) \\ V_{C_2}(s) \\ I_{L_1}(s) \end{bmatrix}$$

$$= \begin{bmatrix} \left(R_1 + \dfrac{1}{sC_1}\right) & -\left(R_1 + \dfrac{1}{sC_1}\right) & 0 \\ -\left(R_1 + \dfrac{1}{sC_1}\right) & \left(R_1 + R_2 + R_3 + \dfrac{1}{sC_1} + \dfrac{1}{sC_2} + sL_1\right) & -\left(R_2 + \dfrac{1}{sC_2}\right) \\ 0 & 0 & 1 \end{bmatrix}$$

$$\times \begin{bmatrix} \dfrac{1}{sC_1} & -\dfrac{1}{sC_1} & 0 \\ 0 & \dfrac{1}{sC_2} & -\dfrac{1}{sC_2} \\ 0 & 1 & 0 \end{bmatrix}^{-1} \times \begin{bmatrix} V_{C_1}(s) \\ V_{C_2}(s) \\ I_{L_1}(s) \end{bmatrix} = \begin{bmatrix} V_o(s) \\ 0 \\ I_x(s) \end{bmatrix} \tag{3.11}$$

虽然现在矩阵方程式(3.11)中含有合适的状态空间变量，但仍需要进行代数运算才能将其转换为状态空间方程的形式。对于小型系统(带有两个或三个节点或网孔的系统)，可以将每个方程(每行)展开，进行代数变换，从而分离出 $sV_{C_1}(s)$、$sV_{C_2}(s)$ 和 $sI_{L_1}(s)$，放在方程的左侧。对于较大的系统，为了分离 $sV_{C_1}(s)$、$sV_{C_2}(s)$ 和 $sI_{L_1}(s)$，可以使用符号计算软件，如 Mathematica 或 Maple。通常，为了避免这种代数运算或符号运算，应当首先决定想要采用网孔/节点分析还是采用状态空间分析的方法来分析电路。例如，对于图 3.1 中的电路，如果利用 KVL 和 KCL 共同分析电路，那么更容易获得状态空间分析法所需的电压和电流。因此，分析的重点应该放在电容电压和电感电流的导数，以及它们与自身状态变量和电源之间的关系上：

$$\frac{\mathrm{d}v_{C_1}}{\mathrm{d}t} = \frac{1}{C_1} \cdot \frac{v_o - v_{C_1}}{R_1} \tag{3.12}$$

$$\frac{\mathrm{d}v_{C_2}}{\mathrm{d}t} = \frac{i_{L_1} - i_x}{C_2} \tag{3.13}$$

$$\frac{\mathrm{d}i_{L_1}}{\mathrm{d}t} = \frac{1}{L_1}\left[v_o - i_{L_1}R_3 - (i_{L_1} - i_x)R_2 - v_{C_2} \right] \tag{3.14}$$

根据方程(3.12)～方程(3.14)，可以得到状态空间矩阵方程

$$\frac{\mathrm{d}}{\mathrm{d}t}\begin{bmatrix} v_{C_1} \\ v_{C_2} \\ i_{L_1} \end{bmatrix} = \begin{bmatrix} -\dfrac{1}{R_1C_1} & 0 & 0 \\ 0 & 0 & \dfrac{1}{C_2} \\ 0 & -\dfrac{1}{L_1} & -\dfrac{R_2+R_3}{L_1} \end{bmatrix}\begin{bmatrix} v_{C_1} \\ v_{C_2} \\ i_{L_1} \end{bmatrix} + \begin{bmatrix} \dfrac{1}{R_1C_1} & 0 \\ 0 & -\dfrac{1}{C_2} \\ \dfrac{1}{L_1} & \dfrac{R_2}{L_1} \end{bmatrix}\begin{bmatrix} v_o \\ i_x \end{bmatrix} \tag{3.15}$$

可以将系统维数扩大来计算如下的输出变量：

$$\begin{bmatrix} i_{C_1} \\ i_{C_2} \\ i_o \\ v_B \\ v_{L_1} \\ v_{R_1} \\ v_{R_3} \end{bmatrix} = \begin{bmatrix} -\dfrac{1}{R_1} & 0 & 0 \\ 0 & 0 & 1 \\ -\dfrac{1}{R_1} & 0 & 1 \\ 0 & 1 & R_2 \\ 0 & -1 & -(R_2+R_3) \\ -1 & 0 & 0 \\ 0 & 0 & R_3 \end{bmatrix}\begin{bmatrix} v_{C_1} \\ v_{C_2} \\ i_{L_1} \end{bmatrix} + \begin{bmatrix} \dfrac{1}{R_1} & 0 \\ 0 & -1 \\ \dfrac{1}{R_1} & 0 \\ 0 & -R_2 \\ 1 & R_2 \\ 1 & 0 \\ 0 & 0 \end{bmatrix}\begin{bmatrix} v_o \\ i_x \end{bmatrix} \tag{3.16}$$

由式(3.15)和式(3.16)可以画出图 3.1 电路的方框图，如图 3.2 所示。图 3.3 显示了算法的 Simulink 实现图，其中包括对输出变量进行示波器观测并将数据存储到工作区。

```
%%Parameters
f = 60; w=2*pi*f;
v0 = 169.7; v0Angle = 0.25;
ix = 1.5; ixAngle = -(pi/2)-0.15;
R1 = 10;R2 = 1.5; R3 = 5; C1 = 200e-6; C2 = 400e-6; L=750e-3;
Xl = w*L;Xc1=1/(w*C1);Xc2=1/(w*C2);
%State Space Model
A = [ -1/(C1*R1)        0             0
         0              0            1/C2
         0            -1/L        -(R2+R3)/L ];
B = [ 1/(C1*R1)         0
         0            -1/C2
        1/L            R2/L ];
C = [ -1/R1             0             0
         0              0             1
       -1/R1            0             1
         0              1             R2
         0             -1          -(R2+R3)
        -1              0             0
         0              0             R3];
```

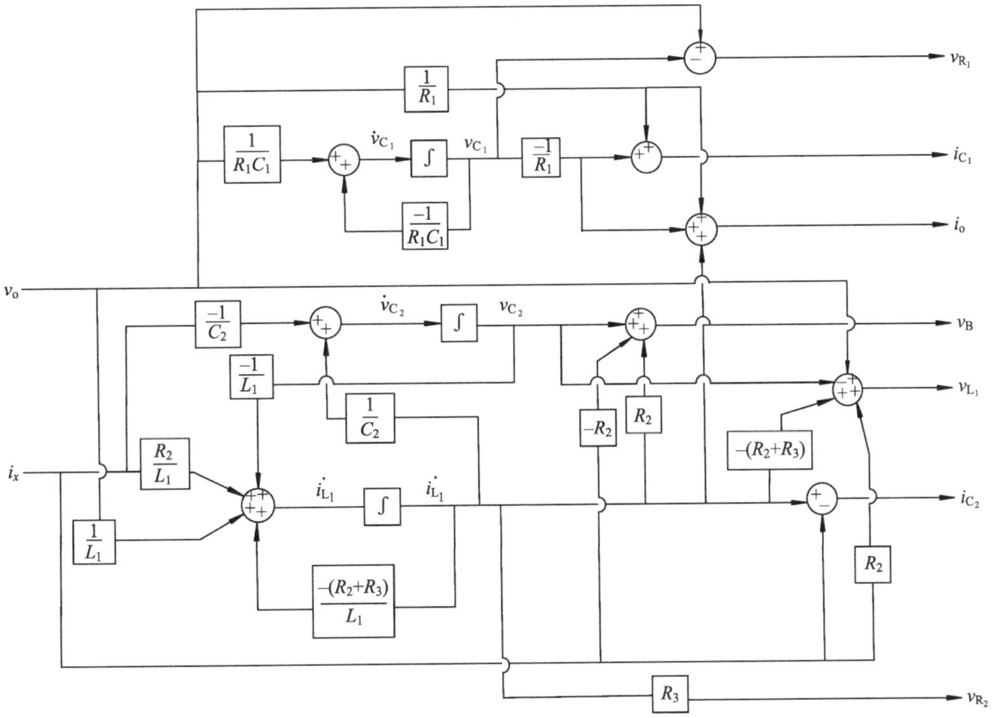

图 3.2　图 3.1 电路的方框图

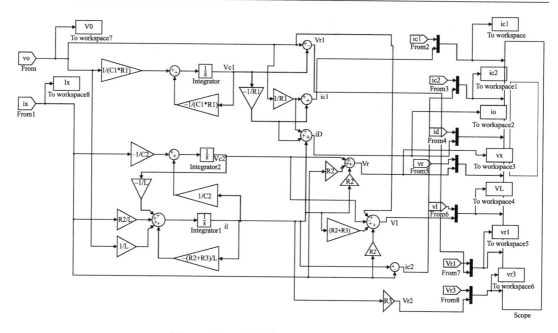

图 3.3　图 3.1 电路的 Simulink 工作区框图

```
D = [ 1/R1          0
        0          -1
      1/R1           0
        0          -R2
        1           R2
        1            0
        0            0 ];
%%end of Matlab script --------------------------------
```

3.3　与相量稳态分析法的比较

假设 $v_o(t) = 169.7\cos(2\pi 60t + 0.25)$ (V)，$i_x(t) = 1.5\sin(2\pi 60t - 0.15)$ (A)，那么可以将本章的方框图仿真方法与第 2 章的相量分析法相比较。这里电流源也可以改变极性，变为 $i_x(t) = -1.5\sin(2\pi 60t - 0.15)$ (A)。相量分析法采用基于 MATLAB 的线性计算来实现，所有计算的结果都可以与基于方框图仿真所得到的时域解进行相互校验。虽然图 3.3 的工作区中并不包含功率因数的计算，但是可以很容易地在仿真研究中将其加入。图 3.4、图 3.5、图 3.6 和图 3.7 展示了采用方框图仿真方法所得到的电压和电流波形。

通过 Simulink 方框图完成的暂态响应仿真具有以下几个优点：

1. 可以很容易地改变任何参数，使其成为变量，随时间、温度及非线性等因素变化。

2. 输入源：$v_o(t)$ 和 $i_x(t)$，可以从数量庞大、多种多样的 Simulink 模型库中选择，并且可以将几种暂态响应、尖脉冲变化以及附加高频项加入仿真中。

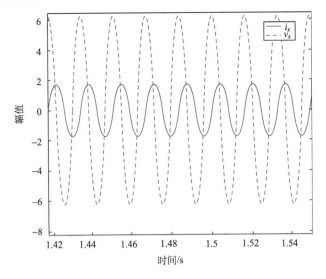

图 3.4 电流源的电压和电流波形

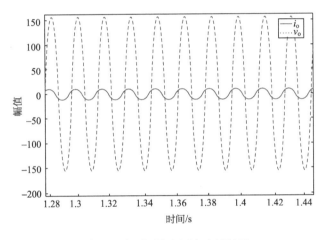

图 3.5 电压源的电压和电流波形

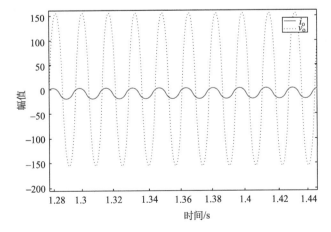

图 3.6 改变电流源方向时电压源的电压和电流波形

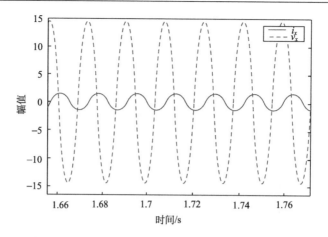

图 3.7　改变电流源方向时电流源的电压和电流波形

3. Simulink 和 MATLAB 环境是无缝连接并可以交互操作的,可以从 MATLAB 工作区读取参数和数据表,可以在 MATLAB 工作区中保存和检索数据,也可以在基于 Simulink 的分析中添加 MATLAB 函数,并在函数中编写代码,还可以实现数字在环控制。

4. MATLAB 中其他几种工具箱也可以用于仿真研究,如控制系统、信号处理、电力系统、模糊逻辑、人工神经网络、最优化等工具箱。

5. 使用基于 Simulink 的研究方法,可以很容易地求得第 2 章中建议的戴维南等效电路。即通过考虑开路响应和短路响应时的端口电压和电流得到戴维南等效电路模型。

3.4　戴维南等效电路

使用之前讨论的仿真研究方法可以得到图 3.1 中以电阻 R_3 两端为端口的戴维南等效电路。计算步骤适用于线性系统,即使含有受控电压源或电流源的线性系统也适用。首先需要测量开路电压,在本例中就是测量当 R_3 被移除后的端口电压,当得到该电压正确的时域表达式后,将其表示为戴维南等效电压 $v_{\mathrm{TH}}(t)$。然后需要测量流过相同端口的短路电流 $i_{\mathrm{SC}}(t)$,将观测到的 $v_{\mathrm{TH}}(t)$ 和 $i_{\mathrm{SC}}(t)$ 的时域形式转化为相量形式,并求出比值,即可最终得到戴维南等效阻抗:

$$\frac{\bar{V}_{\mathrm{TH}}}{\bar{I}_{\mathrm{SC}}}=\frac{\left|\bar{V}_{\mathrm{TH}}\right|\angle\varphi_{\mathrm{TH}}}{\left|\bar{I}_{\mathrm{SC}}\right|\angle\varphi_{\mathrm{SC}}}=Z_{\mathrm{TH}}=R_{\mathrm{eq}}+\mathrm{j}X_{\mathrm{eq}} \tag{3.17}$$

使用 Simulink 模型得到

$$v_{\mathrm{oc}}=159.669\angle75.03°,\quad i_{\mathrm{sc}}=0.578\angle-74.7°$$

戴维南阻抗等于戴维南电压(即开路电压)除以短路电流:

$$Z_{\mathrm{TH}}=\frac{v_{\mathrm{oc}}}{i_{\mathrm{sc}}}=276.244\angle149.73° \tag{3.18}$$

$$V = \frac{R_3}{Z_{\text{TH}} + R_3} v_{\text{oc}} = 2.93 \angle -74.17° \tag{3.19}$$

R_3 消耗的功率为

$$P = \frac{2.93^2}{5} = 1.72(\text{W}) \tag{3.20}$$

在 Simulink 中,可以将电阻 R_3 的阻值设置得非常大(与其他电阻相比)来模拟开路情况。此时,可以测量开路电压 $\overline{V}_{\text{TH}}$,得到 $\overline{V}_{\text{TH}} = 159.669 \angle 75.03°$ 。然后,将 R_3 的阻值设置得非常小来模拟短路情况,测得短路电流为 $\overline{I}_{\text{SC}} = 0.578 \angle -74.72°$ 。根据这些测量结果,通过简单的计算就可以得出戴维南等效阻抗和电阻 R_3 上消耗的功率。如图 3.8 所示,为戴维南等效电路模型,它可以有多种用途。

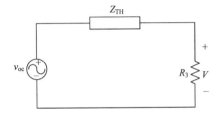

图 3.8　基于 Simulink 方框图仿真研究所得到的 R_3 两端的戴维南等效电路

3.5　思　考　题

1. 在 Simulink 中构建简单的方框图模型,并在以下情况下将它与 MATLAB 中利用数学方程组求时域解的方法进行比较:

(1)一组串联 RL 负载通过一个开关与电压源连接,利用开关控制电路的接通和断开。

(2)一组串联 RC 负载与电流源连接,其中电流源要么短路,要么通过开关瞬间连接到 RC 负载。

(3)一组并联 RLC 负载与电流源相连接,电流源要么短路,要么通过开关瞬间连接到 RLC 负载。

(4)一组串联 RLC 负载通过开关与电压源相连接,利用开关控制电路的接通和断开。

2. 图 3.9 的电路是串联谐振电路(也称为谐波陷波器),请完成以下任务:

(1)在 Simulink 中建立电路的方框图模型实现对该电路的仿真研究。

(2)将电压的励磁角频率从 0 变到 2000rad/s,达到稳态后将电流 $i(t)$ 的波形保存一或两个周期,然后对所得到的响应进行 MATLAB 分析,并将结果与该谐振电路预期的理论分析结果进行比较。

(3)假设该电路没有外部电压源,它只是一个 RLC 串联电路。研究当初始条件为 $v_{\text{C}}(0_-)$ 和 $i_{\text{L}}(0_-)$ 时的电路响应,并与预期的理论分析结果进行比较。

(4)计算具有初始条件的 RLC 串联谐振电路的时域响应,并在 MATLAB 中实现状态方程式,然后与基于 Simulink 仿真得到的响应进行比较。

（5）在 MATLAB 中为该滤波器编写程序使其能够捕获特定谐波，将这样的滤波器插入电路后与电路并联，电路情况取决于参数值，计算这种滤波器的功率损耗。

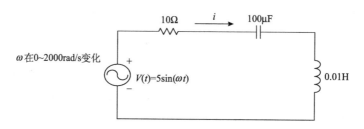

图 3.9 串联谐振电路（谐波陷波器）

3. 图 3.10 中显示了带有两个同步发电机的传输线模型，其中两个发电机处于稳态，用两个电压源表示 $\overline{V_1} = |\overline{V_1}|\angle\varphi_1$ 和 $\overline{V_2} = |\overline{V_2}|\angle\varphi_2$。在 Simulink 环境中建立电路的方框图模型实现对该电路的仿真研究。有功功率将根据相位变化从一个电压源传输到另一个电压源，而无功功率将根据电压幅值从一个电压源循环到另一个电压源。请用电力系统的基本原理来分析该系统如何运行，并在 Simulink 中观察其工作情况，然后与 MATLAB 中两个发电机稳态运行时的情况相对比。

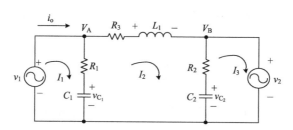

图 3.10 带有两个同步发电机的短电力传输线模型

4. 根据以下几种假设，设计高级无源器件模型：

（1）理想电阻是指简单遵循欧姆定律的电阻，这种电阻的电压降等于流过电阻的电流乘以阻值，即 $v = R \cdot i$。而非理想电阻需要考虑一些其他因素，比如电阻的阻值会受以下因素影响：(i)温度，(ii)频率（趋肤效应），(iii)电感性，(iv)非线性，非线性是指电阻阻值是关于电压和电流的函数。

（2）理想电容遵循简单的微分方程关系，即 $i = C\dfrac{\mathrm{d}v}{\mathrm{d}t}$，并且电容储存的能量按照公式 $E_C = \dfrac{1}{2}Cv^2$ 计算。因此，稳态时电容上没有电流流动，而当电容电流为正向或负向电流时，代表电压将会上升或下降，且瞬时的电压值可以用来衡量电容储存的能量。非理想电容需要考虑一些复杂因素，如：(i)受温度影响，(ii)电流相关损耗（"等效串联电阻-ESR"），(iii)电压相关损耗（尤其是电解电容），(iv)串联电感，(v)双层电容。

（3）理想电感遵循微分方程 $v = L\dfrac{\mathrm{d}i}{\mathrm{d}t}$ 的关系，并且电感储存的能量按照公式 $E_L = \dfrac{1}{2}Li^2$ 计

算。因此，稳态时电感两端没有电压降，而当电感电压为正或为负时，代表电流将会上升或下降，且瞬时的电流值可以用来衡量电感存储的能量。非理想电感需要考虑一些复杂因素，如：(i) 由等效串联内阻引起的损耗，(ii) 频率相关的损耗(由趋肤效应、邻近效应引起的损耗和铁心损耗)，(iii) 由线圈铁心饱和所导致的非线性因素，(iv) 电容式响应(分布电容)，因为电感线圈是物理闭合的，其中相邻线圈在很高的频率下有着类似于电容的响应。

5. 图 3.11 所示电路是双极结型晶体管(bipolar junction transistor, BJT)的混合模型。求负载电压关于基极电流变化的函数表达式，并对包含负载在内的电路进行仿真分析。然后，在 MATLAB 中绘制集电极电流 I_c 关于集电极和发射极之间电压 V_{ce} 变化的线性输出特性曲线，曲线同时是关于基极电流 I_b 的函数，所以绘制当 I_b 取五个不同值时的输出特性曲线。最后，画出负载曲线，其中间有一个静态工作点，请验证该点处的集电极电流和 V_{ce} 值。图 3.11 中各参数的情况如下：

h_{ie}	510Ω	L	0.2mH
h_{re}	2.5×10^{-4}	R_L	470Ω
h_{fe}	50	V_s	$3.5\sin(\omega t)$
h_{oe}	25μA/V	f_s	1000Hz
C	100μF		

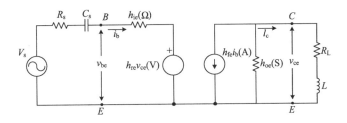

图 3.11　双极结型晶体管(BJT)的混合模型

补充阅读材料

CLOSE, C., FREDERICK, D.K. and NEWELL, J.C., Modeling and Analysis of Dynamic Systems, John Wiley & Sons, New York, ISBN-13: 978-0471394426, 2002.

DESOER, C.A. and KUH, E.S., Basic Circuit Theory, McGraw-Hill Book Co., New York, 2009.

KARRIS, S., Circuit Analysis I, with MATLAB Computing and Simulink/SimPowerSystems Modeling, Orchard Publications, Fremont, ISBN-13: 978-1934404171, ISBN-10: 1934404179, 2009.

KARRIS, S., Circuit Analysis II, with MATLAB Computing and Simulink/SimPowerSystems Modeling, Orchard Publications, Fremont, ISBN-13: 978-1934404195, ISBN-10: 1934404195, 2009.

KLEE, H. and ALLEN, R., Simulation of Dynamic Systems with MATLAB and Simulink, 2nd edition, CRC Press, Boca Raton, ISBN-13: 978-1439836736, ISBN-10: 1439836736, 2011.

KREIDER, D.L., KULLER, R.G., OSTBERG, D.R., PERKINS, F.W. and LOOMIS, L.H., An Introduction to Linear Analysis, Addison-Wesley Series in Mathematics, Boston, ISBN-10: 020103946X, ISBN-13:

978-0201039467, 1966.

KREYSZIG, E., Advanced Engineering Mathematics, John Wiley & Sons, New York, ISBN-13: 978-0470458365, ISBN-10: 9780470458365, 2011.

MALLEY, J.O., Theory and Problems of Basic Circuit Analysis, Schaum's Outline Series, McGraw-Hill, Inc., New York, 1982.

MOHAN, N., Advanced Electric Drives: Analysis, Control, and Modeling Using MATLAB/Simulink, John Wiley & Sons, Inc., Hoboken, ISBN: 978-1-118-48548-4, 2014.

PATON, B.E., Sensors, Transducers & LabVIEW, Prentice Hall PTR, New Jersey, ISBN-10: 0130811556, ISBN-13: 978-0130811554, ISBN-10: 0130811556, 1998.

WOODS, R.L. and LAWRENCE, K.L., Modeling and Simulation of Dynamic Systems, Prentice Hall, Upper Saddle River, ISBN: 0-13-337379-7, 1997.

4 电力电子：面向电路的仿真

4.1 引　　言

在面向电路的仿真环境中，通常有三种级别的建模：(1)部件级，其目的是考虑开关暂态变化情况和寄生效应，这需要开关的复杂物理模型，例如，二极管反向恢复特性、开关损耗、寄生电容和漏电感等；(2)电路级，其目的是研究变换器的功能及其内外环的设计，所建模型中的开关被认为是理想开关，即开关动作是瞬时完成的；(3)系统级，主要研究系统各模块之间的相互作用以及外部控制器的控制功能，其目的是进行上层的用户界面控制。对于系统级的仿真来说，建模时只需要详细的变换器传递函数表达式即可。大多数的电路仿真软件是只针对级别 1(如 PSPICE)或级别 3 的(如方框图，Simulink 或类似的仿真软件)。对于级别 2(本书中的大多数项目实例的建模级别)的建模来说， PSIM 是一种性能优良的电路仿真软件，它具有与级别 3 的内置工具箱或 C 程序对接的功能。MATLAB 的工具箱 Power Systems Toolbox 属于级别 3 的范畴，但是它有一些功能可以运行于级别 2，并且它与 MATLAB 和 Simulink 的全面结合可以发挥级别 3 的更多功能。

一个系统级的仿真可以将系统中不同模块之间的相互作用融合在一起，例如，包含变换器、控制器、电源和负载的系统。再如，带有机械负载、电磁关系、电力电子装置、数字控制和监督控制的电机拖动系统。在这种级别中，功率变换器中低级别的开关行为模型已经不是重点关心的问题，而变换器、电机都可以用传递函数或黑箱模型来表示。MATLAB 的 Power Systems Toolbox 中包含几种复杂的功率转换器、电机以及变压器的黑箱模型，另外，还有几种滤波器和控制器，可以通过其传递函数或参数来定义(如比例、积分和微分增益)。多域仿真器必定会集合成一个级别很高的系统级的仿真工具。一些面向电力系统的仿真软件(如 PSCAD、DlgSILENT、EMTP-RV、PSS/E)都属于系统级的仿真软件。比较好的电路级的建模方法需要将电路的功能与开关变换器的大信号特性、快速的内环控制以及基本的电力电子开关运行特性(例如，包括管压降以及动态上升和下降的时间特性)结合起来。电路中的开关采用简化的开关模型或准理想模型。PSIM 电路仿真软件采用半导体器件的理想开关模型而不是复杂的物理模型，可以很好地满足模拟电路和数字电路设计的需要。同时 PSIM 具有很高的灵活性，能够通过合并 C 语言来进行实时控制设计，并可以将控制器的代码输出以便于 DSP 的硬件实现。

部件级建模主要研究器件电压和电流的暂态、开通和关断损耗以及开通过电压对漏感的影响。这种纳秒级速度行为影响着微电子技术和集成电路的制造或部件级的设计。然而，这些特性并不是本科生或希望了解电路或系统如何运行的专业人士的主要关注点。他们主要关心的是拓扑结构以及基本控制方式如何控制电力电子电路运行。另外，对于部件级建模来说，除了需要进行基于电磁关系的高频设计研究和电磁兼容研究之外，还需要元器件的模型和精确的电路杂散参数。人们除了可以使用 SPICE 仿真软件来进行这种部件级的建模，还可以使用其他高频和微电子学研究的仿真工具(如 SABRE 仿真平台)。部件级建模并不是本书的主要建模方法；相反，作者致力于为读者打下坚实的专业基础，使他们掌握功率电路及相关的模拟或数字电路如何控制整个系统正常工作。本章将重点介绍电路级建模方法，系统级建模方法将在其他章中讨论。

在本书中，我们希望能够培养读者掌握建模方法和计算技巧，能够研究电力电子装置子系统与所连接系统之间的相互作用，并通过考虑以下因素，谨慎降低系统的复杂性。

(1)将一个或几个等效模型或者近似元件串联或并联使用。

(2)用相似特性表示电力电子的非线性负载特性时，相似特性应具有良好的精度和时序性。

(3)了解从最简单模型到最先进模型的范围，并考虑极端的复杂性是如何影响系统分析的。

(4)对于电力电子装置子系统来说，可以使用等效的电压源或电流源(线性或非线性)来表示，或者使用传递函数或由数据分析构建的黑箱 I/O 模型来表示，前提条件是对于特定的研究，这种表示方式是合理并可以接受的。

(5)当主要关注点是接入公共电网或微电网运行时，可以仅表示出与关注点相连的整个子系统的前端。

(6)仅在需要时建立包含系统的动态和控制的模型，并在子系统内部控制环与系统级应用不相关时做出决策。

(7)学习如何使用模块化方法，先假设系统为因果系统，然后应用支持非因果系统建模的技术。如果所建模块可以被重复使用，而且所编写的程序代码可以在实时应用中重复使用，且涉及不同的领域，如热、机械和电气领域的模型，可以在进一步的应用中重复利用时，设计者就会对建模分析方法有深刻的理解，从而相信之前的建模工作是良好有效的，并且会致力于开发更大和更高深的建模方法。

半波整流电路是一种可以用于电路仿真软件研究的简单电路，因为对于这种简单电路，可以将精确的数学运算(笔算)结果与电路仿真软件(如 PSIM)中的仿真结果进行交叉对比，同时也可以与 MATLAB 这样的平台数值计算的结果进行交叉对比。

假设图 4.1 中所示的半波整流器已经在 PSIM 中实现，其主要目的是观察电路中所有电压和电流的平均值与有效值，以及输送到负载的平均功率和从正弦电压源获取的视在功率。

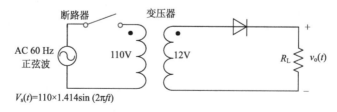

图 4.1 交流电源供电的半波整流器

在本书的第 1 章中曾经讨论过使用 DAE 或 ODE 来表示非因果系统和因果系统的思想。如果方框图含有代数环(变量值取决于自身情况)，就表明所建模型有错误或者是由于忽略了时间响应，也有可能因为该系统是一个非因果系统。在信号处理中，非因果关系是指当输出信号是由另一个输入信号产生时，输出值取决于从"当前"时刻开始，依照采样时间序列所记录的前向(未来)或后向(过去)的输入值，这里的"当前"是指特定的、任意预定义的时刻。在信号处理中，这些"当前"输入值以及"未来"输入值是在过去的某些时间记录的，但是在非因果的过程中，概念上它们可以被称为"当前"或"未来"输入值。这种类型的信号处理不能实时完成，因为未来的输入值尚未可知，可以在输入信号被记录并被处理之后完成。利用 Riccati 方程求解的最优控制是非因果系统的一个良好范例。

时域中的电压和电流需要一些特殊值来定义其特征，其中一些特殊值指通过计算得到的平均值和有效值，用来表示任意瞬时物理量的等效直流(DC)参数或等效交流(AC)参数。瞬时电压乘以瞬时电流通常会得到一个非常复杂的瞬时功率值。因此，需要计算平均功率，即有多少功率转化为热能或用于运动。然而，任何系统中都存在着不经过负载的环流，它们使从电源获取的视在功率增加。因此，从电网的角度，或者从电力供应商的角度来看，了解电流的有效值非常重要，因为视在功率等于电压有效值与电流有效值的乘积，而求得的视在功率与电网成本以及公共基础设施建设和维护方面的投资成正比。平均功率(即有功功率)与视在功率的比值定义为功率因数(power factor，PF)，它是一个表征从电源传递到负载的电能质量的重要指标。

时域变量 $x(t)$ 的平均值和有效值一般定义为

$$\langle x \rangle = X_{\mathrm{AVG}} = \frac{\int_0^T x(t)\mathrm{d}t}{T} \tag{4.1}$$

$$\langle x^2 \rangle = \frac{\int_0^T x^2(t)\mathrm{d}t}{T} \rightarrow X_{\mathrm{RMS}} = \sqrt{\frac{\int_0^T x^2(t)\mathrm{d}t}{T}} \tag{4.2}$$

通常用 X_{DC} 或 X_{AVG} 来表示平均值，用 X_{AC} 或 X_{RMS} 来表示有效值。这些参数只能针对周期信号计算求取。因此，对于在幅值或频率上时刻变化的时变信号或者非线性程度很高的信号来说，可能无法采用式(4.1)和式(4.2)定义的平均值和有效值进行评估。当然，如果已知 $x(t)$ 的闭式表达式，可以很容易地利用式(4.1)和式(4.2)进行笔算。此外，文献中展示了几种典型波形的有效值和平均值，如正弦波、方波、三角波、锯齿波和脉冲波形。

对于更复杂的周期波形来说，利用符号计算软件(如 Mathematica 或 Maple)求解积分更为有效。电力系统中经常考虑正弦信号的情况，即对于正弦信号 $y(t) = A_{\mathrm{peak}} \cos(\omega t + \phi)$ 或类似信号 $y(t) = A_{\mathrm{peak}} \sin(\omega t + \phi)$，采用式(4.1)和式(4.2)求解的结果为 $Y_{\mathrm{AVG}} = 0$ 和 $Y_{\mathrm{RMS}} = \frac{A_{\mathrm{peak}}}{\sqrt{2}}$，这是纯正弦波形的计算结果。

对于采样波形，即对于已存储的可处理数据，需要采用离散计算来求取平均值和有效值。因此，可以采用梯形法则或中点法则来求积分。计算时需要获取在 $t_0, t_1, t_2, \cdots, t_{n-1}$ 时刻采样的 N 个样本，采样时刻 $t_0, t_1, t_2, \cdots, t_{n-1}$ 在一个周期 T 内等距分布。平均值的计算可以通过简单地将一个周期内的样本求和再除以样本个数来得到

$$Y_{\text{AVG}(t_{i+1})} = \frac{1}{N} \sum_{k=0}^{N-1} y(t_{i-k}) \tag{4.3}$$

t_i 时刻的均方根值(RMS)通过对模拟信号 $y(t)$ 的最后 N 个采样值做如下计算得到

$$Y_{\text{RMS}(t_i)} = \sqrt{\frac{1}{N} \sum_{k=0}^{N-1} y^2(t_{i-k})} \tag{4.4}$$

利用递归方式可以计算 t_{i+1} 时刻的新有效值,即在计算时加入最新的测量值 $y(t_{i+1})$ 并去除最早的测量值 $y(t_{i-N+1})$,也就是

$$\left(Y_{\text{RMS}(t_{i+1})} \right)^2 = \left(Y_{\text{RMS}(t_i)} \right)^2 + \frac{1}{N} \left[y^2(t_{i+1}) - y^2(t_{i-N+1}) \right] \tag{4.5}$$

这种递归 RMS 法的主要优点是能够减少计算量并可以对模数转换中的误差进行修正。这种方法在上一周期的均方根计算结果中直接得到新均方根值,计算结果的精度并不高,但是如果信号 $y(t)$ 变化并不是太快,用该方法进行瞬时估计还是很好用的,误差精度为 4% ~ 6%。

MATLAB 中有内置函数可以计算这些参数。计算平均值的 MATLAB 函数称为 Mean,计算有效值的函数称为 RMS。Mean 函数可以用于数组,有相应的指令求取行或列的平均值。例如:

$$A = \begin{bmatrix} 1 & 2 & 6 \\ 4 & -7 & 0 \end{bmatrix}$$

A=[1,2,6;4,-7,0]
B=mean(A,1)
C=mean(A,2)
B=
    2.5000 –2.5000 3.0000
C=
    3
   –1

函数 $Y = \text{rms}(X)$ 返回输入 X 的 RMS 值。如果 X 是行向量或列向量,则 Y 是实值标量。如果 X 是矩阵,Y 中包含沿第一个非单维向量计算的 RMS 值。例如,如果 X 是一个 $N > 1$ 的 $N \times M$ 矩阵,则 Y 是包含 X 列向量 RMS 值的 $1 \times M$ 的行向量。

$Y = \text{rms}(X, \text{DIM})$ 计算了沿维数 DIM 的矩阵 X 的 RMS 值。

MATLAB 中用于计算数值积分的重要函数是 trapz。函数语句为

    $Z = \text{trapz}(Y)$

    $Z = \text{trapz}(X, Y)$

    $Z = \text{trapz}(\cdots, \text{dim})$

$Z = \text{trapz}(Y)$ 通过梯形法(采用单位间距)来计算 Y 积分的近似值。

如果计算积分采用的不是单位间距,则用间距增量乘以 Z。

如果 Y 是一个向量,$\text{trapz}(Y)$ 计算的是 Y 的积分。

如果 Y 是一个矩阵，trapz(Y) 是一个对 Y 的每一列求得积分的行向量。

Z = trapz(X, Y) 使用梯形积分法来计算 Y 相对于 X 的积分。

举例说明，现在需要得到 $Z = \int_0^\pi \sin(x)\mathrm{d}x$ 的数值计算结果，该积分的精确值为 $Z = 2$。

为了进行近似数值计算，可以将 X 和 Y 向量初始设置为

X=0:pi/100:pi;

Y=sin(x)

采用梯形法则计算积分的方法有两种，即

Z = trapz(X, Y) 和 Z = pi/100*trapz(Y)

定积分的数值计算结果为

Z =1.9998

4.2　案例研究：半波整流器

半波整流电路如图 4.1 所示，其 PSIM 仿真模型如图 4.2 所示。

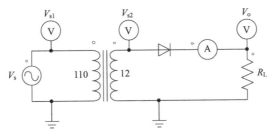

图 4.2　理想半波整流电路的 PSIM 电路仿真模型

该仿真的目的是计算电压、电流的有效值和平均值以及有功功率、无功功率、视在功率，将基于 PSIM 研究的分析结果与使用 MATLAB 进行数值计算的结果相比较。如图 4.3 和图 4.4 所示为 PSIM 仿真中测得的电压和电流波形。为了将数据从 PSIM 导入 MATLAB

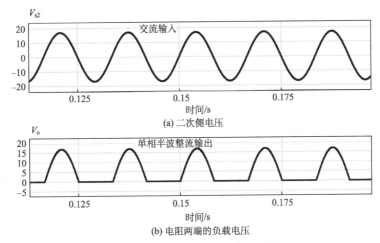

图 4.3　半波整流电路的输出结果

文件，可以到 edit 菜单选择 view data points 选项。图 4.4 显示了输入的电源电压波形和半波整流输出的电压波形。图 4.5 显示了电阻两端的负载电压波形以及利用 PSIM 获得的该波形的平均值。图 4.6 是负载电阻两端的电压波形以及利用 PSIM 获得的该波形 RMS 值。因此，通过保存这些数据并将其导入 MATLAB 中，可以在 MATLAB 中绘制波形并进行相关计算。

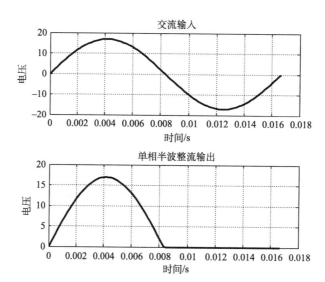

图 4.4　半波整流器的输入电压和输出电压

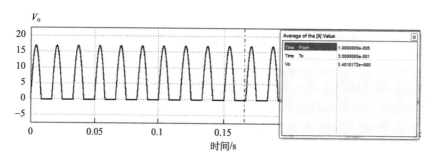

图 4.5　电阻两端电压的直流平均值

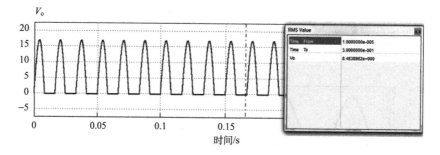

图 4.6　电阻两端电压的 RMS 值

　　读者可以记录一个或两个完整周期的负载电压，并在 PSIM 中计算平均值和有效值。式(4.6)是关于平均值的计算公式，其中从 π 到 2π 的半周期内整流电压为 0，式(4.7)显示了用峰值表示的平均值。

$$V_{DC} = \frac{1}{T}\int_0^T v(t)\mathrm{d}t = \frac{1}{2\pi}\int_0^\pi V_m \sin(\omega t)\mathrm{d}\theta \tag{4.6}$$

其中，$V_m \sin(\omega t)$ 是变压器的二次侧电压，它施加在二极管和负载上，并忽略了二极管的管压降。

$$V_{DC} = \frac{1}{2\pi}\int_0^\pi V_m \sin(\omega t)\mathrm{d}\theta = \frac{V_m}{2\pi}\big[-\cos(\omega t)\big]_0^\pi = \frac{V_m}{\pi} = 0.318 V_m \tag{4.7}$$

将式(4.7)进行简单的转换即可得到直流输出电压(或平均电压)与正弦波电压有效值的关系，如式(4.8)所示。脚本文件 halfwave_rect.m 显示了在 MATLAB 中进行平均值和有效值的数值计算过程。计算结果也可以与 PSIM 的仿真结果进行对比：

$$V_{DC} = (0.318\sqrt{2})\frac{V_m}{\sqrt{2}} = 0.45\frac{V_m}{\sqrt{2}} \tag{4.8}$$

```
%% halfwave_rect.m
f = 60;
T = 1/f;
Vacrms = 12;
Vm = Vacrms*1.414;
dt = T/100;
t = 0: dt: T;
vt = Vm*sin(2*pi*f*t);
vt_half = zeros(size(vt));
for n = 1: length(t)
  if vt(n) >= 0
    vt_half(n) = vt(n);
  else
    vt_half(n) = 0.0;
  end
end
row = 2;
col = 1;
figure(1),subplot(row,col,1),plot(t,vt),grid on, title('AC input')
xlabel('time'), ylabel('volts')
subplot(row,col,2),plot(t,vt_half),grid on, title('Half-wave Rectified')
xlabel('time'), ylabel('volts')
% MATLAB Numerical Integration
% Trapezoidal Integration: split the area under the curve into rectangles.
x = linspace(0, pi,10);  %1.9797, gives 1 percent error
y = sin(x);
trapz(x,y)
```

```
x = linspace(0, pi,100); %1.9998 gives 0.1 percent error
y = sin(x);
trapz(x,y)
x = linspace(0, pi,1000); %2.0000
y = sin(x);
trapz(x,y)
% vt_hal
% Exact Integration to obtain
% Vdc = 0.45*Vrms = 5.4 Volts
% Vdc = 0.318*Vm  = 5.4 Volts
% Numerical Integration
%  Vdc = 5.394 volts
w = 2*pi*f;
theta = w*t;
Vdc = trapz(theta(1:50), vt_half(1:50))/(2*pi)
%%end of Matlab script --------------------------------
Vdc = 5.3940 volts
```

图 4.5 显示了半波整流器的直流电压值(平均电压),图 4.6 显示了 PSIM 仿真计算的电压 RMS 值。

我们可以通过式(4.9)计算输出负载电压的有效值(忽略二极管的管压降):

$$V_{\text{RMS}} = \sqrt{\frac{1}{T}\int_0^T v^2(t)\mathrm{d}t} = \sqrt{\frac{1}{2\pi}\left[\int_0^\pi \left(V_{\text{m}}\sin(\omega t)\right)^2 \mathrm{d}(\omega t) + \int_\pi^{2\pi} 0\mathrm{d}(\omega t)\right]}$$

$$= \sqrt{\frac{V_{\text{m}}^2}{2\pi}\int_0^\pi \sin^2(\omega t)\mathrm{d}(\omega t)} \tag{4.9}$$

已知三角函数公式 $\sin^2(\omega t) = \dfrac{1}{2}[1-\cos(2\omega t)]$,可以得到

$$V_{\text{RMS}} = \sqrt{\frac{V_{\text{m}}^2}{2\pi}\int_0^\pi \frac{1}{2}[1-\cos(2\omega t)]\mathrm{d}(\omega t)} = \sqrt{\frac{V_{\text{m}}^2}{4\pi}\left[\theta - \frac{1}{2}\sin(2\theta)\right]_{\theta=0}^{\theta=\pi}}$$

$$V_{\text{RMS}} = \sqrt{\frac{V_{\text{m}}^2}{4\pi}(\pi - 0 - 0 + 0)} = \frac{V_{\text{m}}}{2} \tag{4.10}$$

一些描述半波整流电路特点的特征参数需要依靠输出电压的平均值和有效值来计算,例如:

- 变压器的电压和匝数比。
- 具有反向电压峰值的二极管额定值(电流的 RMS 值和平均值)。
- 二极管的正向压降可以设定为 0.6~0.7V,因此可以计算出二极管的平均功率损耗。
- 输出电压计算(包括平均值和有效值)。

平均电压是指经过电容器或 LC 滤波器滤波后得到的直流电压值。考虑了二极管管压降之后的平均电压可以用下面的公式近似计算:

$$V_{\mathrm{DC}} = 0.318 V_{\mathrm{m}} - V_{\mathrm{D,ON}} \tag{4.11}$$

纹波系数=负载的交流电压 RMS 值/负载的直流电压值，且纹波电压值为

$$\text{Ripple voltage} = \sqrt{V_{\mathrm{RMS}}^2 - V_{\mathrm{DC}}^2}$$

纹波系数(用百分比表示)的计算公式为

$$\text{Ripple factor} = \frac{V_{\mathrm{RMS}}}{V_{\mathrm{DC}}} \times 100\%$$

波形系数的计算公式为

$$\text{Form factor} = \frac{V_{\mathrm{RMS}}}{V_{\mathrm{DC}}}$$

峰值因数是

$$\text{Peak factor} = \frac{V_{\mathrm{m}}}{V_{\mathrm{RMS}}}$$

我们建议读者以半波整流电路为例，系统地研究那些可以借助电压、电流的 RMS 值和平均值来计算的相关参数，并且在 PSIM 中观察这些值，同时将数据输入 MATLAB 中，编写自己的脚本文件进行数值计算。其中有一个非常重要、非常有价值的参数是系统的功率因数(power factor，PF)，对于正弦波电源可将其定义为平均功率与视在功率的比值。

另外，可以在这个整流电路的负载两侧并联电容滤波器，或者在变压器和负载之间加入电感-电容(LC)滤波器来实现滤波输出，还可以对输入变压器一次侧的平均功率和视在功率进行综合比较。

4.3 实验：基于 PSIM 和 MATLAB 的 Simscape Power Systems 工具箱进行电路的仿真研究

图 4.7 中显示的电路已经在第 2 章和第 3 章中使用过。我们已经用其他方法并在其他计算环境中对该电路进行了研究，读者应该熟悉了电路的性能和典型响应。然而，本章的重点是电路仿真，在本节中首先使用 PSIM 进行建模仿真，然后利用 Simscape Power Systems™(以前称为 SimPowerSystems™)(MATLAB 工具箱)进行分析，图 4.7 电路的 PSIM 模型如图 4.8 所示。电路仿真软件在评估电路暂态响应方面功能非常全面——图中电路含有电流源，假设是纯正弦的，表达式为 $i_x(t) = 1.5\sin(2\pi 60t - 0.15)$。然后对电流源极性变化的情况进行研究，假设电流源由正变负，即变为 $i_x(t) = -1.5\sin(2\pi 60t - 0.15)$，然后让电流源再由负恢复为正。读者可以将这个电路的仿真结果与第 3 章中基于方框图的研究结果进行比较。最后，假设电流源中包含谐波，如 $i_x(t) = [1.5\sin(2\pi 60t) + 0.75\sin(2\pi 180t) + 0.25\sin(2\pi 300t)]$，然后对公共耦合点，这里定义为电压源 $v_o(t) = 169.7\cos(2\pi 60t + 0.25)$ 的连接点进行谐波分析，重点计算功率因数。

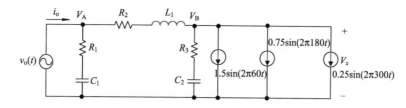

图 4.7　PSIM 和 Simscape Power Systems 仿真所用的电路(电流源含有三次和五次谐波)

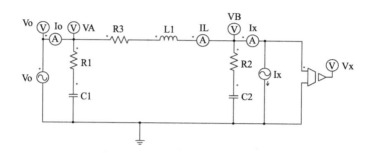

图 4.8　电路的 PSIM 模型

撰写仿真计划——你应该考虑自己想要在电路中观察什么，写出你想要研究的变量，仿真的时间间隔，你想要实现的初始条件，稳态运行，暂态条件，电源随时间变化情况以及参数随时间的变化情况等。你应该在仿真计划中列出你的期望，你希望哪些情况哪些内容可以与自己的分析、与自己的理论相比较，在仿真中你能够观察到什么，这些将帮助你更好地理解电路或系统的工作和运行。例如，下列要点可以作为图 4.7 和图 4.8 中电路的仿真计划：

- 验证之前建立的方框图模型以及它与电路的关系。
- 研究输入电压的变化对电路的影响。
- 施加小的阶跃变化。
- 研究故障情况。
- 进行功率计算(PF、P 和 Q)并将计算结果与笔算结果进行比较。
- 假定电阻值是随时间变化的(例如，由焦耳效应引起的)，设法捕捉其变化规律。
- 将仿真结果与之前的状态空间方程分析结果进行比较。
- 研究 $i_x(t)$ 由正变负，再由负变正的电路暂态变化情况。
- 研究 $i_x(t)$ 增加了三次谐波和五次谐波以后的谐波畸变情况。
- 研究当 $i_x(t)$ 增加了三次谐波和五次谐波时，电压源 $v_o(t)$ 侧的功率因数。
- 先使用 PSIM 完成该项目的研究，然后使用 MATLAB/Simulink 的 Simscape Power Systems 工具箱进行相同的研究，以学习两种电路仿真软件的使用方法。

图 4.9～图 4.19 显示的都是关于这个实验的仿真计算结果和图形。

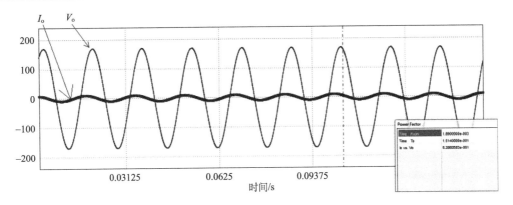

图 4.9   在 PSIM 中计算电压源的功率因数

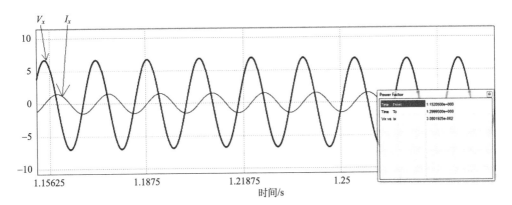

图 4.10   在 PSIM 中计算电流源的功率因数

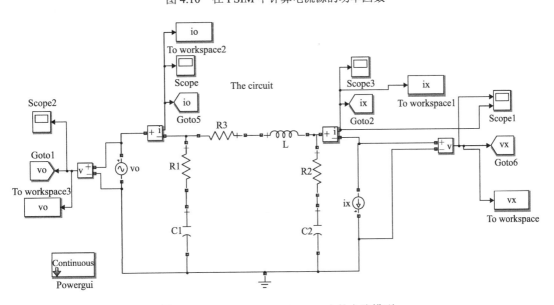

图 4.11   Simscape Power System 中的电路模型

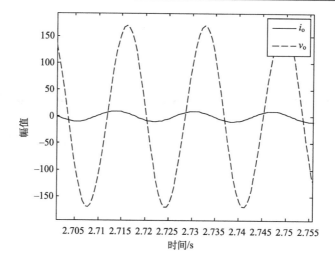

图 4.12　电压源的电流和电压波形

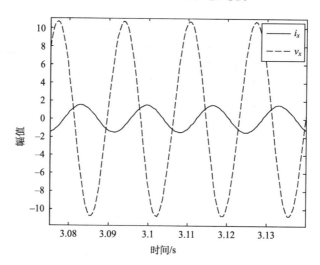

图 4.13　电流源的电流和电压波形

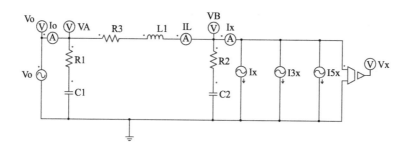

图 4.14　加入谐波畸变(加入了三次谐波和五次谐波)电流源电路的 PSIM 模型

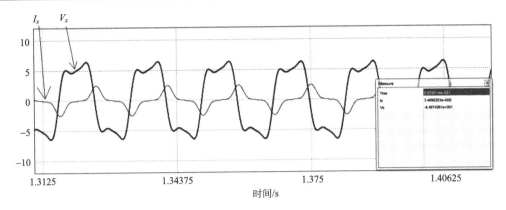

图 4.15　加入谐波后在 PSIM 中计算电流源的功率因数

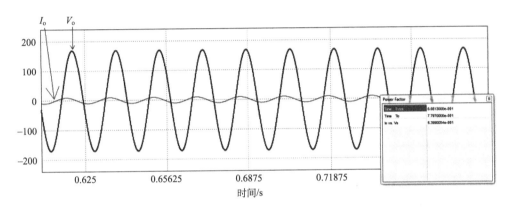

图 4.16　加入谐波后在 PSIM 中计算电压源的功率因数

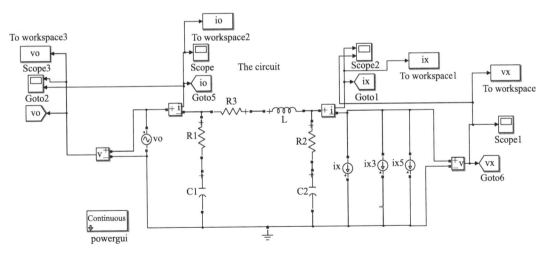

图 4.17　在电流源中加入了三次和五次谐波电路的 Simscape Power Systems 仿真模型

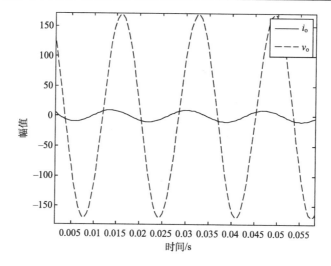

图 4.18 加入谐波后电压源的电流和电压波形

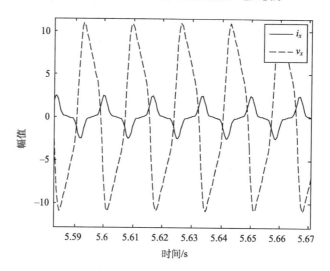

图 4.19 加入谐波后电流源的电流和电压波形

　　了解在 PSIM 和 Simscape Power Systems 中求取功率因数的方法,并在几种不同的稳态条件下测量电压源侧的功率因数。手动分析其中的一种条件,能够看到期望的笔算结果可以在仿真中呈现。在几种不同稳态条件下(小步长),输出两个完整周期的瞬时电压源电压波形和电流源电流波形,即 $v_o(t)$ 和 $i_x(t)$。在 MATLAB 中,根据式(4.12),我们需要计算三个积分。当然在 MATLAB 中有多种方法可以实现平均值和有效值的计算,读者此时应该编写一个使用 trapz 函数的.M 文件,并弄清楚是谁将数据从 PSIM 导出到 MATLAB 工作空间,以及是谁将数据从 Simscape Power Systems 导出到 MATLAB 的。

$$\text{PF} = \frac{\dfrac{1}{T}\displaystyle\int_0^T v(t)\cdot i(t)\mathrm{d}t}{\sqrt{\dfrac{1}{T}\displaystyle\int_0^T v^2(t)\mathrm{d}t}\cdot\sqrt{\dfrac{1}{T}\displaystyle\int_0^T i^2(t)\mathrm{d}t}} = \frac{P_{\text{average}}}{P_{\text{apparent}}} = \frac{P_{\text{average}}}{V_{\text{RMS}}I_{\text{RMS}}} \qquad (4.12)$$

4.4 思 考 题

1. 如图 4.20 所示的普通乙类推挽式放大器，PN 结上电压的叠加会造成谐波畸变，且使有效值降低，请在 PSIM 中进行仿真验证。如果在相同的乙类推挽放大器的反馈端加上运算放大器(这种结构适用于负载电压低的场合)，试比较这种放大器和普通乙类推挽放大器中的谐波含量。对适用于更高负载电压的放大器做同样的比较，并提出一种能够进一步降低谐波含量的方法。

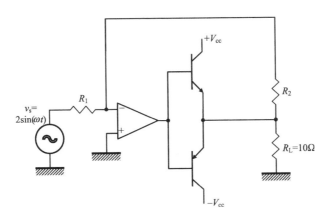

图 4.20 乙类推挽式放大器

2. 电气工程领域经常使用饱和变压器。当作为电力电子电源的一部分给整流器供电时，如果变压器过载，那么电压中的谐波含量会很大。如图 4.21 所示，在 PSIM 中使用饱和星形接法变压器为整流器供电，其输出端所连接的负载会使变压器分别产生轻度(30%)、中度(90%)和重度(150%)的铁心饱和。这三种情况下的谐波增量百分比是多少？如果使用的是三角形接法的变压器又会怎样？如果将纯电阻负载和阻感负载直接接于变压器的输出端，在功率负载相同的条件下，请对比这种情况和之前情况下产生的谐波含量。

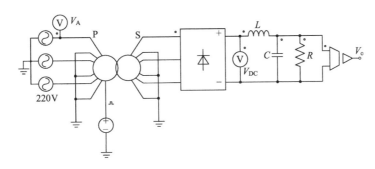

图 4.21 与二极管整流器相连接的 Y-Y 接法饱和变压器

3. 电力系统输配电线路发生短路的原因有很多，例如，设备故障，大气过电压产生的电涌，过电压导致的绝缘损坏以及其他原因。可以通过电子电路来检测和隔离这些电力系统故障。在 PSIM 环境中，对于图 4.22 所示的饱和变压器，请在以下几种类型的故障条件下进行仿真：(i)两相短路，(ii)三相短路，(iii)相对地短路，(iv)单相断路，(v)空载。在每种情况下，变压器一次侧的故障电流是多少？预期的过电压是多少？接地电流又是多少？设计一个电子电路，能够指示故障类型及严重程度，以便为启动保护电路做好准备。

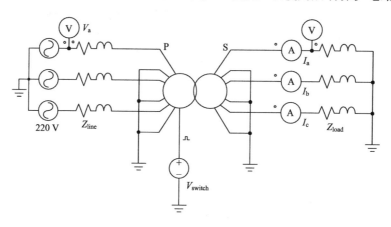

图 4.22　给 RL 负载供电的饱和变压器

4. 电压为 415V 的三相电源通过变压器(△-Y 型连接)给三相整流桥供电，整流桥所带负载为 300V、60A 的直流负载。使用 PSIM 对该电路进行仿真，确定流过每个二极管的电流以及整流桥元件和变压器的规格参数，假设每个二极管两端的管压降是 0.7V，电流不断续。

5. 如图 4.23 所示，单相半控桥式整流电路向阻感负载供电，整流桥所接的单相交流电源为 127V(有效值)、60Hz。如果负载是大电感负载，所需电流为 10A，请仿真当 $\alpha = 90°$时，负载两端的电压和负载电流的波形，设 $L = 63\text{mH}$，忽略所有其他损耗。

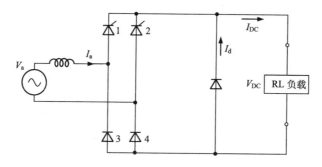

图 4.23　单相半控桥式整流电路

补充阅读材料

BOSE, B.K, Power Electronics and AC Drives, Prentice-Hall International, Inc., Englewood Cliffs, ISBN: 0136868827, 9780136868828, 2007.

CHAKRABORTY, S., SIMÕES, M.G. and KRAMER, W.E., Power Electronics for Renewable and Distributed

Energy Systems: A Sourcebook of Topologies, Control and Integration, Springer-Verlag, London, ISSN: 1865-3529, ISBN: 978-1-4471-5103-6, 2013.

CLOSE, C., FREDERICK, D.K. and NEWELL, J.C., Modeling and Analysis of Dynamic Systems, John Wiley & Sons, New York, ISBN-13: 978-0471394426, 2002.

GOLE, A.M. and FILIZADEH, S., Modelling and Simulation of Power Systems with Embedded Power Electronic Equipment, Power Electronics and Power Systems, Springer Publishers, New York/London, ISBN-10: 0387289135, ISBN-13: 978-0387289137, 2008.

HILL, W. and HOROWITZ, P., The Art of Electronics, 3rd Revised edition, Cambridge University Press, London, ISBN: 978-0521809269, 2015.

IEEE Standard on Transitions, Pulses and Related Waveforms, IEEE Std 181, 2003.

MALVINO, A.P., ZBAR, P.B. and MILLER, M.A., Basic Electronics, McGraw-Hill Companies, New York, ISBN: 007072881X, 9780070728813, 1990.

RASHID, M.H., Power Electronics: Circuits, Devices and Applications, Prentice-Hall International, Inc., Englewood Cliffs, ISBN-13: 978-0133125900, ISBN-10: 0133125904, 2007.

SLOTINE, J.J.E. and LI, W., Applied Nonlinear Control, Prentice-Hall International, Inc., Englewood Cliffs, ISBN-13: 978-0130408907, ISBN-10: 0130408905, 1991.

5 电力电子控制系统设计

5.1 引　　言

工程师必须懂得运用分析法而不是经验法去设计和建立真实的物理系统。所谓经验法，是指通过建造、观察和试错来获得结果(这样会耗费大量时间和资源)。工程师应该遵循下列步骤，以获得最佳方案：

1. 建模。
2. 建立数学方程式。
3. 基于模型进行分析和设计。
4. 基于之前的分析和设计进行实验评估或搭建系统的物理模型。
5. 实现项目。
6. 进行最终的调整并撰写报告。

经验法可能是昂贵的，甚至是危险的——想象一下，仅仅基于经验的方法，建造一座核电站或者把人送到另一个星球。分析法可以在计算机上进行仿真模拟，这种基于模型的设计方法可以帮助工程师确定设计是否符合特定的技术和经济要求，以便于使用物理设备实现选定的解决方案。

控制系统的元件交互连接，需要观测输出结果或内部状态以确保整个系统跟随期望的设定值。例如，我们可以设计一个控制系统实现：(i)自动控制，如控制室内温度；(ii)远程控制，如校正卫星轨道；(iii)功率放大，如能够施加足够的电力开启重型电机的控制系统。

控制系统的组成元件可以由机械、电力、液压、气动、化学或热力系统组成。控制系统也可以通过计算机程序来实现，程序必须具有输入/输出能力，能够分析传感器信号，做出决策，并将信号送给驱动器。

开环系统的输出响应不依赖于任何校正措施。举个例子，水箱注水时，如果到达最高水位没有关闭水闸，水就会溢出。在一个闭环控制系统中，校正措施取决于输出。例如，空调系统会根据所测得的室内空气温度变化情况关闭或者调节制冷系统。

开环控制系统可以用于输入是已知的且没有扰动的简单场合，例如，可以定时关闭水箱的进水阀门，尽管输出可能是敏感的，容易被干扰。在这种情况下，采用开环并不能有效地控制整个系统。扰动输入是不受欢迎的，会造成被控对象的输出偏离其期望值。必须每隔一段时间对系统进行校准和调整来确保系统正常运行。

闭环系统取决于反馈，即系统的输出需要与输入相比较。比较得到的误差可以使系统产生适当的控制动作，它表现为输入输出的函数形式。反馈系统给系统添加了以下特征：

1. 减少非线性和畸变的影响。
2. 提高精度。

3. 增加系统的带宽。

4. 减小系统对参数变化的敏感度。

5. 减少外部扰动的影响。

然而，反馈环可能会增加系统振荡的趋势，这就是控制理论中研究的"稳定性问题"。本章的主要目的是介绍如何使用计算机仿真进行电力电子系统的闭环设计，并提前对其进行测试以校准其输出。但是本章不可能详细讲述如此繁杂庞大的理论，因此鼓励读者阅读相关文献，学习经典控制、现代控制、计算机控制以及数字控制理论，深入理解稳定性理论，掌握数学分析方法和非线性控制系统[1-3]。

闭环反馈控制系统的方框图如图 5.1 所示。与控制系统相关的重要名词和概念定义如下：

参考输入——控制系统的实际输入信号。

输出(控制变量)——由控制系统获得的实际响应，即控制系统的输出。

误差信号——参考输入与反馈信号的差值。

闭环增益——将输出信号反馈到输入端以获得期望控制信号的量。

控制器——产生控制信号驱动执行机构的部件。

控制信号——控制器的输出信号。

执行机构——功率驱动器。它能够根据控制信号产生相应的输出送给被控对象，从而使输出信号接近参考的输入信号。

被控对象——集成了执行机构的被控组合系统。

反馈——提供反馈输出量平均值以便与参考输入相比较，由特定的传感器或估计器组成。

伺服机构——通常由旋转电机或直线电机与机械系统组成，其被控输出量为位置、速度或加速度。

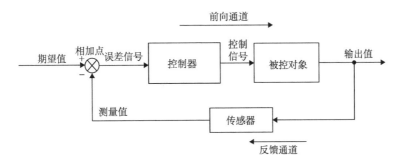

图 5.1 闭环反馈控制系统

5.1.1 控制系统设计

为了设计和实现一个控制系统，必须了解下列内容：

(1) 包含期望输出值信息的性能指标；

(2) 了解输出跟随输入、反馈传感器信号、分辨率变化而变化的情况；

(3) 熟悉控制设备；

(4) 熟悉驱动装置；

(5) 熟悉被控对象。

物理系统的数学模型有助于控制系统的分析与设计。这样的系统通常用常微分方程来描述，也可以用方框图或电路方法进行计算。控制系统设计法的流程如图 5.2 所示。可惜没有一个物理系统是完全线性的，一般必须在特定的假设条件下才能获得线性模型。当系统存在强非线性或分配效应，或者存在时域参数变化的情况时，将无法获得线性模型。常用的方法是忽略系统中可能存在的某些非线性和一些物理特性，建立简化的线性模型。为了进一步对系统进行分析，设计者必须得到系统的近似动态响应，然后建立更完整的模型。

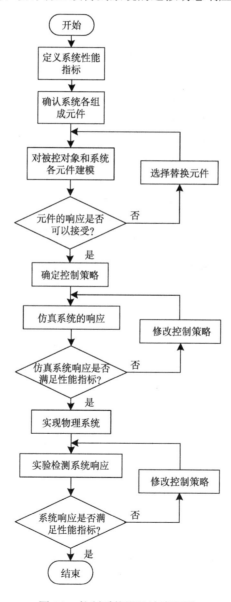

图 5.2　控制系统设计法流程图

5.1.2　比例−积分闭环控制

反馈环控制系统必须遵循由闭环系统特性所决定的稳定性准则，即对于方程式

$$1+G(s)H(s)=0 \tag{5.1}$$

其所有根应该位于 s 平面的左侧，这样拉氏反变换就只含有负指数或具有负实部的复共轭指数。

系统的稳定性可以用图形法分析，如 Nyquist 图法或 Bode 图法。因此，如果已知被控对象和控制策略的完整数学模型，那么可以采用经典控制理论来设计控制器，使系统能够保持稳定，同时具有良好的暂态响应[1,2]。

采用频域分析时有两个重要的设计标准，幅值裕度和相角裕度。幅值裕度是指不用改变相位维持系统稳定时，系统能够容许的增益余量，即开环对数幅频特性上−180°相位处对应的负幅值。相角裕度是指不改变增益维持系统稳定时，系统能够容许的相移余量，即开环对数幅频特性上 0dB 处所对应的相角减去−180°的角度。根据经验，为了得到令人满意的暂态响应，通常系统的相角裕度应该大于 35°，幅值裕度应该大于 6dB。如果系统具有典型二阶响应时，下列的近似关系可用于评估系统的闭环控制性能，其中带宽的单位是 rad/s，相角裕度的单位是(°)，时间的单位是 s：

$$（上升时间）\times（闭环带宽）\cong 2.83$$

$$超调量(\%)\cong 75° - 相角裕度$$

$$阻尼比 \cong 0.01 \times 相角裕度$$

经典控制理论支持选择最优的控制器传递函数，可以选择相位超前或相位滞后的补偿控制器，或是比例−积分−微分(PID)控制器或者比例积分(PI)控制器。典型控制器包括典型Ⅰ型，典型Ⅱ型和典型Ⅲ型[1,2,4,5]。这些控制器通常由模拟运算放大器以及外加电路来实现，如加法、减法、缓冲和误差放大器等电路。本章 5.2 节设计了一种 DC/DC 升压变换器控制系统，并给出了模拟补偿控制器的设计步骤，在 5.8 节中，描述了直流电机转速闭环控制系统的离散 PI 控制器设计步骤。

随着计算机技术的发展，出现了数字仿真技术并取得了很大进步，其中试错法仿真更加直观便于理解，有助于设计者对控制环进行微调。微调是基于对响应时间、带宽以及稳态误差的观察进行的。PI 控制器是一种易于实现数字控制的典型控制器。PI 控制器将误差放大器的误差 $E(s)$ 作为输入量，输出量 $Y(s)$ 与输入量的关系可以用传递函数描述为：

$$\frac{Y(s)}{E(s)}=K_P+\frac{K_I}{s}=\frac{sK_P+K_I}{s} \tag{5.2}$$

式(5.2)可以被离散化，即假设该控制器运行时的采样时间为 T_s，我们可以基于式(5.2)的离散化形式定义一个数字控制。将方程式交叉相乘，分子分母分别在方程式的两端展开可以得到：

$$sY(s) = E(s)(sK_P+K_I)=sK_PE(s)+K_IE(s) \tag{5.3}$$

当拉普拉斯算子 s 乘以一个拉普拉斯变量，比如 $sY(s)$ 或者 $sE(s)$，其时域函数就是导数函数。用欧拉差分形式近似代替一阶导数，可以得到

$$\frac{y(k) - y(k-1)}{T_s} = \frac{K_P e(k) - K_P e(k-1)}{T_s} + K_I e(k) \tag{5.4}$$

其中 T_s 是数字控制环的采样时间。由式 (5.4) 可以得到递归差分方程 (5.5)，它很容易用 DSP、单片机或 FPGA 实现，其表达式为

$$y(k) = (K_P + K_I T_s) e(k) - K_P e(k-1) + y(k-1) \tag{5.5}$$

式 (5.5) 是离散 PI 控制方程。计算时除了需要存储上一次设定值与系统被控变量之间的误差值 $e(k-1)$ 外，还需要存储上一次的控制输出值 $y(k-1)$。也可以使用其他的离散化技术 (如双线性变换) 或设计抗饱和 PI 控制器，具体情况读者可以参考文献[6]。

5.2　实验：　DC/DC Boost 变换器的控制器设计

Boost 升压变换器是一个开关变换器，与 Buck 降压变换器有着相同的组成元件，只是它的输出电压高于输入电压。它是可再生能源应用领域 (如光伏阵列、燃料电池和蓄电池等) 非常重要的电路。理想的 Boost 变换器有五个基本的组成元件：功率半导体开关、二极管、电感元件、电容器、脉冲宽度调制 (PWM) 控制器。Boost 控制器的基本电路如图 5.3 所示。

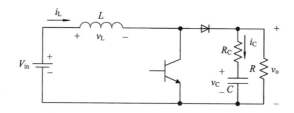

图 5.3　考虑电容器等效串联电阻的普通升压变换器

图 5.3 中的电路主要是控制开关的导通和关断，并在恒频系统中控制开关导通的时间，即采用 PWM 控制。当开关导通时，二极管不导通，电容器维持输出电压稳定，而此时流过电感的电流增加，电感储能。当开关关断时，电感中的电流继续流通，经二极管和 RC 阻容网络返回电源，此时电感释放能量。该变换器之所以被称为升压变换器是因为电容器两端的电压高于电源电压。实际上，输出被限制在直流电源电压的 4～5 倍。当开关闭合时电感吸收电能并在开关断开时将能量传递给 RC 网络。

5.2.1　理想 Boost 变换器

基于如下假设进行电路分析：

(1) 功率开关是理想的，即当开关导通时，它两端的电压降为 0；当开关断开时，流过它的电流为 0。

(2) 二极管导通时电压降为 0，反向偏置时流过的电流为 0。

(3) 忽略功率开关和二极管关断时的延迟时间。

(4) 电感元件无损耗，电容器有一个等效串联电阻。

升压变换器输入输出电压之间的关系是由占空比 D 来控制，关系式描述为

$$\frac{V_o}{V_{in}} = \frac{1}{1-D} \tag{5.6}$$

5.2.2 Boost 变换器的小信号模型和传递函数的推导

简化假设条件：

(1) 半导体器件(晶体管和二极管)是理想且无损的；

(2) 工作在连续导通模式(简称 CCM)；

(3) 电容器有串联和/或并联电阻(R_C)。

Boost 变换器的参数：

(1) 输出电压 v_o；

(2) 电感电流 i_L；

(3) 电容电压 v_C；

(4) 输入电压 V_{in}；

(5) 占空比 D。

状态变量是无源元件中与能量有关的量，即电感电流 i_L 和电容电压 v_C。Boost 变换器运行时有两种不同的状态，取决于电感电流是否大于 0(电感电流大于 0 时，定义 Boost 变换器处于 CCM 模式)。当开关导通时，等效电路如图 5.4 所示，此时有

$$L\frac{di_L}{dt} = v_{in} \tag{5.7}$$

$$C\frac{dv_C}{dt} = \frac{-v_C}{R+R_C} \Rightarrow C\frac{dv_o}{dt} = \frac{-v_C R}{(R+R_C)^2} \tag{5.8}$$

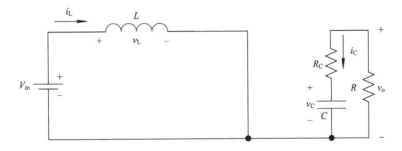

图 5.4 开关导通时的 Boost 变换器

当开关关断时，等效电路如图 5.5 所示，此时有

$$L\frac{di_L}{dt} = v_{in} - v_o \tag{5.9}$$

$$C\frac{dv_C}{dt} = \frac{R}{R+R_C}i_L - \frac{v_C}{R+R_C} \tag{5.10}$$

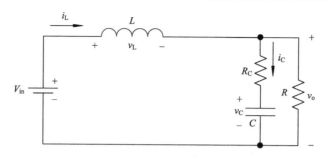

图 5.5　开关关断时的 Boost 变换器

　　将开关导通时的系统方程式(5.7)和式(5.8)两端乘以 d，而开关关断时的方程式(5.9)和式(5.10)两端乘以$(1-d)$，就能够获得一个开关周期的平均状态方程。因此，我们可以得到在整个 PWM 周期内都有效的平均模型，而不是两套微分方程组(一套是开关导通时的，另一套是开关关断时的)。当然为了得到这些方程式，我们还可以利用叠加原理将这两个电路合并：一个电路是有电感电流而没有电容电压的，另一个电路是在有电容电压响应的情况下将电感电流作为开放电源。两种方法的结果相加后都可以得到如下的方程：

$$L\frac{\mathrm{d}i_{\mathrm{L}}}{\mathrm{d}t} = v_{\mathrm{in}} - (1-d)v_{\mathrm{o}} \tag{5.11}$$

$$C\frac{\mathrm{d}v_{\mathrm{C}}}{\mathrm{d}t} = \frac{(1-d)R}{R+R_{\mathrm{C}}}i_{\mathrm{L}} - \frac{v_{\mathrm{C}}}{R+R_{\mathrm{C}}} \tag{5.12}$$

　　为了线性化这些方程式，我们假设每个电路的电压和电流都含有一个直流量(大写表示)和小的交流变化量(戴帽小写表示)，即

$$i_{\mathrm{L}} = I_{\mathrm{L}} + \hat{i}_{\mathrm{L}}, \quad v_{\mathrm{in}} = V_{\mathrm{in}} + \hat{v}_{\mathrm{in}}, \quad v_{\mathrm{o}} = V_{\mathrm{o}} + \hat{v}_{\mathrm{o}}, \quad d = D + \hat{d}, \quad v_{\mathrm{C}} = V_{\mathrm{C}} + \hat{v}_{\mathrm{C}} \tag{5.13}$$

将式(5.13)代入式(5.11)和式(5.12)，得到

$$L\frac{\mathrm{d}(I_{\mathrm{L}} + \hat{i}_{\mathrm{L}})}{\mathrm{d}t} = (V_{\mathrm{in}} + \hat{v}_{\mathrm{in}}) - (1-D-\hat{d})(V_{\mathrm{o}} + \hat{v}_{\mathrm{o}}) \tag{5.14}$$

$$C\frac{\mathrm{d}(V_{\mathrm{C}} + \hat{v}_{\mathrm{C}})}{\mathrm{d}t} = \frac{(1-D-\hat{d})R}{R+R_{\mathrm{C}}}(I_{\mathrm{L}} + \hat{i}_{\mathrm{L}}) - \frac{V_{\mathrm{C}} + \hat{v}_{\mathrm{C}}}{R+R_{\mathrm{C}}} \tag{5.15}$$

考虑到式(5.6)，消去直流量，并忽略二阶交流项，式(5.14)和式(5.15)可化简为

$$L\frac{\mathrm{d}\hat{i}_{\mathrm{L}}}{\mathrm{d}t} = \hat{v}_{\mathrm{in}} - (1-D)\hat{v}_{\mathrm{o}} + V_{\mathrm{o}}\hat{d} \tag{5.16}$$

$$C\frac{\mathrm{d}\hat{v}_{\mathrm{C}}}{\mathrm{d}t} = \frac{(1-D)R}{R+R_{\mathrm{C}}}\hat{i}_{\mathrm{L}} - \frac{RI_{\mathrm{L}}}{R+R_{\mathrm{C}}}\hat{d} - \frac{\hat{v}_{\mathrm{C}}}{R+R_{\mathrm{C}}} \tag{5.17}$$

将式(5.16)和式(5.17)两端进行拉氏变换，得到

$$sL\hat{i}_{\mathrm{L}}(s) = \hat{v}_{\mathrm{in}}(s) - (1-D)\hat{v}_{\mathrm{o}}(s) + V_{\mathrm{o}}\hat{d}(s) \tag{5.18}$$

$$\left(sC + \frac{1}{R+R_{\mathrm{C}}}\right)\hat{v}_{\mathrm{C}}(s) = \frac{(1-D)R}{R+R_{\mathrm{C}}}\hat{i}_{\mathrm{L}}(s) - \frac{RI_{\mathrm{L}}}{R+R_{\mathrm{C}}}\hat{d}(s) \tag{5.19}$$

$$V_o = V_C + R_C C \frac{\mathrm{d}v_C}{\mathrm{d}t} \Rightarrow V_C(s) = \frac{V_o(s)}{1 + sR_C C} \tag{5.20}$$

由式(5.19)可得

$$\hat{i}_L(s) = \frac{R + R_C}{(1-D)R}\left[\left(sC + \frac{1}{R + R_C}\right)\hat{v}_C(s) + \frac{RI_L}{R + R_C}\hat{d}(s)\right] \tag{5.21}$$

由式(5.18)和式(5.21)可得

$$sL\frac{R + R_C}{(1-D)R}\left[\left(sC + \frac{1}{R + R_C}\right)\hat{v}_C(s) + \frac{RI_L}{R + R_C}\hat{d}(s)\right] = \hat{v}_{in}(s) - (1-D)\hat{v}_o(s) + V_o\hat{d}(s) \tag{5.22}$$

当没有引入反馈控制时，由 PWM 调制器的占空比到输出电压的传递函数为

$$G(s) = \frac{\hat{v}_o(s)}{\hat{d}(s)}\bigg|_{\hat{v}_{in} = 0} \tag{5.23}$$

由式(5.20)和式(5.22)得到

$$\left[\frac{\dfrac{sL}{1-D}\left(sC + \dfrac{1}{R + R_C}\right)}{1 + sR_C C} + (1-D)\right]\hat{v}_o(s) = \left[\frac{V_{in}}{1-D} - \left(\frac{RI_L}{R + R_C}\right)\frac{sL}{1-D}\right]\hat{d}(s) \tag{5.24}$$

$$\frac{\hat{v}_o(s)}{\hat{d}(s)} = \frac{\left[\dfrac{V_{in}}{1-D} - \left(\dfrac{RI_L}{R + R_C}\right)\dfrac{sL}{1-D}\right](1 + sR_C C)}{\dfrac{sL}{1-D}\left(sC + \dfrac{1}{R + R_C}\right) + (1-D)(1 + sR_C C)} \tag{5.25}$$

由 DC/DC Boost 变换器的原理分析可知

$$I_L = \frac{I_o}{1-D} = \frac{V_o}{R(1-D)} = \frac{V_{in}}{R(1-D)^2} \tag{5.26}$$

将式(5.26)代入式(5.25)，得到 CCM 情况下 Boost 变换器的控制传递函数：

$$\frac{\hat{v}_o(s)}{\hat{d}(s)} = \frac{V_{in}}{(1-D)^2}\left(1 - s\frac{L_e}{R}\right)\frac{1 + sR_C C}{L_e C\left(s^2 + s\left(\dfrac{1}{RC} + \dfrac{R_C}{L_e}\right) + \dfrac{1}{L_e C}\right)} \tag{5.27}$$

其中

$$L_e = \frac{L}{(1-D)^2} \tag{5.28}$$

5.2.3 误差补偿放大器的传递函数

PWM 电路将误差补偿放大器的输出电压 v_c 与幅值为 v_p 的锯齿波相比较，从而将误差补偿放大器的输出转换为占空比。第 6 章将讲述实现模拟 PWM 和正弦 PWM(SPWM)的电子电路。当 v_c 大于锯齿波电压时，PWM 电路的输出为高电平；当 v_c 小于锯齿波电压时，

PWM 电路的输出为 0。如果输出电压降至参考电压之下，变换器的输出电压和参考信号之间的误差增加，使得 v_c 增加，从而占空比增大。反之，输出电压上升会导致占空比减小。PWM 过程的传递函数可以表示为

$$D = \frac{V_c}{V_p} \tag{5.29}$$

当补偿后误差放大器的输出电压 v_c 高于锯齿波时，输出高电平。PWM 电路的传递函数为

$$\frac{d(s)}{v_c(s)} = \frac{1}{V_p} \tag{5.30}$$

典型Ⅲ型补偿器如图 5.6 所示。与典型Ⅱ型电路相比，典型Ⅲ型补偿器提供了额外的相位增益，当使用典型Ⅱ型补偿器不能获得足够的相角裕度时，可以使用典型Ⅲ型补偿器。电路的小信号传递函数可以由输入阻抗 Z_i 和反馈阻抗 Z_f 来表示：

$$G(s) = \frac{\tilde{V}_c(s)}{\tilde{V}_o(s)} = -\frac{Z_f}{Z_i} = -\frac{\left(R_2 + \frac{1}{sC_1}\right)//\frac{1}{sC_2}}{R_1//\left(R_3 + \frac{1}{sC_3}\right)} \tag{5.31}$$

典型Ⅲ型补偿器的零点和极点为

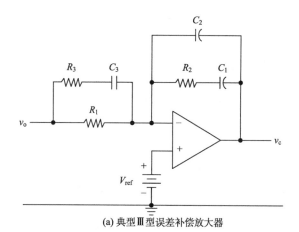

(a) 典型Ⅲ型误差补偿放大器

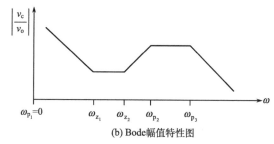

(b) Bode幅值特性图

图 5.6　控制器的频率响应

$$\omega_{z_1} = \frac{1}{R_2 C_1} \qquad (5.32)$$

$$\omega_{z_2} = \frac{1}{(R_1 + R_3)C_3} \approx \frac{1}{R_1 C_3} \qquad (5.33)$$

$$\omega_{p_1} = 0 \qquad (5.34)$$

$$\omega_{p_2} = \frac{C_1 + C_2}{R_2 C_1 C_2} \approx \frac{1}{R_2 C_2} \qquad (5.35)$$

$$\omega_{p_3} = \frac{1}{R_3 C_3} \qquad (5.36)$$

$$\angle G(\mathrm{j}\omega)H(\mathrm{j}\omega) = -90° + \arctan\left(\frac{\omega}{\omega_{z_1}}\right) + \arctan\left(\frac{\omega}{\omega_{z_2}}\right) - \arctan\left(\frac{\omega}{\omega_{p_2}}\right) - \arctan\left(\frac{\omega}{\omega_{p_3}}\right) \qquad (5.37)$$

5.3 典型 Ⅲ 型误差补偿放大器设计

典型 Ⅲ 型误差补偿放大器的设计可以有两种方法：(i) K 因子法；(ii) 极点配置法。下面详细说明。

5.3.1 K 因子法

文献[5]中介绍的 K 因子法可以用于设计典型 Ⅲ 型控制器。在这种方法中，零点被放置在相同频率形成一对双零点，第二个和第三个极点被放置在相同频率形成一对双极点：

$$\omega_z = \omega_{z_1} = \omega_{z_2} \qquad (5.38)$$

$$\omega_p = \omega_{p_2} = \omega_{p_3} \qquad (5.39)$$

$$R_2 = \frac{|G(\mathrm{j}\omega_{co})|R_1}{\sqrt{K}} \qquad (5.40)$$

$$C_1 = \frac{\sqrt{K}}{\omega_{co} R_2} = \frac{\sqrt{K}}{2\pi f_{co} R_2} \qquad (5.41)$$

$$C_2 = \frac{1}{\omega_{co} R_2 \sqrt{K}} = \frac{1}{2\pi f_{co} R_2 \sqrt{K}} \qquad (5.42)$$

$$C_3 = \frac{\sqrt{K}}{\omega_{co} R_1} = \frac{\sqrt{K}}{2\pi f_{co} R_1} \qquad (5.43)$$

$$R_3 = \frac{1}{\omega_{co} C_3 \sqrt{K}} = \frac{1}{2\pi f_{co} C_3 \sqrt{K}} \qquad (5.44)$$

$$K = \tan\left(\frac{\theta_{comp} + 90°}{4}\right)^2 \qquad (5.45)$$

$$\theta_{comp} = \theta_{phase\ margin} - \theta_{converter} \qquad (5.46)$$

5.3.2　典型Ⅲ型放大器的零极点配置

极点配置法可以替代之前讨论的 K 因子法，即在指定频率配置典型Ⅲ型放大器的极点和零点。在配置极点和零点时，需要关心的是变换器中 LC 滤波器的谐振频率。忽略电感和电容中的电阻时，谐振频率为

$$\omega_{LC} = \frac{1}{\sqrt{LC}} \Rightarrow f_{LC} = \frac{1}{2\pi\sqrt{LC}} \tag{5.47}$$

零点 1 一般配置在 $(50\% \sim 100\%)$ f_{LC} 的位置，零点 2 配置在 f_{LC} 处，极点 2 配置在滤波器传递函数中 ESR 的零点处 $\frac{1}{r_C C}$，极点 3 配置在 1/2 的开关频率处。表 5.1 中列出了典型Ⅲ型误差放大器的零点和极点。

表 5.1　典型Ⅲ型补偿误差放大器的零极点配置表

	表达式	配置位置
零点 1	$\omega_{z_1} = \dfrac{1}{R_2 C_1}$	$(50\% \sim 100\%)\omega_{LC}$
零点 2	$\omega_{z_2} = \dfrac{1}{(R_1 + R_3)C_3} \approx \dfrac{1}{R_1 C_3}$	ω_{LC}
极点 1	$\omega_{p_1} = 0$	—
极点 2	$\omega_{p_2} = \dfrac{C_1 + C_2}{R_2 C_1 C_2} \approx \dfrac{1}{R_2 C_2}$	ESR 零点，即 $\dfrac{1}{r_C C}$
极点 3	$\omega_{p_3} = \dfrac{1}{R_3 C_3}$	$\dfrac{\omega_{sw}}{2}$，ω_{sw} 为开关频率

5.4　控制器设计

DC/DC Boost 变换器的输出电压随着输入电压以及输出负载的变化而变化，可以采用典型Ⅲ型控制器进行补偿。设计典型Ⅲ型控制器的方法有两种，这里只讨论如何手动配置零点和极点。

必须从开环稳定性分析的角度来研究 Boost 变换器传递函数的表现。要做到这一点，就必须定义 Boost 变换器的所有参数，并根据变换器的传递函数，在不同条件下使用诸如 MATLAB 等软件仿真绘制频率响应 (Bode 图)。我们可以假设 PWM 的增益等于 1 (PWM 模拟比较器上锯齿波的峰-峰值电压为 1)，并设定分压器增益，该值取决于输出电压与参考电压的比值，考虑本章实验项目的情况，设为 $G_s = 0.0132$。在 MATLAB 中，我们可以利用 "margin" 命令来观察任何传递函数 Bode 图的相角裕度和幅值裕度。在这个项目中，由图 5.7，我们可以看到系统的相角裕度是 9°，而我们的目标是将其增大到 30°。

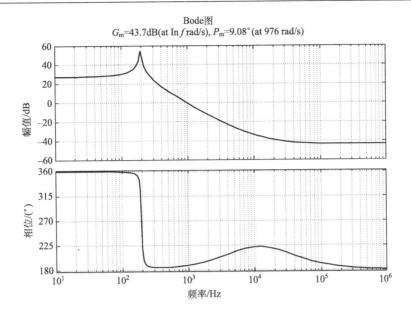

图 5.7　没有控制器的 Boost 变换器 Bode 图

Boost 变换器的参数在下面的 MATLAB 语句中给出，根据工况可以通过式(5.6)计算出 PWM 的占空比：

$$D = 1 - \frac{V_{in}}{V_o} = 1 - \frac{80}{380} = 0.789 \tag{5.48}$$

```
%%Parameters of the Boost converter
V_in = 80; % Input Voltage
V_out = 380; %Output Voltage
L = 250e-6;
C = 4700e-6;
D = 300/380; % Duty cycle
R= 150; %Load Resistance
r = 41e-3; % Capacitor Resistance
Le = L/((1-D)^2); % For Boost convertersBoost
```

变换器的谐振频率 $f_{LC} = \dfrac{1}{2\pi\sqrt{LC}}$，代入数值计算得 146.8254Hz。因此 ω_{LC} 的值为 922.5334rad/s。假设 PWM 的开关频率为 20kHz，我们可以采用表 5.2 中建议的典型Ⅲ型补偿器的零极点参数配置。

如果使用极点配置法，我们需要预先设定两个参数的值，例如，一般选择 R_1 和 C_2 的值。由于 C_2 应该比 C_1 小得多，所以这里可以取 C_2 值为 1.6nF，取 R_1 为 1kΩ。根据之前参数之间的关系方程式，可以得到补偿器的其他参数值，列于表 5.3。

表 5.2　典型Ⅲ型补偿器零极点的建议配置	
$\omega_{z_1} = 461.2667$	
$\omega_{z_2} = 922.5334$	
$\omega_{p_1} = 0$	
$\omega_{p_2} = 5189.4$	
$\omega_{p_3} = 62832$	

表 5.3　补偿器的参数值	
$C_1 = 18\text{nF}$	$C_3 = 1.084\mu\text{F}$
$R_2 = 0.12\text{M}\Omega$	$R_3 = 14.6825\Omega$
$R_a = 1000\Omega$	$R_b = 13.33\Omega$

使用典型Ⅲ型补偿器传递函数的方程，就可以在 MATLAB 中进行仿真。我们在仿真文件中使用了一个名为"G"的结构变量来定义补偿器的传递函数，然后使用"series"命令，可以得到整个系统的开环传递函数，这个函数在仿真文件中以名为"GH"的结构变量定义。

最后可以绘制出 Boost 变换器、补偿器以及整个控制系统的 Bode 图。图 5.8 是频率分析图。从图中我们可以看出，控制器运行良好，穿越频率大概在 1.2kHz 处，相角裕度是 31°。

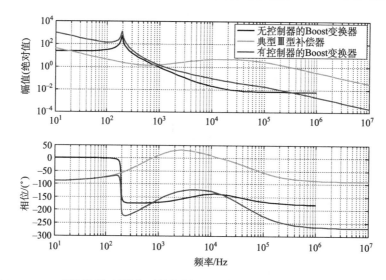

图 5.8　Boost 变换器(包括带和不带控制器两种情况)和典型Ⅲ型补偿器的 Bode 图

5.5　Boost 变换器的 PSIM 仿真研究

开环 Boost 变换器(无控制器)的电路图如图 5.9 所示。当输入电压不变时输出电压的曲线绘于图 5.10。初始的暂态变化是由于初始条件全为 0 产生的。

当 0.6s 时，采用两段式电压源将输入电压由 80V 变到 96V，Boost 变换器的输出电压将从 380V 变化至 480V。电容的电阻是 41mΩ，占空比是 0.789。图 5.11 显示了当 0.6s 时，在没有任何控制器的条件下，当输入电压变化时输出电压的开环响应。

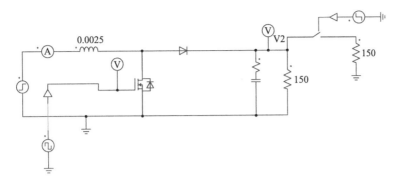

图 5.9　开环的 Boost 变换器电路图

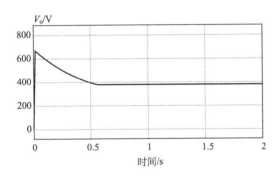

图 5.10　输入电压不变时，无控制器的 Boost 变换器的输出电压

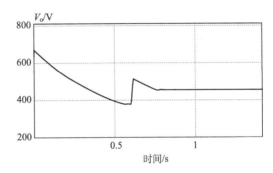

图 5.11　$t = 0.6s$，输入电压由 80V 升至 96V 时，无控制器的 Boost 变换器的输出电压

5.6　Boost 变换器的平均模型

图 5.12 显示的是带有控制器的 Boost 变换器平均模型的设计电路，其中采用了受控电流源和受控电压源来代替诸如晶体管和二极管这类开关器件。因此，仿真的步长可以更大，得到的响应是平均值而不是瞬时的开关变量响应。图 5.13 显示的是当输入和负载没有变化时，Boost 变换器的输出响应。图 5.14 显示的是 0.6s 时，输入电压由 80V 变化到 96V，Boost 变换器的输出电压。图 5.15 显示的是 0.6s 时，输入电压由 96V 降为 80V，Boost 变换器的输出电压。

从图 5.13～图 5.15 可以看出，控制器工作良好。在 0.6s 时，输入电压由 80V 上升至 96V，此时输出电压 V_o 基本无变化，保持在 380V。图 5.15 显示，当 0.6s 时，输入电压由 96V 降至 80V，输出电压 V_o 也基本无变化。

图 5.16 显示当输入电压 $V_{in} = 80V$，$t = 0.8s$ 时，采用双向开关使电路的负载由 300Ω变化至 150Ω，此时 Boost 变换器的输出电压变化情况。图 5.17 显示的是当输入电压 $V_{in} = 80V$，$t = 0.8s$ 时，负载由 150Ω变化至 300Ω时，Boost 变换器的输出电压变化情况。

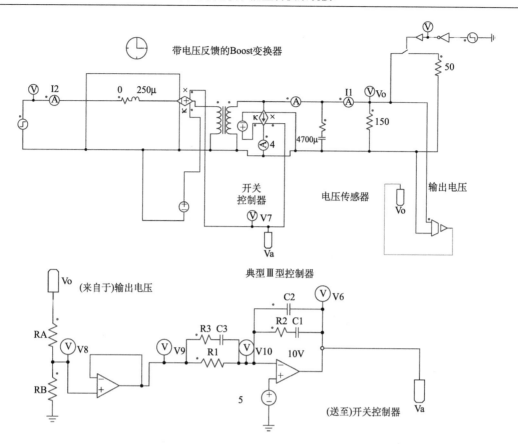

图 5.12　有控制器的 Boost 变换器电路图

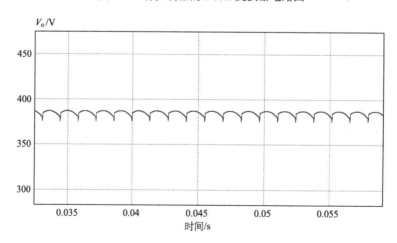

图 5.13　当输入和负载没有变化时，有控制器的 Boost 变换器的输出电压

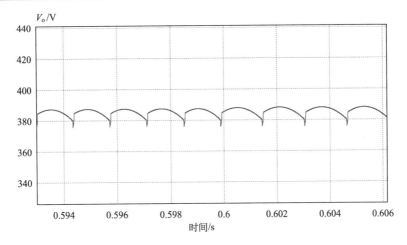

图 5.14 $t = 0.6s$，输入电压由 80V 升至 96V 时，有控制器的 Boost 变换器的输出电压

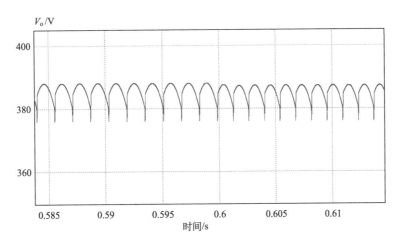

图 5.15 $t = 0.6s$，输入电压由 96V 降至 80V 时，有控制器的 Boost 变换器的输出电压

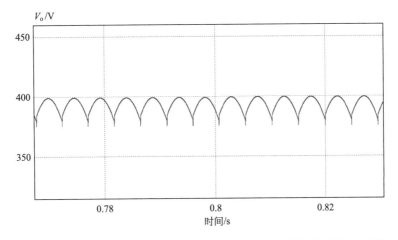

图 5.16 $t = 0.8s$，R_L 由 300Ω降至 150Ω时，有控制器的 Boost 变换器的输出电压（$V_{in}=80V$）

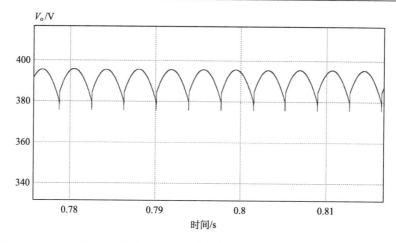

图 5.17　$t = 0.8s$，R_L 由 150Ω升至 300Ω时，有控制器的 Boost 变换器的输出电压（$V_{in}=80V$）

5.7　Boost 变换器完整电路

具有一个 MOSFET、一个二极管、运算放大器以及锯齿波 PWM 的 Boost 完整电路 PSIM 仿真模型如图 5.18 所示。图 5.19 和图 5.20 分别显示了 0.6s 时，输入电压由 80V 升至 96V 以及由 96V 降至 80V 的情况下，Boost 变换器的输出电压响应。

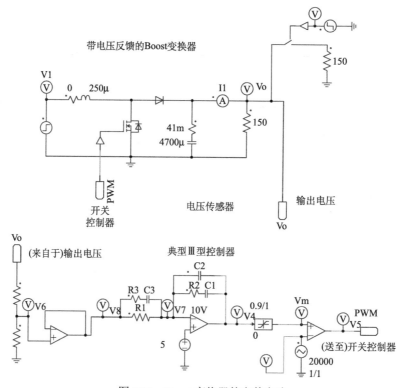

图 5.18　Boost 变换器的完整电路

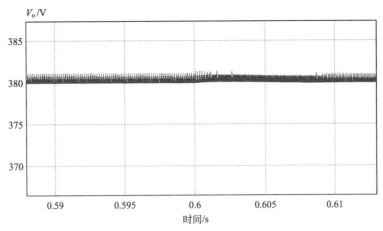

图 5.19 完整电路仿真情况下，$t=0.6\mathrm{s}$，输入电压由 80V 升至 96V 时，有控制器的 Boost 变换器的输出电压

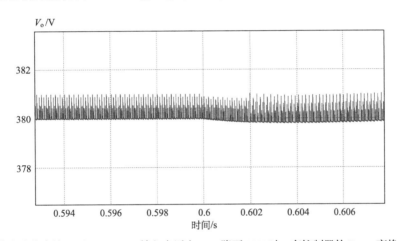

图 5.20 完整电路仿真情况下，$t=0.6\mathrm{s}$，输入电压由 96V 降至 80V 时，有控制器的 Boost 变换器的输出电压

可以看出，当输入电压变化时，在控制器的作用下，Boost 变换器的响应良好。例如，当 0.6s 时，输入电压从 80V 升至 96V，输出电压 V_o 基本没有变化，保持在 380V。图 5.21

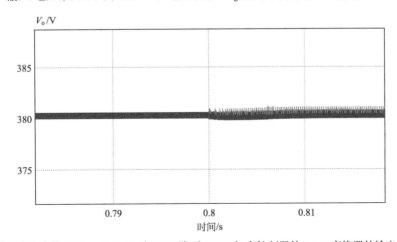

图 5.21 完整电路仿真情况下，$t=0.8\mathrm{s}$，R_L 由 300Ω 降至 150Ω 时，有控制器的 Boost 变换器的输出电压（V_in=80V）

显示当输入电压 $V_{in}=80V$，$t=0.8s$ 时，采用双向开关使电路的负载由 300Ω 变化至 150Ω，此时 Boost 变换器的输出电压变化情况。图 5.22 显示的是当输入电压 $V_{in}=80V$，$t=0.8s$ 时，负载由 150Ω 变化至 300Ω 时，Boost 变换器的输出电压变化情况。为了显示控制器的良好性能，令 0.6s 时输入电压由 80V 升至 96V，而在 0.7s 时，负载电阻由 150Ω 升至 300Ω，该工况下的输出电压曲线如图 5.23 所示。可以看出，在这些扰动作用下，控制器的响应依然良好。

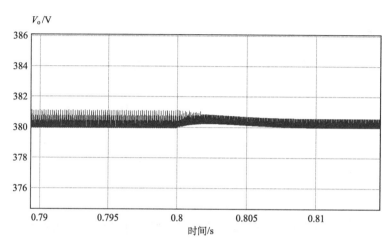

图 5.22   完整电路仿真情况下，$t=0.8s$，R_L 由 150Ω 升至 300Ω 时，有控制器的 Boost 变换器的输出电压（$V_{in}=80V$）

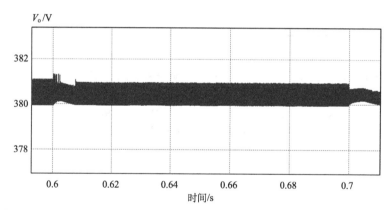

图 5.23   有控制器的 Boost 变换器的输出电压（0.6s 时输入电压由 80V 升至 96V，0.7s 时 R_L 由 150Ω 升至 300Ω）

5.8   实验：基于 MATLAB 的直流电动机离散控制系统设计

这个项目是在 Simulink 中搭建直流电动机模型，并在 MATLAB 中设计离散控制器，以此评估数字控制方案。首先，在 Simulink 环境下研究闭环控制，其中一些初步的响应和调试有助于学生了解系统的工作原理。在基于计算机模型的设计方法中，应该先采用自己熟悉的方法进行系统仿真，然后再编写新的程序或使用新的建模技术。

　　我们在 Simulink 中建立直流电动机的模型并设计了 PI 转速控制环,然后将控制器离散化并在 MATLAB 中实现。我们需要在 MATLAB 中运行仿真,这称为从 MATLAB 工作区调用 Simulink 模型。这是可以将基于 MATLAB 的控制器与所有 MATLAB 工作区中可用的数学方法相结合的有效措施,即在提示符"≫"后调用,并精确控制采样时间。这个方法也可以用其他方式来实现, Simulink 模型也可以运行,需要在 MATLAB 中调用一个函数。另一种可用方式是调用 C 语言的函数运行离散控制,然后调试用于硬件实现。本章不可能对所有可用的方法都进行介绍,其他可用的方法不属于本书的讲解范围,我们鼓励读者探索有关 MATLAB 和 Simulink 联合仿真的更多可用方法,用来实现硬件样机。

　　我们开发了一种在 MATLAB 中调用和运行 Simulink 模型的方法。整个程序每走一步,MATLAB 将调用 Simulink 从而获得直流电动机的角速度(从 Simulink 模型),这是 PI 控制器离散化方程的输入。而控制器的输出作为模型的输入。整个过程在 MATLAB 脚本程序中使用 FOR 循环实现,在 FOR 循环中,我们使用 SIM 函数来调用 Simulink 文件并在 MATLAB 中运行。

　　采用这种方法,就可以使用整个 MATLAB 环境。这是一种非常强大的仿真方法,因为被控对象可以在 Simulink 中以方框图形式执行。同时, 在 MATLAB 工作区还可以从不同的来源输入输出数据,并且通过改变 MATLAB 脚本程序中的步长,可以研究实际数字控制算法的效果以及采样时间 T_s 与控制器增益和整个闭环响应之间的关系。图 5.24 显示了 Simulink 中建立的直流永磁电机模型。经拉氏变换后的直流电机建模方程式为

$$v_a(s) = R_a I_a(s) + sL_a I_a(s) + K_E \omega(s) \tag{5.49}$$

$$T_e(s) = K_T I_a(s) \tag{5.50}$$

$$T_e(s) - T_L(s) = Js\omega(s) \tag{5.51}$$

　　这里认为负载转矩与轴角速度的平方成正比,这类负载典型的有风扇、通风机等。

$$T_L(s) = K_\omega \omega^2(s) \tag{5.52}$$

MATLAB 工作区可以检索不同的参数值,如 I_a、ω、T_L 和 T_e。工作区将其中的输出变量作为输入送给 Simulink。下面列出的是一个 MATLAB 脚本程序,其中命令"SIM"在 FOR循环中被执行,而 PI 控制器在循环中表示为差分方程的形式。

　　本项目的目的是使 MATLAB 程序与 Simulink 模型相互作用,其中直流电机的模型在 Simulink 中建立(文件 dcmotor),而 PI 控制器是离散的并在 MATLAB 中运行(文件 DCmachine.m),两方在一起工作。每仿真一步,MATLAB 就会调用 Simulink 中的模型(通过命令 sim),然后运行被控对象的模型。误差等于参考速度减去电机的角速度,然后可以代入 PI 方程式进行计算。

```
sim('dcmotor01')
E(K)=wref-omega(K);
Y(K)=(KP+KI*Ts)*E(K)-KP*E(K-1)+Y(K-1);
```

　　控制器的输出作为模型的输入,这个过程在 FOR 循环中连续运行。控制过程的采样时间是 0.01s,初始值加载到变量 xInitial 中,指针 K 从一个步骤循环到下一个步骤。

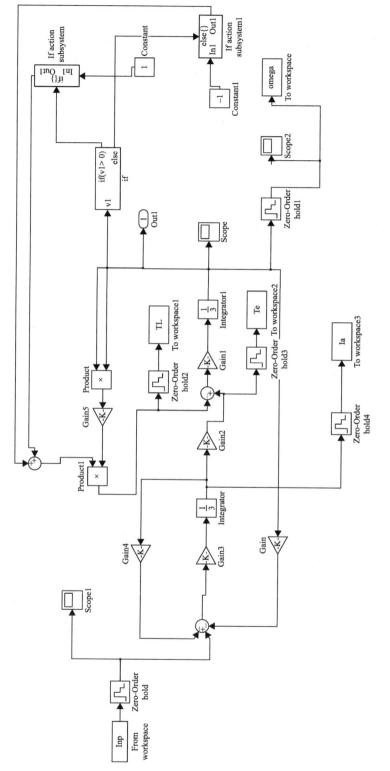

图 5.24 直流电动机的 Simulink 模型

```
Ts=0.01;
xInitial=[0 0]
for K=2:1:2001
```

这些代码可以用于实现任意数字控制器，并可以研究增益变化、控制参数、离散化方法、离散化效果对闭环响应的影响，以及研究设计数字控制所需的所有细节问题。

```
%%Design of a Discrete Control in Matlab Running with a DC Motor Model in Simulink
clear all
clc
KP=0.1;
Y(1)=0;
KI=10;
omega(2)=0;
wref=80;
W=0;
a=0;%Te
b=0;%TL
d=0;%Ia
e=0;%Va
t=0;
E(1)=0
Inp=[0,0];
Ts=0.01;
xInitial=[0 0]
for K=2:1:2001
     sim('dcmotor');
     E(K)=wref-omega(K);
     Y(K)=(KP+KI*Ts)*E(K)-KP*E(K-1)+Y(K-1);
%limiter
  if Y(K)>110;
       Y(K)=110;
  if Y(K)<-110;
       Y(K)=-110;
  end
end
     Inp=[t,Y(K)];
     C=omega(K);
     W=[W,C];
     TE=Te(K);
     a=[a TE];
     Tl=TL(K);
     b=[b Tl];
```

```
        IA=Ia(K);
        d=[d IA];
        Va=Y(K);
        e=[e Va];
        t=t+Ts;
if t > 10
        wref = 20;
elseif t > 5
        wref = -80;
else
        wref = 90;
end
    status = [t wref]
end
t=0:0.01:20
s(1)=subplot(5,1,1);
plot(s(1),t,a);ylabel('Te')
grid on
s(2)=subplot(5,1,2);
plot(s(2),t,b);ylabel('TL')
grid on
s(3)=subplot(5,1,3);
plot(s(3),t,d);ylabel('Ia')
grid on
```

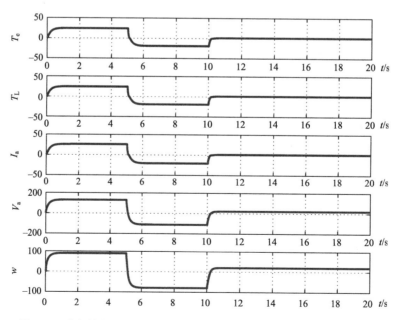

图 5.25 电机转矩、负载转矩、电枢电流、电枢电压和轴角速度的波形

```
s(4)=subplot(5,1,4);
plot(s(4),t,e);ylabel('Va')
grid on
s(5)=subplot(5,1,5);
plot(s(5),t,W);ylabel('w')
grid on
```

为了观察暂态响应,将参考的轴角速度在三个不同的时刻改变三次,如图 5.25 所示,分别显示了电枢电流 I_a、负载转矩 T_L 和电机电磁转矩 T_e 的波形。图 5.25 还显示了输入电压 v_a 的曲线,它是由 MATLAB 脚本程序提供的。从图中可以看出,负载转矩和电机转矩依照方程式 $T_e(s) - T_L(s) = Js\omega(s)$ 的规律变化,所以当角速度 $\omega(s)$ 为常数时,$\omega(s)$ 的导数是 0,此时有 $T_e(s) = T_L(s)$。

5.9 思 考 题

1. 图 5.26(a) 和 (b) 所示电路是典型电路,常用于滤波和对被控对象建立闭环控制时使用。传递函数是指假设零初始条件下,输出变量与输入变量拉氏变换式的比值。

(1) 笔算推导传递函数(图 5.26 中已经给出)。

(2) 绘制 Bode 图,画出它们的频率响应特性。

(3) 设计一个基于运算放大器的电路,要求具有相同传递函数且不会受到无源电路所具有的负载和缓冲效应的影响。

(4) 设计一个与图 5.26(a) 等效的数字低通滤波器。

(5) 使用 Simulink、MATLAB 和 PSIM 实现一个含有多个谐波的噪声电压源。并使用传递函数、电路(包括无源的和有源运放电路)以及数字滤波器来获得干净无污染的滤波信号。对所有这些可能的滤波方案进行比较和分析。

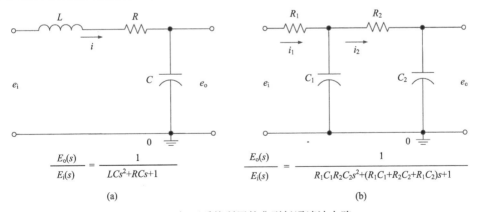

$$\frac{E_o(s)}{E_i(s)} = \frac{1}{LCs^2 + RCs + 1}$$

(a)

$$\frac{E_o(s)}{E_i(s)} = \frac{1}{R_1C_1R_2C_2s^2 + (R_1C_1 + R_2C_2 + R_1C_2)s + 1}$$

(b)

图 5.26 闭环系统所用的典型低通滤波电路

2. 机械平移系统和旋转系统分别如图 5.27(a) 和 (b) 所示。用 Simulink 分别对它们建模,并理解表中各变量之间的关系。

平移运动	旋转运动
线性位移 y	角位移 θ
推力 u	转矩 T
质量 m	转动惯量 J

(1)使用 Simulink 建立两个系统的速度(或角速度)和位置闭环。

(2)使用 Simulink 设计两个系统的速度(或角速度)和位置数字控制器。

(3)在 Simulink 中运行被控对象,在 MATLAB 中运行它们的数字控制器。

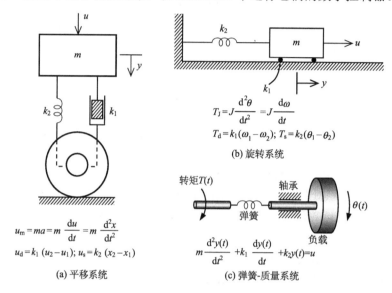

$$T_J = J\frac{\mathrm{d}^2\theta}{\mathrm{d}t^2} = J\frac{\mathrm{d}\omega}{\mathrm{d}t}$$

$$T_d = k_1(\omega_1 - \omega_2); \quad T_s = k_2(\theta_1 - \theta_2)$$

(b) 旋转系统

$$u_m = ma = m\frac{\mathrm{d}u}{\mathrm{d}t} = m\frac{\mathrm{d}^2x}{\mathrm{d}t^2}$$

$$u_d = k_1(u_2 - u_1); \quad u_s = k_2(x_2 - x_1)$$

(a) 平移系统

$$m\frac{\mathrm{d}^2y(t)}{\mathrm{d}t^2} + k_1\frac{\mathrm{d}y(t)}{\mathrm{d}t} + k_2y(t) = u$$

(c) 弹簧-质量系统

图 5.27　机械系统

3. 图 5.28(a)中所示的机械系统在数学上类似于图 5.28(b)中的电气系统。请为机械系统选择合适的参数,再将参数转换为电路元件,并使用 Simulink 及 PSIM 进行仿真。仿真研究应能适用于宽范围的操作和设置。

建立图 5.28(b)中等效电路的传递函数模型。设计其中一个变量的控制器,例如,设计电容电压 V_{C_3} 的控制器,然后进行闭环控制,采用 PSIM 仿真,当仿真完全可以运行时,在 Simulink 中使用相同的控制器来控制重块 m_3。这个项目中电路领域的控制器会支持机械系统领域控制器的实现。

4. 图 5.29 为三相电压型逆变器带三相 RL 负载工作,输入为直流电压源,采用 SPWM 模拟控制技术,脉冲宽度调制器电路的三相电压基准是可变的。

(1)使用 Simulink 建立一个完全可运行的仿真模型。

(2)使用 PSIM 建立一个完全可运行的仿真模型。

(3)使用 MATLAB 的 Simscape Power Systems 工具箱建立一个完全可运行的仿真模型。

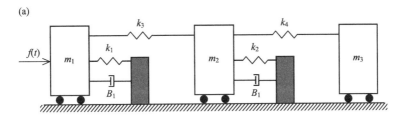

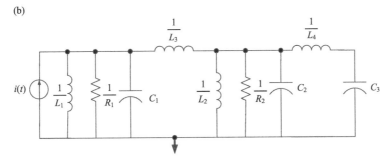

图 5.28　机械系统和与它等效的电路模型

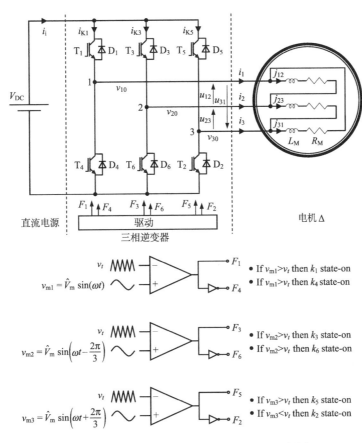

图 5.29　带三相 RL 负载的三相 SPWM 电压型逆变器

5. 建立一个简单的电池模型，其中包括内部损耗、泄漏和剩余容量计量(SOC——荷电状态)，并设计一个双向的 DC/DC 变换器，能够在电池正常的工作范围内给它充放电。然后建立一个光伏模型作为输入电源给电池充电。分别使用 MATLAB、Simulink、PSIM 和 Simscape Power Systems 工具箱建立仿真模型进行仿真研究。设计控制器，通过控制指令设定充放电电流曲线，使系统可以作为光伏系统的能量储存装置。

参 考 文 献

[1] EVELEIGH, V.W., Introduction to Control Systems Design, McGraw-Hill, New York, 1972.

[2] OGATA, K., Modern Control Engineering, Prentice Hall, New York, ISBN-13: 978-0136156734, ISBN-10: 0136156738, 2009.

[3] SLOTINE, J.J.E. and LI, W., Applied Nonlinear Control, Prentice Hall, Englewood Cliffs, ISBN-13: 978-0130408907, ISBN-10: 0130408905, 1991.

[4] MOHAN, N., Power Electronics: A First Course, John Wiley & Sons, Inc., Hoboken, ISBN: 978-1-118-07480-0, 2012.

[5] HART, D.W., Power Electronics, McGraw-Hill, Boston, ISBN: 978-0-07-338067-4, 2010.

[6] LI X., PARK, J.G. and SHIN, H.B., "Comparison and evaluation of anti-windup PI controllers", Journal of Power Electronics, vol. 11, no. 1, pp. 45-50, 2011.

补充阅读材料

CHAKRABORTY, S., SIMÕES, M.G. and KRAMER, W.E., Power Electronics for Renewable and Distributed Energy Systems, 1st edition, Springer, London, 2013.

HATZIARGYRIOU, N., Microgrids: Architectures and Control, 1st edition, Wiley-IEEE Press, Chichester, 2014.

REZNIK, A., SIMÕES, M.G., AL-DURRA, A. and MUYEEN, S.M., "LCL filter design and performance analysis for grid interconnected systems", IEEE Transaction on Industry Applications, vol. 50, no. 2, pp. 1225-1232, 2014.

SIMÕES, M.G. and FARRET, F.A., Modeling and Analysis with Induction Generators, 3rd edition, Taylor & Francis/CRC Press, Boca Raton, 2014.

SIMÕES, M.G., BOSE, B.K. and SPIEGEL, R.J., "Fuzzy logic based intelligent control of a variable speed cage machine wind generation system", IEEE Transactions on Power Electronics, vol. 12, pp. 87-95, 1997.

SIMÕES, M.G., PALLE, B., CHAKRABORTY, S. and URIARTE, C., Electrical Model Development and Validation for Distributed Resources, National Renewable Energy Laboratory, Golden, 2007.

SIMÕES, M.G., ROCHE, R., KYRIAKIDES, E., SURYANARAYANAN, S., BLUNIER, B., MCBEE, K., NGUYEN, P., RIBEIRO, P. and MIRAOUI, A., "A Comparison of smart grid technologies and progresses in Europe and the US", IEEE Transactions on Industry Applications, vol. 48, no. 4, pp. 1154-1162, 2012.

SIMÕES, M.G., MULJADI, E., SINGH, M. and GEVORGIAN, V., "Measurement-based performance analysis of wind energy systems", IEEE Instrumentation and Measurement Magazine, vol. 17, no. 2, pp. 15-20, 2014.

6 能源系统与电力电子系统中的测量仪表和控制接口

6.1 引 言

学习本章内容之前，读者最好对电子电路与运算放大器有着较为深入和广泛的了解。但是对这些内容不十分熟悉的读者，也可以通过本章了解电子电路如何用于调节电力系统、控制系统和检测系统的信号。

首先，需要注意的是运算放大器主要用于调节被测信号（电压、电流、阻抗或功率）的电学特性，以使这些信号在监测和驱动机械设备方面发挥作用。如果没有经过运算放大器进行适当的信号处理，被测得的电信号将无法显示、无法用于信号处理模块或电力传动。适用于传感器和测量仪表的运算放大器，通常具有差分输入、反馈以及消除信号采集中的常见误差等功能，这些放大器功能强大，更适合用作被监测的电子电路与计算机之间的接口。本章阐述的差分放大器除了在模拟电路技术中起到重要作用之外，对于测量引线和电缆中共模和差模信号产生的电磁噪声失真和噪声消除也具有非常重要的作用[1-3]。

本书力求使读者全面了解功率电路、电子电路和控制系统的建模、仿真、分析及设计方法（与电力系统、电力电子技术、电能质量以及可再生能源相关的），因此有必要为这样的电子电路和测量仪表的接口确定一个仿真平台。PSIM 对于评估一些模拟电路非常有用，但是建立的模型可能比较通用或理想。Simplorer 是另外一种可用的仿真平台。NI Multisim 是一款优秀的电子设计仿真软件，而 MATLAB 拥有 SimElectronics，即电子和机电系统的建模与仿真库。SimElectronics 是 Simulink Physical Modeling 家族的一部分，用 SimElectronics 建立的模型本质上是 Simscape^{TM} 方框图。要用电气模块建立一个系统级的模型，必须将 SimElectronics 模块和其他 Simscape 及 Simulink 模块组合使用。可以将 SimElectronics 模块直接与 Simscape 模块相连，但是要通过 Simscape Utilities 库中的 Simulink-PS 转换器和 PS-Simulink 转换器模块来连接 Simulink 模块。这些转换器模块能够实现电信号和 Simulink 数学信号之间的相互转换。

SimElectronics 模型可以用于包括汽车电子、飞机的伺服机构以及音频功率放大器等电子系统和机电系统控制算法的开发。这种半导体模型包含非线性和动态温度效应，使用户可以选择放大器、模数转换器、锁相环及其他电路作为模型中的元件。用户可以使用 MATLAB 变量和表达式对模型参数化，并可以使用 Simscape 给模型添加机械的、液压的、气动的或其他类型的元件，然后在同一个仿真环境中进行测试。用户还可以将模型配置到其他的仿真环境下，包括硬件在环（hardware-in-loop，HIL）系统。SimElectronics 支持 C 代码生成。

本章讲述与基本放大器相关的内容，即当运算放大器用于信号处理、电子电路和一般电力系统时，会使其品质受影响的方面。这些电路可以在任何符合读者需求的仿真软件中进行仿真。

数据采集系统的目的是为自动控制或人工决策提供可用的数据。测量仪表的测量过程是由四个阶段组成的：物理过程、测量接口（读出或写入）、对结果进行处理（即对结果进行转换、解读或处理）、输出，如图6.1所示。

图 6.1　测量过程的基本元素

传感器的使用要根据具体应用，需要适用于被测物理量和对这种信号进行数据采集的仪表。许多数据采集系统涉及多个传感器。传感器有多种形式，如机械式、光学式或电子式。电子传感器可以是有源的，也可以是无源的。当对测量数据进行的转换或解读不需要外部电源供电时，传感器是无源的，如电阻分压器。当测量的物理量能够在传感器中引起、改变或产生内部电压源或电流源时，传感器是有源的。

6.2　无源电子传感器

无源电子传感器可以是电阻式、电容式或电感式的。这种传感器不需要外部能量源[4-6]。

6.2.1　电阻式传感器

典型电阻式传感器的参数关系为

$$R = \rho \frac{d}{A} \tag{6.1}$$

其中，ρ 是传感器的电阻率（$\Omega \cdot m$）；d 是元件的物理长度（m）；A 是横截面积（m^2）。

式（6.1）的右侧表明了改变一个典型导体电阻的方法（改变 ρ、d 和 A）。导体电阻还受温度、湿度、压缩/拉伸、腐蚀、电场或磁场引起的极化、光照和辐射的影响。一般来说，温度对材料电阻的影响可以用式（6.2）表示：

$$R_t = R_0(1 + \alpha \Delta t) \tag{6.2}$$

其中，R_t 是导体在 $t°C$ 时的电阻值；R_0 是导体在通常的 $0°C$ 参考温度下的电阻值；α 是温度系数；Δt 是实际温度与参考值之间的差值。

金属铂因其精度高、稳定性好，是最值得推荐的热敏电阻传感器材料。它在 $0°C$ 的电阻通常为 100Ω，而温度变化一般不超过 $0.004\Omega/°C$。它广泛应用于电阻式温度计。由于铂价格昂贵，因此只有在稳定性和读数精度非常重要的场合才会被使用。在大多数实际情况下，使用镍或铜来代替铂。

还有一些材料，当温度变化时会产生更高阶的非线性效应，可以表示为

$$R_t = R_0(1 + \alpha \Delta t + \beta \Delta t^2 + \gamma \Delta t^3), \quad \alpha > \beta > \gamma \tag{6.3}$$

大多数液体的电阻相对较低，如果传感器被液体包围，那么它的电阻就会受到影响。例如，为了保证在液体中进行温度测量具有良好的电绝缘性能，需要将传感器的电阻丝安

装在陶瓷或环氧树脂壳体内，并由一个保护管覆盖，以便与介质接触以测量温度。因此，测量的响应时间较慢(大约几秒钟甚至几分钟)。

有一种半导体，称为热敏电阻，是具有高灵敏度的温度传感器。而且，热敏电阻的温度系数可以是正的，也可以是负的(PTC 或 NTC)。元件电阻值是温度的函数，大约是–4%/°C，是非线性的。如果对一个具有负温度系数的热敏电阻器施加电压，并进行加热，那么它可以作为流量计使用。

电位计可以用作传感元件，例如，用来确定轴的角位置或线位移。图 6.2 表明了电位计电阻和指针的直线位置或角位置之间的关系。输出电压 v_o 与输入电压 v_i 的关系式可以表示为

$$v_o = v_i x \frac{1}{\frac{R_{pot.}}{R_L} x(1-x) + 1} \tag{6.4}$$

其中

$$x = \frac{R_2}{R_1 + R_2} = \frac{R_2}{R_{pot.}} = \frac{V_o}{V_i}$$

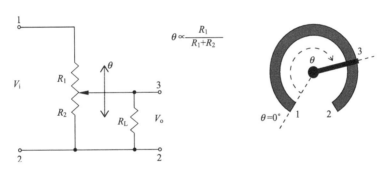

图 6.2   作为传感器的电位计

电位计的电阻如果是金属丝，那么阻值在 20Ω~200kΩ之间变化；如果是导电塑料，那么阻值在 500Ω~80kΩ之间变化。这种传感器会引入非线性误差，在某些情况下，变化过程中会出现表面接触不连续。导电塑料虽然没有解决这个问题，但是它具有比金属丝更高的温度系数 α。直径为 0.5~1.5mm 的金属丝线绕式电位传感器的非线性精度在 0.1%到 1%之间。

光敏电阻器(LDR)是一个光导电池，它的电阻值会随光照强度变化而变化。LDR 由硫化镉制成，对某些光谱颜色有反应，这一点与人眼反应相似。这种电阻式传感器简单、轻便、体积小，但是使用时需要加载一个电流。

6.2.2   电容式传感器

为了理解电容式传感器，我们这里以平板式电容器为参考元件，其电容值一般遵循以下规律：

$$C = \varepsilon \frac{A}{d} \tag{6.5}$$

其中，$\varepsilon = \varepsilon_r \varepsilon_0$ 是电容的介电常数 (F/m)，ε_r 是材料相对于空气的介电常数 (F/m)，$\varepsilon_0 \approx \varepsilon_{ar} = 8854 \times 10^{-12}$ 是干燥洁净空气的介电常数 (F/m)；A 是极板间电场区域的物理面积 (m^2)；d 是电容极板间的平均距离 (m)。

电容式传感器最常见的应用是在一些键盘上测量压力 (如计算机、手机和人机接口 HMI)。极板间的分离情况如图 6.3 所示。此时，传感器的电容量为

$$C = \varepsilon \frac{A}{d + x}$$

其中，x 是极板间的位移量。

电容式位移传感器也可以是一种依赖插入介质材料的装置，如图 6.4 所示。该装置的电容值为

$$C = \varepsilon_1 \frac{wx}{d} + \varepsilon_2 \frac{w(L-x)}{d} = \frac{w}{d}\left[\varepsilon_2 L - (\varepsilon_2 - \varepsilon_1)x\right]$$

其中，x 是极板间向外方向的位移；w 是极板宽度；L 是极板长度；ε_1 和 ε_2 分别是分离极板间两不同材料的介电常数。

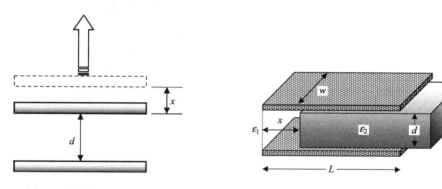

图 6.3　电容式位移传感器　　　　　图 6.4　插入式电容传感器

另一种改变电容值的方法是定位旋转轴或调谐谐振电路。图 6.5 展示了一种旋转式位移电容传感器。这样的电容在旧式的模拟收音机中非常常见。图中半径分别是 R 和 r 的扇形面积的计算式为

$$A_R = \int_0^\theta \frac{R^2}{2}\mathrm{d}\theta, \quad A_r = \int_0^\theta \frac{r^2}{2}\mathrm{d}\theta$$

液体系统中的液位测量可以使用图 6.6 所示的圆柱形传感器，其中固体导电圆柱体同心插入导电圆筒中。这两个导电体被垂直放入一个盛有液体的瓶中，用来测量瓶中的液面位置。这个装置作为同心圆筒形电容器工作。电容器的中心圆柱和同轴圆筒的半径分别为 a 和 b，其电容值的表达式为

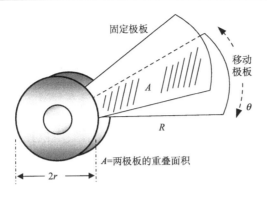

图 6.5 旋转式位移电容传感器

$$C = \frac{2\pi\varepsilon_r\varepsilon_0}{\ln\left(\dfrac{b}{a}\right)}h$$

将圆筒型电容器插入液体中,如图 6.6 所示,会形成两个电容器,即浸没于液体中和在液体之上的两个电容器,此时的电容值可以表示为

$$C = \frac{2\pi\varepsilon_0}{\ln\left(b/a\right)}\left[L - (\varepsilon_r - 1)h\right] \tag{6.6}$$

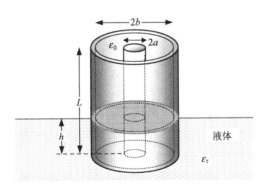

图 6.6 圆柱形电容传感器

电容式传感器简单,适合多种类型的测量环境,测量时需外加电压(而不是电流)。因此,这种装置功耗低,推荐用于电池供电的数据采集系统中。

6.2.3 电感式传感器

电感式传感器最常见的应用是磁阻 $\mathscr{R}$ 表示的磁路变化,与磁芯 L 磁导率有关的变化,以及感应电压的变化。磁导率的范围从 1.0 到几千(铁磁体和其他磁性材料)。磁阻与电阻类似,磁动势 MMF 与电动势 EMF 类似,磁通 ϕ 与电流类似。磁芯磁阻的平均值计算表达式为

$$\mathscr{R} = \frac{\text{MMF}}{\phi} = \frac{Ni}{BA} = \frac{Hl}{\mu HA} = \frac{l}{\mu A} \tag{6.7}$$

其中，l是磁通量的平均路径长度。

以图 6.7 中所示变磁阻的电感传感器为例，其中水平板的位置可以改变 E 磁芯和 I 磁芯的磁阻路径。已知线圈的匝数为 N，假设磁阻大小只取决于气隙。

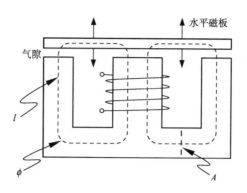

图 6.7　磁阻传感器

为了从物理上理解电感式传感器，可以将一个无限长圆柱体的模型作为参考，该圆柱体的圆周表面均匀缠绕着线圈。无限长圆柱体的电感通常可以表示为

$$L' = \mu \pi n^2 R^2 \qquad (6.8)$$

其中，L' 是长度为 1m 圆柱体上的线圈电感值（H）；$\mu = \mu_0 \mu_r$ 是材料的磁导率（H/m），$\mu_0 = 4\pi \times 10^{-7}$ 是真空的磁导率，μ_r 是圆柱体内部环境的相对磁导率；n 是长度为 1m 圆柱体上的线圈匝数；R 是圆柱体的半径（m）。

无源传感器遵循相似的规律，如式(6.1)、式(6.5)和式(6.8)所示。它们的效果都与元件的面积和长度有关，并且取决于制造这些无源传感器的材料性质。

6.3　电力系统和测量仪表中传递计算数据的接口

在自然界中，没有瞬时不连续的信号，这种信号只存在于数学领域。工业过程中存在着各种各样的信号，如速度、压力、温度、电流，以及其他多种形式的信号，它们都需要被变换为数字信号以便于人类或计算机解读。计算机依次转换来自仪表、传感器的几乎所有测量信号，或者输出驱动外部设备的信号。

原则上，所有计算机的解读和处理都是通过电压信号来完成的，否则消耗的功率 (I^2R) 将无法接受。在某些特定情况下，必须观测电流，此时可以使用电流-电压的转换电路来实现。因此，大多数计算机的电压接口电路可以连接实际的物理变量，而外部电路也可以接收计算机发出的电压或电流命令。

在大多数接口电路中有一个非常重要的装置，即运算放大器。而且，计算机必须通过显示器、打印机、键盘和鼠标等外围设备与人或者外部设备进行信息传递。为了实现模拟和数字电路的兼容，接口信号往往需要使用运算放大器[7-10]。

运算放大器是一种很容易买到且使用方便的元件，工作时输入端接输入信号，输出端接后级电路或者被控设备。使用者不需要参与到通常的设计中权衡取舍,例如,温度和湿度引起的增益变化,元件老化引起的改变,以及组成电路的分立元件之间的差异。

运算放大器通常有一个并联的电压负反馈,这样设计是为了实现不同的数学函数运算,如积分、微分、求和、信号反相、缩放、相移以及许多其他函数。同时,运算放大器的设计往往需要满足特殊的性能指标要求,如高频响应以及过程信号的高增益、低噪声放大[1,3,8]。

6.4　用于数据采集和电力系统驱动的运算放大器

典型的运算放大器是由一个差动放大器组成的,它有两个信号输入端:一个称为"反相"端,另一个称为"同相"端,且具有很高的输出增益。这种结构可以消除共模干扰,即由外部引入的输入信号,在两个输入端都存在相似信号,这种信号通常是由电磁噪声(辐射效应)或电源的纹波(传导效应)引起的。下面的内容介绍了一些常用的信号处理电路。它们的特点是可以很快地检测来自自然界或工业过程的信号,如电流、电压、频率、交流电压过零点信号等。

6.4.1　电平检测器或比较器

电平检测器用于检测一个过程是否达到了期望的水平值。例如,检测水库的水位或确定交流电压的过零点(电压由正变负或由负变正的时刻)。如图 6.8 所示的例子是电压过零检测器和电平比较器。当需要限制输出电压的幅值时,可以在反馈通路上串联稳压二极管,输出电压的极性可正可负,由稳压二极管决定。

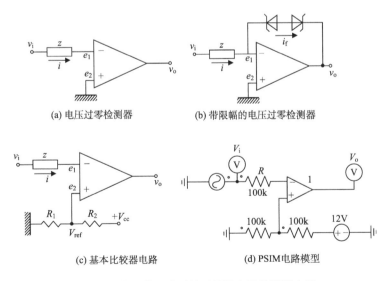

(a) 电压过零检测器　　　　　　　　(b) 带限幅的电压过零检测器

(c) 基本比较器电路　　　　　　　　(d) PSIM电路模型

图 6.8　电压等于或不等于零的电平检测器电路

6.4.2 用于仪表和控制的标准差动放大器

要设计一个高质量的差动放大器有很多方法。通常情况下，大家都认为图 6.9 所示的放大器电路是最合适的。如果忽略第一阶段两个输入放大器的激励电流，那么流过电阻 R_1、R_2 和 R_3 的电流大小几乎是相同的，都等于 i_1。此外，v_{o1} 和 v_{o2} 分别为第一阶段两个输入放大器的输出信号，也是第二阶段核心差动放大器的输入信号。这些电压信号可以用来确定两个放大阶段中每一阶段的增益，从而求得图中仪表放大器的总增益。

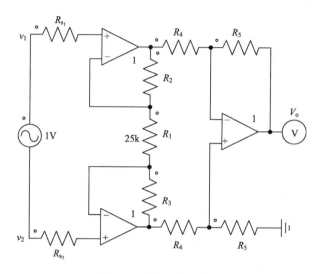

图 6.9　标准仪表放大器

第一阶段的增益可以由式(6.9)给出：

$$A_1 = \frac{v_{o1} - v_{o2}}{v_1 - v_2} \tag{6.9}$$

当 $v_1 = v_2$ 时，$i_1 \cong 0$，且有 $v_{o1} \cong v_1$ 和 $v_{o2} \cong v_2$，此时放大器的共模增益为

$$A_c = \frac{v_{o1} - v_{o2}}{v_1 - v_2} = 1 \tag{6.10}$$

当 $v_1 = -v_2$ 时，由图 6.9 可以看出

$$i_1 = \frac{v_{o1} - v_{o2}}{R_1 + R_2 + R_3} = \frac{v_1 - v_2}{R_1} \tag{6.11}$$

将式(6.11)代入式(6.9)可以得到差模增益为

$$A_d = \frac{v_{o1} - v_{o2}}{v_1 - v_2} = \frac{R_1 + R_2 + R_3}{R_1} = 1 + \frac{R_2 + R_3}{R_1} \tag{6.12}$$

运算放大器的一项重要技术指标是共模抑制比(common-mode rejection ration，CMRR)，指的是差模增益与共模增益的比值 A_d/A_c。由式(6.10)可知，输入阶段的共模增益为 1，那么由式(6.12)可以得到 CMRR 的表达式为

$$CMRR=1+\frac{R_2+R_3}{R_1} \tag{6.13}$$

第二阶段的基本差分放大器增益为

$$A_2=\frac{v_o}{v_{o1}-v_{o2}}=\frac{R_5}{R_4} \tag{6.14}$$

考虑到所谓的"镜像效应",令 $R_2=R_3$。合并第一阶段和第二阶段的增益,即将式(6.12)和式(6.14)相乘,可以得到仪表放大器的总增益:

$$A=\frac{v_o}{v_1-v_2}=\left(1+\frac{2R_2}{R_1}\right)\frac{R_5}{R_4} \tag{6.15}$$

由式(6.15)可以看出,输入阶段并不需要匹配电阻,就可以通过控制电阻 R_1 得到一个很高的差模增益和一个单位共模增益。因此,差分输出信号 $v_{o1}-v_{o2}$ 代表了对共模信号很大程度的削减,然后在第二阶段用来驱动一个传统的差动放大器,对残留的共模信号进行补偿。这种仪表放大器已经商品化,典型产品为 LH0036、AD522 和精密运算放大器 3630。而所谓的差动仪表放大器 725 其实是一种高质量的传统放大器,不应该与实际的仪表放大器相混淆。

6.4.3 光电隔离放大器

在许多工业应用中,需要将操作人员从过程中分离出来,或者将患者与医疗仪表隔离,或者将功率电路和控制电路隔离。这种隔离可以是光电隔离、磁隔离或电气隔离。在光电隔离的情况下,可以使用发光二极管-光敏三极管对(通常称为光电耦合器)。图 6.10 中是对光耦器件的非线性进行补偿的光电隔离放大器。需要注意的是,图中有两个不同的接地点,即不同的电源有不同的地。

商用的光电隔离放大器是用集成电路制成的。因此,器件的发光二极管-光敏三极管对及其所需要的电阻之间可以实现很好的匹配。为了表示图 6.10 中输入和输出阶段的耦合值,用下标的数字"1"来表示输入阶段的元件及变量,而用下标的数字"2"表示输出阶段的元件及变量。在这个 PSIM 图中,运算放大器符号附近有一个数字"1",意思是该元件是非理想的放大器(level 1 运放),这样的放大器允许用户改变其中的一些模型参数。

在图 6.10 的电路中输入阶段是一个同相放大器。它的输出经两个串联的发光二极管连接后接地。二极管串联是为了保证流过的电流相同,进而使两个光敏三极管受光相同。其中一个二极管与光敏三极管耦合后经输入阶段运算放大器反馈回输入端,作用是对光耦的非线性进行补偿,另一个二极管与光敏三极管耦合后连接输出阶段运算放大器的反相输入,构成输出回路。该阶段的增益为1,因为正向偏置的二极管相当于放大器输出端短路。

在实际应用中,光电隔离放大器的增益通常不会超过 1 太多,这样不但可以减小在不同测量水平时电场的影响,还可以确保静态时两光耦运行数值非常接近,从而使得线性度大大提高。

光电隔离放大器的主要优点有:(i)受电磁噪声影响小;(ii)体积小、重量轻;(iii)响应速度快。商用品有 Burr-Brown 公司生产的 3650 和 3652。这样的放大器的非线性度是 0.05%,

隔离的共模电压是 2kV，在频率为 140Hz 时，CMRR 高于 60dB，通频带是 15kHz。

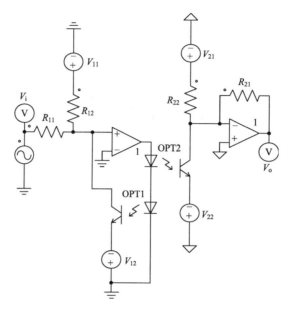

图 6.10 光电隔离放大器

6.4.4 带浮地负载的单输入 V-I 转换器

如果用计算机输出指令去控制一个电流型执行器或过程，如一个继电器线圈，就必须通过电压-电流转换器。图 6.11 所示是一个带有浮地负载的单输入 V-I 转换器。负载电流和输入电压的转换关系为

$$I_L \cong \frac{1}{R_f} v_i \tag{6.16}$$

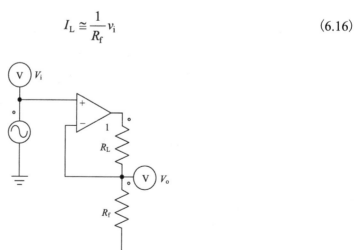

图 6.11 带浮地负载的单输入 V-I 转换器

6.4.5　施密特触发器

在每个电气过程中，当切换负载时，总会产生一些噪声或嗡嗡声，这样就可能会导致电平检测器或微处理器出现问题，使其发生抖振，从一个状态变换到另一个状态。防止这种振动的方法是在比较电平附近设置一个滞环比较器，当输入电压信号由低向高增加，超过较高的阈值电压时，输出电压会输出低电平；当输入信号由高向低减小，低于较低的阈值时，输出电压会输出高电平。施密特触发器的电路图和波形图如图 6.12 所示。

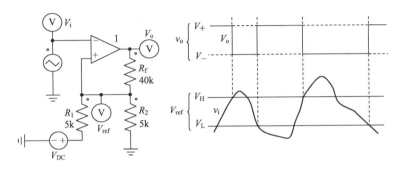

图 6.12　施密特触发器

6.4.6　压控振荡器

压控振荡器(VCO)或压频变换器(VFC)可在 PWM 调制中作为信号调制器或用于测量电压水平，然后转换成频率输出。图 6.13 所示是一个 VCO 或 VFC，其中控制电压 V_c 被转

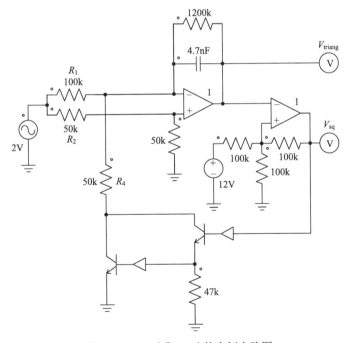

图 6.13　VCO(或 VFC)的实例电路图

换为三角形或矩形脉冲。电阻 R_1 和 R_2 的作用是使运算放大器的同相和反相输入端（虚拟输入短路，即"虚短"）与电压源（内阻小）之间不直接连接。电阻 R_4 可以确定调制占空比。

6.4.7　移相放大器

移相放大器可以在保持输出信号与输入信号幅值相同的同时，施加一个规定的相位偏移，如图 6.14 所示。式（6.17）描述了运算放大器同相和反相输入端的输入电压：

$$e_1 = v_i - i_1 R_1 = v_i - \frac{v_o - v_i}{R_1 + R_2} R_1$$

$$e_2 = \frac{v_i R}{R - j\frac{1}{\omega C}} \tag{6.17}$$

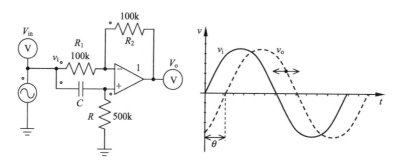

图 6.14　移相放大器

考虑到运算放大器的同相和反相输入端"虚短"，可以使 $e_1 = e_2$，即

$$v_i - \frac{v_i - v_o}{R_1 + R_2} R_1 = \frac{v_i R}{R - j\frac{1}{\omega C}} \tag{6.18}$$

或

$$v_i \left(1 - \frac{R_1}{R_1 + R_2} - \frac{R}{R - j\frac{1}{\omega C}} \right) = -v_o \frac{R_1}{R_1 + R_2}$$

令 $R_1 = R_2$，化简得

$$\frac{v_o}{v_i} = \frac{\omega CR + j}{\omega CR - j} \tag{6.19}$$

如果将式（6.19）转化为极坐标形式，可以表示为

$$\frac{v_o}{v_i} = \left| \frac{v_o}{v_i} \right| \angle \theta_1 = |1| \angle 2 \arctan\left(\frac{1}{\omega CR} \right) \tag{6.20}$$

式（6.20）确保了单位增益幅值，且认为输入和输出信号之间的相角在给定频率 ω 时只取决于 R 和 C。一般选择改变 R 而不是改变 C，电阻 R 可以通过以下条件调节。

1. 如果 $R = 0$（短路），

$$\frac{v_\text{o}}{v_\text{i}} = 1\angle 180°$$

2. 如果 $R \to \infty$（断路），

$$\frac{v_\text{o}}{v_\text{i}} = 1\angle 0°$$

总之，通过简单的使 R 从 0（短路）变化到 ∞（断路），我们就可以得到输出与输入信号之间的相位变化。相似地，在图 6.14 中，如果将电阻 R 和电容 C 互换，就有

$$\frac{v_\text{o}}{v_\text{i}} = \left|\frac{v_\text{o}}{v_\text{i}}\right| \angle \theta_1 = |1| \angle -2\arctan\left(\frac{1}{\omega CR}\right) = |1| \angle -\theta$$

这种情况下，令 $R = 0$，则有

$$\frac{v_\text{o}}{v_\text{i}} = 1\angle -180°$$

上面提到的两种情况就可以使输入输出信号在保持幅值相等的条件下，相位差在 0°～360°范围内变化。在实际应用时，在短路和断路状态下，输出信号的幅值会有微小的改变，这主要是由于运算放大器的输入端迫使输入信号发生实际的短路造成的。

6.4.8　精密二极管、精密整流器和绝对值放大器

精密二极管是没有阈值电压（二极管管压降）的电路，它由带有适当反馈的运算放大器构成。图 6.15 中显示，精密二极管电路工作时，对于任何输入信号的正半周，输出就等于输入信号，因为输入和输出反馈之间虚拟短路，电路增益为 1。输出接收到了源端的电压，就好似输入输出之间的二极管闭合导通（ON）。对于输入信号的负半周，运算放大器的输出为负，二极管截止，没有反馈，因此，增益为 0。这个电路可以修改后作为峰值检测器，如图 6.16 所示。输入电压对电容充电，直至使其电压达到输入电压的最大值并保持这个值不变。为了使电容放电，可能需要在电容两端并联一个很大的电阻，但这取决于应用的需要。

图 6.17 显示了带电压增益的半波精密整流器，而图 6.18 的电路则展示了全波精密整流器，或者说是一个对输入信号取绝对值的电路。

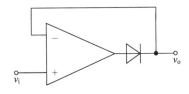

图 6.15　精密二极管（增益为 1）

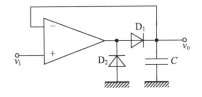

图 6.16　峰值检测器

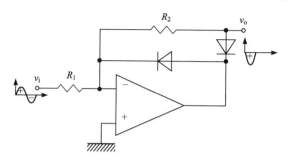

图 6.17　半波精密整流器(非单位增益)

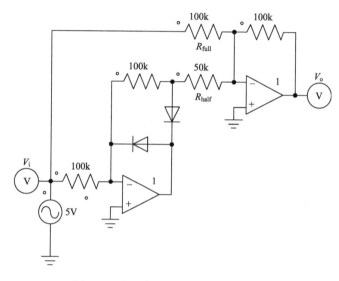

图 6.18　含两个运放的全波精密整流器

图 6.19 中也是一个全波精密整流器，只是构成的元件更少一些，只需要一个运算放大器。这个版本没有图 6.18 中电路的精度高，因为图 6.19 的电路仅仅依赖于运算放大器输出正半周的电阻分压器的精度。该电路的精度受到组成元件和负载的影响，需要采用高精度的元件，否则会使输出失真。电路的优点在于结构简单、成本低。

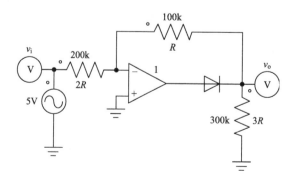

图 6.19　只含一个运放的全波精密整流器

6.4.9 带低值电阻的高增益放大器

高增益放大器要求高值电阻，一般为 1MΩ或更高。这些电阻通常具有显著的泄漏电容和电感，从而限制了放大器的带宽。因此，必须采用其他补偿措施来解决这个问题。使用经典的 Y-△变换可以避开高值电阻，如图 6.20 所示，其中反馈阻抗的等效变换计算公式为

$$Z_f = \frac{Z_1 Z_2 + Z_1 Z_3 + Z_2 Z_3}{Z_2} \tag{6.21}$$

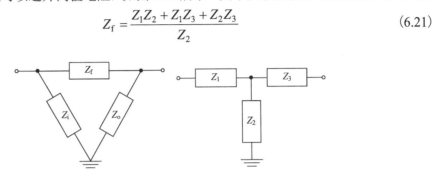

图 6.20 Y-△变换等效电路

这样的变换可以用于高增益的反馈放大器中，如图 6.21 所示。普通的反相放大器的增益为 100，输入阻抗为 10kΩ，需要一个 $Z_f = 1M\Omega$ 的电阻。将数据代入图 6.21 中，并应用式(6.21)，设 $R_1 = R_3 = 10k\Omega$ 可以得到

$$10^6 = \frac{10^4 R_2 + 10^4 \cdot 10^4 + 10^4 R_2}{R_2}$$

可以解得 $R_2 = 102.04\Omega$ 。

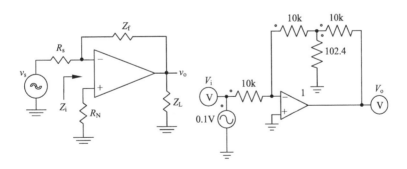

图 6.21 运算放大器中的 Y-△等效电路

6.4.10 乙类反馈推挽放大器

乙类反馈推挽放大器可以减小推挽放大器的交越失真问题。交越失真是由于晶体管导通存在阈值电压造成的，例如，NPN 型三极管阈值电压为 0.7V，电压在 0~0.7V 时就存在死区，不能完全模拟输入信号波形，而 PNP 管的死区是–0.7~0V，这样对于正弦波输入电压在–0.7~0.7V 时，即正弦波过零点附近，乙类推挽放大器的两个管子都不导通，使得输

出电压失真。采用反馈后的电路可以减小这一失真，图 6.22 就是乙类反馈推挽放大器的电路图。详细的分析设计可以参见参考文献[11]。

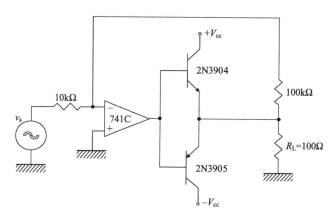

图 6.22 乙类反馈推挽放大器

6.4.11 三角波发生器

三角波发生器对 PWM 的实现非常有用。通常，三角波是由方波积分产生，或是让一个电流源给电容充电，通过切换充电电流的极性来得到三角波。图 6.23 所示为一个三角波/方波电路，可以用来产生 PWM 的三角载波[12, 13]。

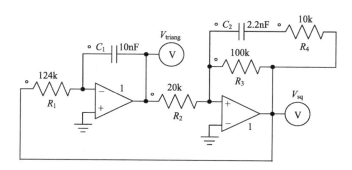

图 6.23 三角波/方波发生器的 PSIM 仿真模型

改变图 6.23 中的电路参数可以改变输出三角波的幅值或频率[9-12,14]，频率的表达式为

$$f = \frac{1}{4R_1C_1} \cdot \frac{R_2}{R_3}$$

图中的直流电源 V_{sq} 可以限制三角波和方波，如三角波可以表示为

$$V_{triang} = \pm V_s \frac{R_2}{R_3}$$

其中，V_s 是直流电源的幅值。

注意，这里运算放大器中，输出通过 R_3 反馈回同相输入端。这是正确的，因为这个电

路运行时就像一个围绕 0V 滞环的施密特触发器。如果将反馈改接到反相输入端，那么这个电路就作为反相放大器运行，而不是当作施密特触发器那样的比较器运行。

6.4.12　正弦脉宽调制

三相逆变器和单相逆变器都使用等腰三角波作为载波进行正弦脉宽调制（SPWM），而 DC/DC 变换器通常使用具有偏移量的三角波，其幅值从 0 变化到峰值再回到 0。图 6.23 是三角波发生电路的 PSIM 仿真模型。图 6.24 是模拟正弦脉宽调制电路的简化 PSIM 仿真模型。

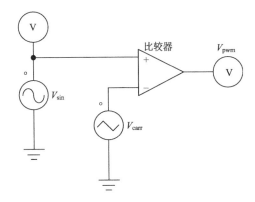

图 6.24　模拟正弦脉宽调制电路的简化 PSIM 仿真模型

图 6.24 中简化电路的输出应该通过一个用于调整偏移量的放大器。然而如果想要在实验室的实验中建立这样的模型，这个电路就过于简化了。图 6.25 所示为一个包含所有细节，可以用于实验室实验的电路。

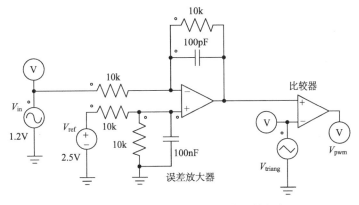

图 6.25　对称的方波发生器及其误差积分

电容在积分充电和快速放电状态之间的转换，会使得方波发生器的输出出现一些尖峰。如果这些尖峰干扰到其他用电设备，就需要给电路增加一个诸如图 6.23 中 R_4C_2 这样的支路。电路产生的干净的输出波形如图 6.26 所示。

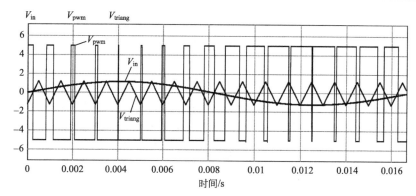

图 6.26　模拟 SPWM 电路的输出

6.5　实验：设计一个带有误差放大器的 PWM 控制器

使用 PSIM 可以非常简单地实现功率变换器的 PWM 控制器仿真并实现正弦波，如图 6.25 所示，其中 SPWM 变换器的输出如图 6.26 所示。

在这个实验中，需要设计一个带误差放大器的 PWM 控制器，如图 6.25 所示，其中三角波发生器频率为 20kHz，请将 SPWM 技术应用于单相或三相功率变换器，并设计一个模拟滤波器。采用更高的三角波频率以减小电源侧元器件的体积，并保证输出电能质量。

6.6　思　考　题

1. 对于图 6.27 中的运算放大器模型可以使用以真实元件为基础的 SPICE 仿真，也可以使用其他的电路仿真软件仿真。仿真模型需要一个受控电压源，它的输出依赖于两个输入端，输入电阻要为无穷大。请仿真实现这个等效模型，并据此对本章中所有讨论过的含有运算放大器的电路进行仿真。具体实现时，应该将等效受控电压源模型保存为一个有两个输入端（同相和反相）和一个输出端（V_o）的子系统，微分增益应高达 200000。

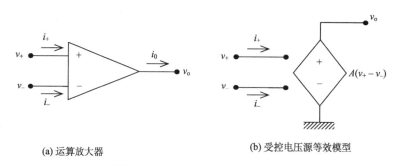

(a) 运算放大器　　　　　　　　　　　　　　(b) 受控电压源等效模型

图 6.27　通用运算放大器等效模型

2. 在 PSIM 中仿真实现图 6.28 所示的线性 LED 照明控制电路，其中当 $f = 60\text{Hz}$ 时，反馈增益分别为 0.5、2 和 5。假设照明强度正比于驱动电压，可在 0～100% 变化。若输入信号的幅值为 6V，请问若要满足运算放大器输出限幅要求，$\pm V_{DC}$ 的实际值应该为多少？

由图中的仿真参数，驱动电压可表示为

$$V_{act} = k_p V_\varepsilon + k_p k_i \int \mathrm{d}V_\varepsilon \mathrm{d}t$$

基于图 6.28 给出的参数值和图 6.29 所示的波形，能否使电路的比例和积分增益加倍？要在所提出的控制上做出这样的修改，那么稳定性的限制是什么？电网电压是 110V，如果电压在 ±10% 范围内变化时，请在原电路基础上增加反馈环，保持照明水平不变。

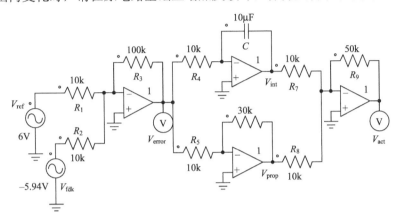

图 6.28 PI 放大器

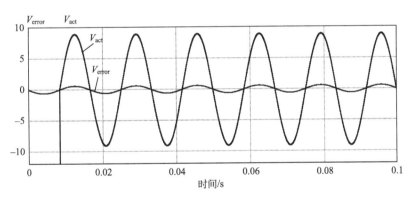

图 6.29 PI 放大器的误差和驱动电压

3. 使用输入电阻为 500kΩ 的检测电路测量负载值为 250kΩ 的电阻分压器，已知此电阻分压器的应力水平较高，预计的最小测量误差为多少？在不改变检测电路内部结构的情况下，如何使用运算放大器减小这种误差？试绘出电路简图。

4. 使用运算放大器的典型参数表，分两种情况计算如图 6.30 所示的双输入加法器的输出电压误差，单位为 V：

(1) 同相输入端加电阻的情况；

(2) 同相输入端不加电阻的情况。

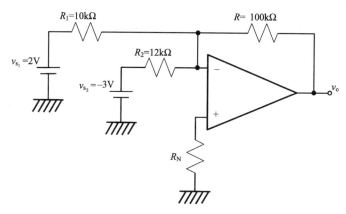

图 6.30　双输入加法器

5. 在 MATLAB/Simulink 中通过仿真求解微分方程 $dy/dt = -10y + 12$。然后设计一个基于模拟计算的解决方案，即在 PSIM 中使用带运算放大器的电路来求解，并比较这两种方案。讨论并比较电路仿真方案中的比例因子与原微分方程的实际变量。

6. 如图 6.31 所示，计算电阻分压器输出电压测量值的百分比误差。

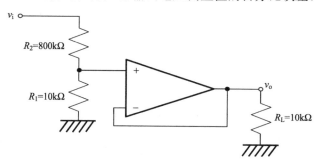

图 6.31　带放大器的分压器

7. 如图 6.32 所示，为带偏移和漂移误差补偿的反相双输入加法器的结构图，将该测量电路的预期百分比误差与下列偏移值进行比较：$e_{os} = -0.2\text{mV}$，$i_1 = 22\text{nA}$ 和 $i_{os} = 2\text{nA}$。分别确定放大器同相输入端带和不带补偿电阻两种情况下的误差。

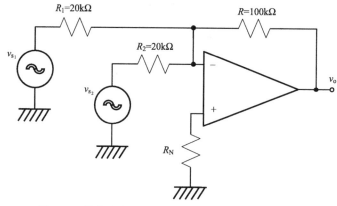

图 6.32　带偏移和漂移误差补偿的反相双输入加法器

8. 带低值电阻的高增益放大器如图 6.33 所示，当输入信号为 $f = 60\text{kHz}$，$v_i = 0.005\sin\omega t$ 时，改变图中输入电容值(等效电缆中的电容)，仿真观察运算放大器输出信号的幅值变化情况。如果输入信号是直流(幅值为−0.005～0.005V)，请问此时的输出电压的变化范围是多少？在频率为 60kHz 时，该检测电路的输入阻抗是多少？将放大器的正负电源设为最小推荐值进行仿真验证。

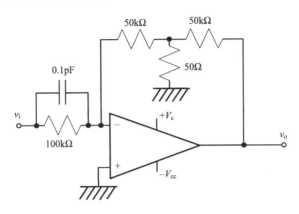

图 6.33 带低值电阻的高增益放大器

9. 图 6.34 所示电路是带有一阶滤波器的放大器，是为数字万用表的输入设计的，请计算其通频带，并用 PSIM 进行分析检查。当输入信号频率为 10kHz 时，RC 输入阻抗为 $10^4 - \text{j}10^6\,\Omega$，放大器的单位增益是 12MHz。请根据增益放大乘积并对比它们的通频带进行系统设计。

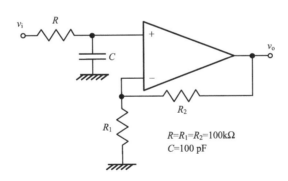

图 6.34 带一阶滤波器的放大器

10. 一个简单的基于 PWM 的带有误差放大器的 PI 控制器可以由运算放大器搭建而成。其中 PWM 控制器给 RL 电路施加电压，相当于由 RC 低通滤波器模拟的一阶系统，如图 6.34 所示。这样的系统是基于模拟计算的仿真。假设负载参数值为 $R = 100\,\Omega$，$L = 0.15\text{H}$。运算放大器连接±15V 的电源，并且这种运算放大器的输出能够驱动 RL 负载或驱动一个推挽式晶体管电路，如图 6.35 所示，这些都可以在实验室中实现。PWM 的频率是 1kHz，三角载波可以采用图 6.23 中的电路来实现。

(1)使用 MATLAB 和经典控制理论(根轨迹或 Bode 图)设计 PI 控制器。

(2)在 MATLAB 和 Simulink 中对闭环控制系统进行仿真。

(3)使用图 6.34 中的运算放大器电路仿真实现闭环控制。

(4)在实验室中搭建实验电路,微调 PI 控制器以得到最佳的暂态响应。

(5)撰写报告,说明如何将基于模型和仿真的设计方法推广应用到实际的大型项目中去。

(6)设计一个带 PWM 控制器的 PI 闭环控制系统,控制 RL 电路中的电流,控制系统如图 6.35 所示,其中各子图为:(a)控制 RL 电路电流的 PI 控制器的控制系统方框图;(b)使用霍尔效应(HED)电流传感器的推挽式三极管和二极管的电路;(c)采用 PI 控制器的系统仿真模型,系统包括带误差放大器的 PI 控制器、PWM 环节和一阶被控对象。被控对象采用 R_3C_2 同相输入运算放大器的一阶电路(低通滤波电路)来模拟一阶负载电路 RL 的动态响应,其中 $R_4 \gg R_3$,当电路关断时 R_4 为电容 C_2 放电。

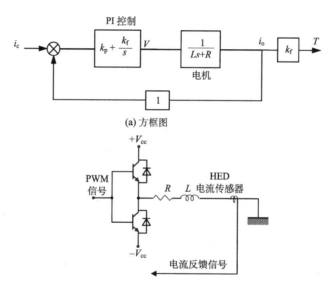

(a) 方框图

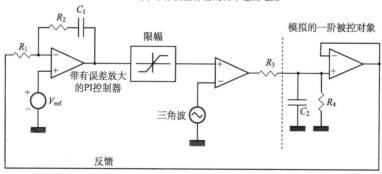

(b) 带推挽晶体管的功率输出电路

(c) 带有PWM的PI模拟控制系统

图 6.35 使用 PWM 控制器控制 RL 电路电流的 PI 闭环系统

参 考 文 献

[1] GRAEMME, J.G., TOBEY, G.E. and HUELSMAN, L.P., Operational Amplifiers: Design and Applications, Burr-Brown Publishers, Tokyo, 473 p., 1971.

[2] SILVEIRA, P.R. and SANTOS, W.E., Discrete Automation and Control, Érica, São Paulo, 229 p., 1998.

[3] DIEFENDERFER, A.J., Principles of Electronic Instrumentation, W.B. Saunders Co. Publisher, Philadelphia, 667 p., 1972.

[4] SLOTINE, J.J.E. and LI, W., Applied Nonlinear Control, Prentice Hall, Englewood Cliffs, 461 p., 1991.

[5] ZELENOVSKY, R. and MENDONÇA, A., PC: A Practical Guide of Hardware and Software, 3rd edition, MZ Publishers, Rio de Janeiro, 760 p., 1999.

[6] REGTIEN, P.P.L., Electronic Instrumentation, VSSD Publisher (Vereniging voor Studie en Studentenbelangen te Delft), Delft, 978-90-71301-43-8, 2005.

[7] BOWRON, P. and STEPHENSON, F.W., Active Filters for Communications and Instrumentation, McGraw-Hill Book Company, Berkshire, 285 p., 1979.

[8] AUSLANDER, D.M. and AGUES, P., Microprocessors for Measurement and Control, Osborne/ McGraw-Hill, Berkeley, 310 p., 1981.

[9] BOLTON, W., Industrial Control and Measurement, Longman Scientific and Technical, Essex, 203 p., 1991.

[10] EVELEIGH, V.W., Introduction to Control Systems Design, TMH edition, McGraw-Hill, New York, 624 p., 1972.

[11] BOYLESTAD, R. and NASHELSKY, L., Electronic Devices and Circuit Theory, PHB, New York, ISBN-13: 000-0132622262, ISBN-10: 0132622262, 2012.

[12] HOROWITZ, P. and HILL, W., The Art of Electronics, Cambridge University Press, London, 716 p., 2002.

[13] MALVINO, A.P., Electronic Principles, McGraw-Hill Book Company, New York, 2006.

[14] WAIT, J.V., HUELSMAN, L.P. and KORN, G.A., Introduction to Operational Amplifier Theory and Applications, International Student Edition, McGraw-Hill-Kogakusha, Tokyo, 396 p., 1975.

7 电机建模

7.1 引　言

关于电机的研究是电气工程领域的经典课题,通常会涉及对变压器和旋转设备的探讨。大多数电机模型已经被学生和工程师理解与掌握。当电机的模型可用时,设计者可以将其应用于更为复杂的开放式研究之中,例如,用于控制系统、电力系统、电力电子系统甚至机电系统或机器人应用中。

当电机与负载连接时,无论负载是机械负载(轴端)还是电气负载(电机作为发电机运行),理解电机的最佳运行情况都是非常重要的。对于电气负载来说,必须考虑到负载是会经常变化的。负载的变化可能使其运行在效率较低的工作点,在某些情况下还可能发生过载或短路。另外,当系统中含有电力电子装置或数字控制设备时,研究内容会更为复杂,特别是当电力系统通过配电站给电机供电时,可能存在能量双向流动的情况,复杂程度会进一步提高。

一些仿真软件可以提供很好的平台,帮助电气工程师找到适合的解决方案,使他们能够进行非常准确的负载预测,成本也最低。本章主要讲述有关这方面内容的基础知识,对于基于仿真设计方法开展模型研究的学生、工程师和设计人员,这些内容是非常重要的。

7.2　连接电网的线性感应电机等效电路

在 PSIM 中,有两种简单的方法来建立感应电机(IM)模型:一种是使用电气元件组成的 PSIM 等效电路模块;另一种是使用预先封装好的等效电机模块,该模块可以嵌入电路仿真中。这样的模型可以用来评估三相电机。如果三相电机是对称且平衡的,那么它的功率因数、损耗以及一般性能都可以基于一相的参数来建立模型。还有一种建模的方法是使用 MATLAB/Simulink 方框图建立模型。

图 7.1 所示是线性 IM 一相的等效电路图。线性模型可以理解为电机未满载时(铁心没有饱和)的近似情况。因为转子的电阻随转差率 s 的变化而改变,且转子电流也没有按照正

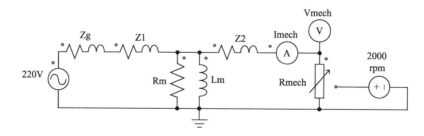

图 7.1　感应电机一相的等效电路图

确的感应频率修正(这是用于稳态评估的模型),因此,通过这个模型并不能获得准确的每相的暂态表达式,但是它对于验证功率因数、效率以及进行速度控制研究还是非常有用的。

图7.1的等效电路中各元件的参数如表7.1所示。如果感应电机的转速低于同步转速,那么电机运行在电动状态,如果转速高于同步转速,则电机运行于发电状态。有关这个模型详细的数学描述请见文献[1]。等效电阻R_{mech}是含有转差率s的非线性电阻,它的阻值表达式为

$$R_{mech} = R_2 \frac{1-s}{s} = \frac{R_2}{\left(\dfrac{n_s}{n} - 1\right)} \tag{7.1}$$

表7.1　感应电机的参数表

参数	变量名称	数值	参数	变量名称	数值
V_{ph}	额定相电压	220V	I_{ph}	额定相电流	60A
n_s	同步转速	1800r/min	p	磁极个数	4极
R_g	电源内阻	1.53Ω	L_g	电源电感	5.74mH
R_1	定子电阻	0.622Ω	R_2	转子电阻	0.912Ω
L_1	定子电感	1.14mH	L_2	转子电感	1.14mH
R_m	铁心损耗	114Ω	L_m	励磁电感	127mH

图7.1中的虚拟电阻R_m可正可负,它的符号取决于转速n是否大于或小于电机的同步转速,即电机是发出电功率(发电机)还是消耗电功率(电动机)。

依照图7.1的等效电路进行仿真,IM用作发电机时,电机的转速高于同步转速,此时等效电阻R_{mech}两端的输出电压和流过的电流波形如图7.2所示。可以看到,输出电压和电流之间有180°的相移,代表输出一个负功率给电源(电能注入电网)。

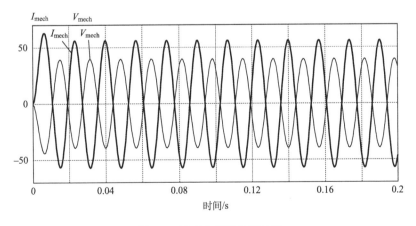

图7.2　感应电机的仿真波形

7.3　连接电网的线性感应电机 PSIM 模块

在 PSIM 中,还可以采用另一种方法建立连接电网的线性感应电机模型,如图 7.3 所示,对应的参数列于表 7.2。关于这种模型的简要数学描述请见文献[1]~文献[3]。

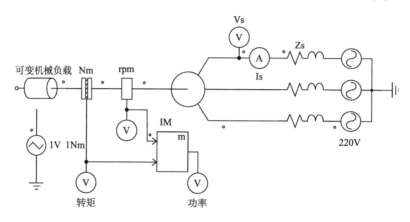

图 7.3　直接由公共电网供电的线性感应电机

表 7.2　饱和感应电机的参数表

参数	变量名称	数值	参数	变量名称	数值
V_{ph}	额定相电压	220V	I_{ph}	额定相电流	42A
n_s	额定转速	1740r/min	p	磁极个数	4 极
R_s	电源内阻	0.011Ω	L_s	电源电感	0.047mH
R_1	定子电阻	0.294Ω	R_2	转子电阻	0.156Ω
L_1	定子电感	1.39mH	L_2	转子电感	0.74mH

电机轴上的机械功率与电磁转矩之间的关系可以表示为

$$P = T\omega \tag{7.2}$$

其中 $\omega = \dfrac{2\pi}{60}n$,代入式(7.2)得到

$$P = \frac{\pi}{30}Tn \tag{7.3}$$

图 7.3 左下部就是根据式(7.3)设计的数学模块来计算输出功率。带机械负载的感应电机的输出电压如图 7.4 所示。电机启动时,暂态电流较高。

图 7.5 中是带机械负载的感应电机的输出转矩以及输出功率与转速之间的关系 ($P \times T \times RPM$ 曲线)。注意,当转矩 T_c 变化时,电机从静止到稳定运行所经历的启动时间也随之变化。转矩 T_c 与转动惯量 J 共同作用产生损耗,例子中 $T_c = 1 N \cdot m$, $J = 0.0005 kg \cdot m^2$。另外,当电阻 R_2 增加一倍时,图中的 $P \times T \times RPM$ 曲线会变得更圆。感应电机模型的初始条件会影响到响应曲线(绕组初始电流、初始角速度和由于机械惯性引起的振荡),因此预计

在 $P{\times}T{\times}$RPM 特性开始时会出现振荡。

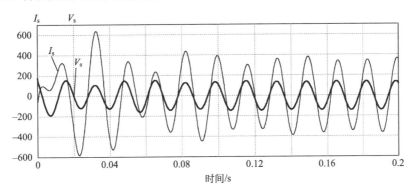

图 7.4 连接电网的线性感应电机输出电压

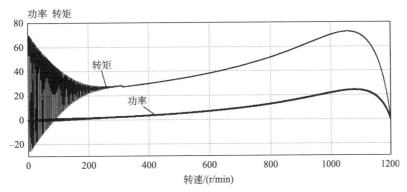

图 7.5 线性感应电机的 $P{\times}T{\times}$RPM 特性曲线

7.4 连接电网的饱和感应电机 PSIM 模型

用户可以将图 7.6 所示模型配合铁心的饱和特性一起使用。其中电机的物理参数列于

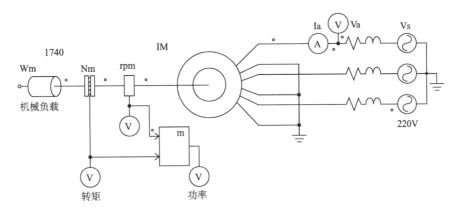

图 7.6 直接由公共电网供电的饱和感应电机

表 7.2，而磁化特性，即终端相电压与磁化相电流的关系，列于表 7.3。关于这个模型的简要数学描述请参见文献[1]、文献[4]和文献[5]。

表 7.3　感应电机的饱和磁化特性

V_{ph}	I_{ph}	V_{ph}	I_{ph}	V_{ph}	I_{ph}
1.241	0.0782	4.104	0.0682	6.257	0.0563
1.969	0.0751	4.474	0.0664	6.612	0.0544
2.519	0.0742	4.813	0.0646	6.975	0.0525
2.963	0.0728	5.178	0.0625	7.641	0.0493
3.371	0.0714	5.606	0.0601	8.292	0.0466
3.742	0.0698	5.897	0.0584		

利用表 7.3 中的磁化特性可以对带有机械负载的感应电机模型进行仿真，所得到的输出电压波形如图 7.7 所示。再次注意到，当电机起动时，初始电流较大。

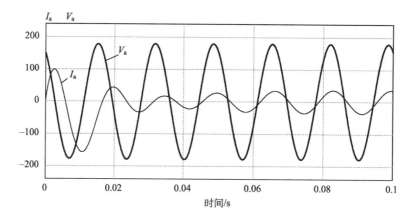

图 7.7　连接到电网的饱和感应电机输出电压

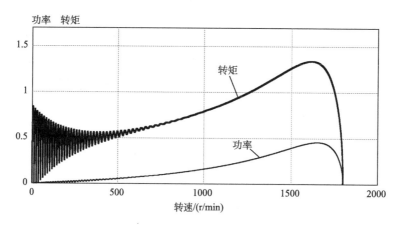

图 7.8　饱和感应电机的 $P \times T \times$ RPM 特性曲线

按照图 7.6 的结构可以仿真得到电机的 $P \times T \times \text{RPM}$ 特性曲线,如图 7.8 所示。注意,当转矩 T_c 变化时,电机经历从零初状态到稳态所需的启动冲击电流也随之变化。转矩 T_c 与转动惯量 J 共同作用产生损耗,本例中 $T_c = 1\text{N} \cdot \text{m}$, $J = 0.0005\text{kg} \cdot \text{m}^2$。同时,当电阻 R_2 增加时,图中的 $P \times T \times \text{RPM}$ 曲线会变得更圆。因为感应电机模型的初始状态包含在仿真中(绕组初始电流、初始角速度和机械惯性),预计在 $P \times T \times \text{RPM}$ 特性开始时会出现振荡。

7.5 连接电网的双馈感应电机

图 7.9 中所示为连接电网的双馈感应电机(DFIM)的模型,它可以驱动机械负荷,电机参数列于表 7.4 中。文献[1]中给出了关于这个模型的数学描述。在图 7.9 的模型中,感应电机的转子绕组没有接功率变换器,而是与一个简化的三相发电机相连,这样易于调整以获得不同控制条件下的不同特性。图 7.9 中发电机的物理参数列于表 7.4 中。电机的输出电压可以通过功率变换器控制,如果需要较低的电压,可以使用降压变换器;如果需要较高的电压,可以使用升压变换器。或者在转子侧使用一个带变压器的双 PWM 变换器,以使转子电压与公共电网电压匹配。连接电网的双馈感应发电机(DFIG)的输出电压如图 7.10 所示,也可以采用图 7.8 中的方法来绘制该电机相应的 $P \times T \times \text{RPM}$ 特性曲线。当电阻 R_2 增加一倍时,图中的 $T \times \text{RPM}$ 曲线会变得更圆。$T \times \text{RPM}$ 曲线在开始时的振荡是可以预期的,因为感应电机模型的初始状态也包含在仿真中(绕组初始电流,由于机械惯性引起的振荡)。输出的功率和转子的速度可以表示为[1-3]

$$P_r = T\omega_r$$
$$\omega_r = \frac{2\pi n}{60}$$

如果转矩 T_c 改变,那么电机从静止到稳定运行状态所经历的启动时间也会随之改变。转矩 T_c 与转动惯量 J 共同作用产生损耗。仿真中所用的负载可以从 0 变化到 12N·m。

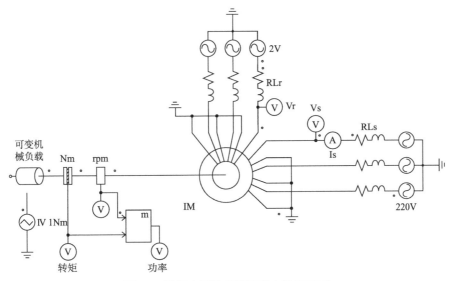

图 7.9 连接电网的双馈感应电机(DFIM)

表 7.4　DFIM 的参数表(一)

参数	数值	参数	数值	参数	数值
额定定子电压	220V	R_{gs}	0.414Ω	L_1	1.390mH
额定定子电流	2.1A	L_{gs}	1.982mH	L_2	0.74mH
额定转子电压	2V	R_{gr}	0.102Ω	L_m	48mH
额定转子电流	0.26A	L_{gr}	18.5mH	N_s/N_r	0.02
转子转速	1200r/min	R_1	0.294Ω	机械负载转矩	3N·m
磁极个数 p	6 极	R_2	0.156Ω	转动惯量	0.5kg·m²

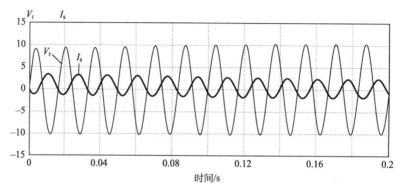

图 7.10　连接电网的 DFIG 输出电压

对于连接到电网的 DFIM,还有第二种建模方法,即将用作电动机/发电机的感应电机的每相等效电路来表示 DFIM 的每相模型,电路图如图 7.11 所示,其输出电压如图 7.12 所示,对于图 7.11 中各元件的参数值参见表 7.5。

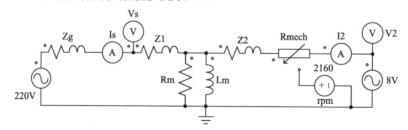

图 7.11　连接电网的 DFIM 的每相模型

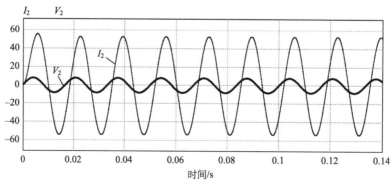

图 7.12　连接电网的 DFIM 输出电压

表 7.5　DFIM 的参数表(二)

参数	数值	参数	数值	参数	数值
额定定子电压	220V	磁极个数 p	4 极	L_1	0.023mH
额定定子电流	25.1A	R_g	2.141Ω	L_2	0.032mH
额定转子电压	8V	L_g	6.85mH	L_m	48mH
额定转子电流	28.3A	R_1	0.622Ω		
转子转速	2160r/min	R_2	0.432Ω		

7.6　直流电动机驱动自励感应发电机运行

　　某些类型的旋转负荷需要良好的速度控制。在实验室测试中，通常使用直流电动机驱动一个带载运行的自励感应发电机(SEIG)，以保持其负载频率不变。图 7.13 中所示的电路是一个很好的仿真实例，它有助于在直流电机上增加限定运行条件，并对它们分类。值得注意的是在电容励磁绕组两端并联的 1nF 小电容是用来在感应电机铁心中建立初始剩磁的，如果没有剩磁，仿真的自励感应发电机无法启动。有关 SEIG 的理论知识详见文献[1]、文献[6]和文献[7]。

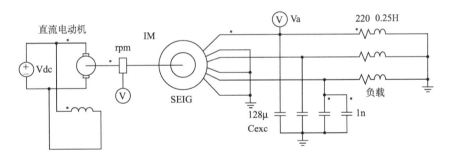

图 7.13　直流电动机驱动自励感应发电机(SEIG)带载运行

　　依照图 7.13 进行仿真，得到的 SEIG 输出电压波形如图 7.14 所示，其中 SEIG 的参数列于表 7.6，而直流电动机的参数列于表 7.7。可以看出，SEIG 大概花了 9s 的时间达到完全励磁。

表 7.6　SEIG 的参数表

参数	数值	参数	数值	参数	数值
额定定子电压	220V	转动惯量	0.4kg·m²	R_2	0.296Ω
额定定子电流	15A	磁极个数 p	4 极	L_1	13.90mH
额定转速	1800r/min	R_1	0.294Ω	L_2	13.90mH

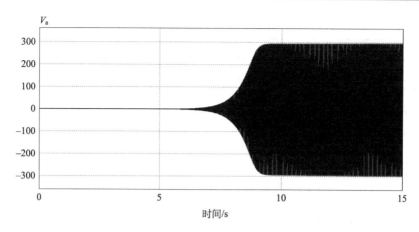

图 7.14 SEIG 输出电压

表 7.7 直流电动机的参数表

参数	数值	参数	数值	参数	数值
额定端电压	120V	电枢电阻 R_a	0.5Ω	励磁电感 L_f	0.01mH
额定励磁电流	1.6A	电枢电感 L_a	0.01mH	额定转速	1800r/min
电枢电流	10A	励磁电阻 R_f	0.294Ω	转动惯量	0.4kg·m²

7.7 永磁同步电机(PMSM)建模

图 7.15 所示为一个完整的风力发电系统,其中风力涡轮永磁同步发电机与电网相连,并含有综合的负载控制。有关这种风能系统的理论知识可以详见文献[1]～文献[3]。有关这个系统所有建模和控制方面的完整介绍对于本书来说内容过于宽泛,我们鼓励读者阅读文献[4]和文献[5]进行详细研究,以便于更为全面地了解永磁同步发电机(PMSG)的系统仿真。永磁电机可以基于 PSIM 模块进行仿真,如图 7.16 所示,其中永磁同步电机和交流电源的参数如表 7.8 所示,而轴上负载的参数列于表 7.9。图 7.17 中显示了与机械负载相连 PMSM 的电压和转速。

表 7.8 永磁同步电机和交流电源参数表

参数	数值	参数	数值	参数	数值
额定电压	220V	R_{line}	0.012Ω	L_q	67.0mH
额定电流	8A	L_{line}	0.304mH	$V_{pk}/(10^3 r/min)$	1.87V/(r/min)
转子转速	100r/min	R_{stator}	0.530Ω	转动惯量 J	0.128kg·m²
磁极个数	12 极	L_d	22.6mH	轴时间常数	0.1s

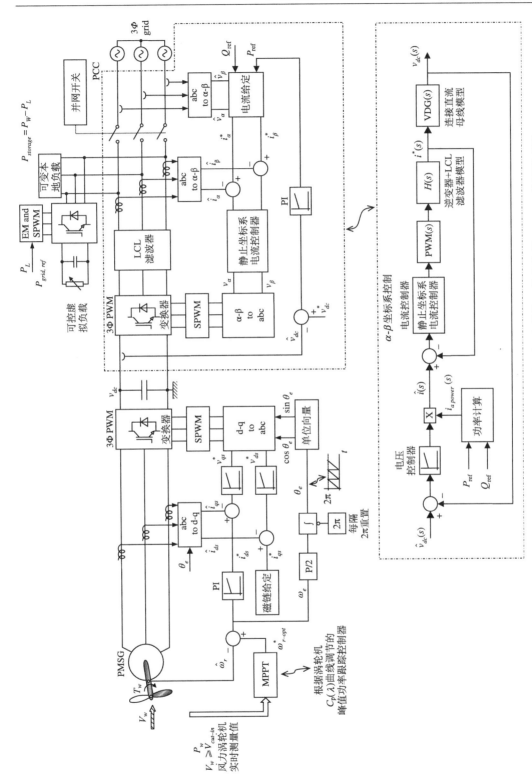

图 7.15 带有最大功率优化的 PMSG 风力涡轮控制器和带有储能/负载管理的背靠背双 PWM 并网逆变器

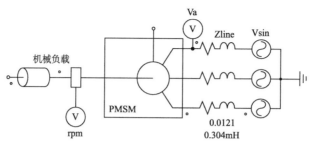

图 7.16 与机械负载相连的永磁同步电机

表 7.9 机械负载参数表

参数	数值	参数	数值	参数	数值
T_c	N·m	K_2	$0.012\,(\text{N·m})/\text{rad}^2$	转动惯量 J	0.014kg·m^2
K_1	$0.133\,(\text{N·m})/\text{rad}$	K_3	$0.001\,(\text{N·m})/\text{rad}^3$		

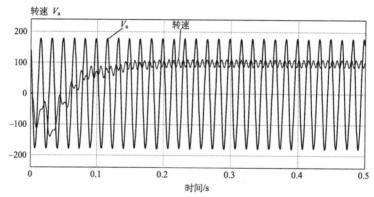

图 7.17 与机械负载相连 PMSM 的电压和转速

7.8 饱和变压器建模

采用 PSIM 模块对变压器建模非常简单，如图 7.18 所示，是一个饱和变压器给三相 RL 负载供电的结构图，变压器和负载的参数都列于表 7.10 和表 7.11。图 7.19 显示的是启动时 a 相输出相电压和相电流的波形。

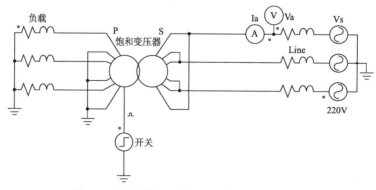

图 7.18 连接到电网的 Y-△型饱和变压器模型

表 7.10 饱和变压器、电网和负载的参数表

参数	数值	参数	数值	参数	数值
额定电压	150V	R_m	626.7kΩ	N_s	0.1879
工作频率	60Hz	L_m	67.0mH	每相负载电阻 R_L	32.1μΩ
一次侧 R_p	0.0268Ω	A 相剩磁	0.6	每相负载电感 L_L	104μH
一次侧 L_p	0.04922mH	B 相剩磁	−0.3	每相电网电阻 R_{line}	1.12mΩ
二次侧 R_s	0.0186Ω	C 相剩磁	−0.3	每相电网电感 L_{line}	4.7μH
二次侧 L_s	0.04922mH	N_p	1		

表 7.11 变压器饱和特性

I_m	L_m
0.75	386
984	0.59
1968	0.59

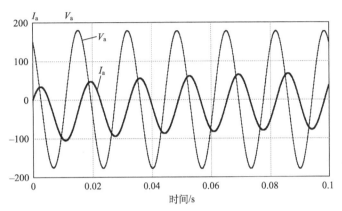

图 7.19 连接到电网的 Y-△型饱和变压器的输出电压和电流

7.9 实验：由三种电源——正弦波、方波和 SPWM 波供电的单相非理想变压器的暂态响应

利用内部磁通关系建立单相变压器的动态模型来进行暂态分析，是一种非常有效的方法。在这一节中，我们基于图 7.20 所示的单相变压器的等值电路，得出任务所描述的变压器关于磁通的状态空间方程式，从而建立其动态模型。

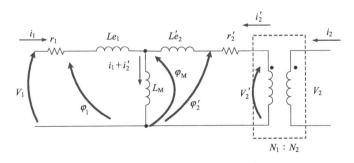

图 7.20 标示磁通情况的单相变压器等值电路

根据图 7.20 中的描述，可以写出如下方程式：

$$V_1 = r_1 \cdot i_1 + \frac{\mathrm{d}\varphi_1}{\mathrm{d}t} \tag{7.4}$$

$$V_2' = r_2' \cdot i_2' + \frac{\mathrm{d}\varphi_2'}{\mathrm{d}t} \tag{7.5}$$

$$\varphi_1 = Le_1 \cdot i_1 + \varphi_M \Rightarrow i_1 = \frac{\varphi_1 - \varphi_M}{Le_1} \tag{7.6}$$

$$\varphi_2' = L'e_2 \cdot i_2' + \varphi_M \Rightarrow i_2' = \frac{\varphi_2' - \varphi_M}{L'e_2} \tag{7.7}$$

将式 (7.6) 和式 (7.7) 代入式 (7.4) 式 (7.5)，得

$$\frac{\mathrm{d}\varphi_1}{\mathrm{d}t} = V_1 - r_1\left(\frac{\varphi_1 - \varphi_M}{Le_1}\right) \tag{7.8}$$

$$\frac{\mathrm{d}\varphi_2'}{\mathrm{d}t} = V_2' - r_2'\left(\frac{\varphi_2' - \varphi_M}{L'e_2}\right) \tag{7.9}$$

我们需要计算 φ_M 的表达式，然后将式 (7.6) 和式 (7.7) 代入推导：

$$\varphi_M = L_M\left(i_1 + i_2'\right) = L_M\left(\frac{\varphi_1 - \varphi_M}{Le_1} + \frac{\varphi_2' - \varphi_M}{L'e_2}\right) \tag{7.10}$$

$$\varphi_M\left(1 + \frac{L_M}{Le_1} + \frac{L_M}{L'e_2}\right) = \varphi_1\frac{L_M}{Le_1} + \varphi_2'\frac{L_M}{L'e_2} \tag{7.11}$$

$$\varphi_M = \frac{Le_1 \cdot L'e_2}{Le_1 \cdot L'e_2 + L_M Le_1 + L_M L'e_2}\left(\varphi_1\frac{L_M}{Le_1} + \varphi_2'\frac{L_M}{L'e_2}\right) \tag{7.12}$$

$$\varphi_M = \frac{L_M}{Le_1 \cdot L'e_2 + L_M(Le_1 + L'e_2)}\left(\varphi_1 L'e_2 + \varphi_2' Le_1\right) \tag{7.13}$$

变压器二次侧的电压 V_2 和电流 i_2 折算到一次侧为 V_2' 和 i_2'，折算式为

$$\frac{V_2'}{V_2} = \frac{N_1}{N_2} = -\frac{i_2}{i_2'} \tag{7.14}$$

$$i_2 = -\frac{N_1}{N_2}i_2' \tag{7.15}$$

$$V_2 = \frac{N_2}{N_1}V_2' \tag{7.16}$$

如果二次侧接阻性负载，则输出电压为 $V_2 = -R_L \cdot i_2$。由式 (7.4)～式 (7.16) 可以建立单相变压器的模型，如图 7.21 所示。

在关于这本书仿真实例介绍的网页上，有一个基于 MATLAB/Simulink 的变压器模型，读者可以进行研究。该变压器连接到 240V、60Hz 的公共配电网，假设变压器的参数为：$r_1 = 0.22\Omega$，$r_2' = 0.13\Omega$，$Le_1 = 148.5\mu H$，$L'e_2 = 142.5\mu H$，$L_M = 1.655\mu H$。变压器将输入电压降为二次侧的 120V 电压，二次侧接阻性负载 $R_L = 7.5\Omega$。图 7.21 和图 7.22 的 Simulink

方框图显示了如何利用式(7.4)~式(7.16)的微分方程式来建立变压器的暂态模型。根据图 7.22 的仿真模型可以绘制出变压器的一次侧输入电流、励磁电流和二次侧输出电流。如图 7.23 所示,用以评估变压器的效率。基于仿真结果,可以评估得到变压器的效率达到 97%。

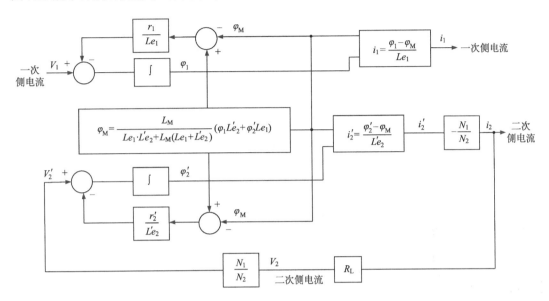

图 7.21 给阻性负载供电的单相变压器模型

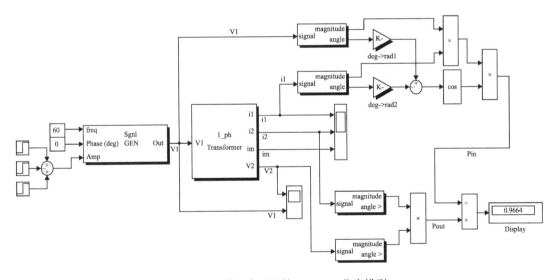

图 7.22 单相变压器的 Simulink 仿真模型

可以将输入电压突降 10%并持续 5 个周期,仿真足够长的时间以得到变压器的暂态响应,然后将输入电压突升 10%并持续 5 个周期,也仿真足够长的时间获得变压器的暂态响应。基于这些仿真结果可以看出,一次侧输入电压的突升和突降不但直接影响输出电压,而且还直接影响输入和输出电流。同时还观察到,励磁电流中有很大的直流分量,其时间常数很大。造成这种现象的一个原因是励磁的电抗值很大,而 RL 电路的时间常数直接正

比于 L。因此，励磁电流不能跟随系统的暂态响应变化，因为时间常数大，电流变化缓慢，达到稳定所需的时间较长。另外，励磁电抗大也有优点，可以使系统的效率提高。

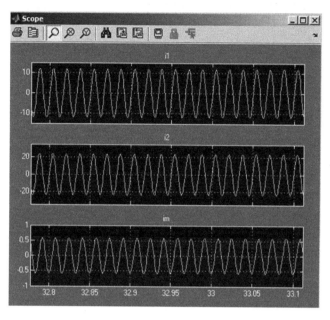

图 7.23　一次侧输入电流、二次侧输出电流以及励磁电流波形

采用这种建模方法，可以对变压器仿真用以评估其输入励磁电流和估计其功率因数（图 7.24 和图 7.25）。

为了评估变压器的励磁电流，我们可以给系统加上特殊条件。为研究励磁电流，我们需要让变压器空载运行。我们可以不断增大负载电阻值来达到接近空载的条件，此时，$i_2 \approx 0$，则 $i_2' \approx 0$，因此 $i_1 \approx i_m$，如图 7.26 所示。在这部分中，我们可以在这些条件下研究系统的性能来验证一次侧、二次侧和励磁电流之间的关系。

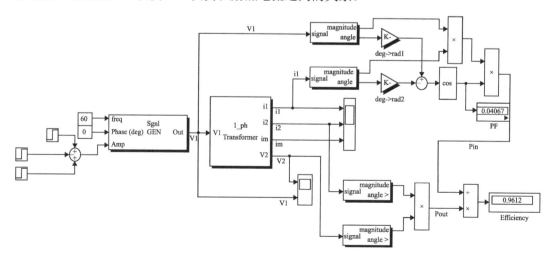

图 7.24　评估功率因数的系统仿真模型

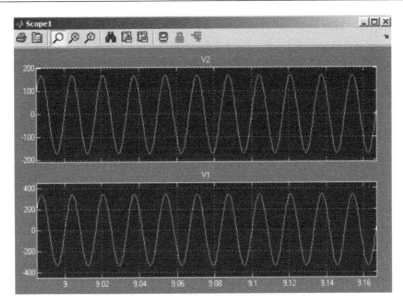

图 7.25　一次侧和二次侧的电压波形(完全同相)

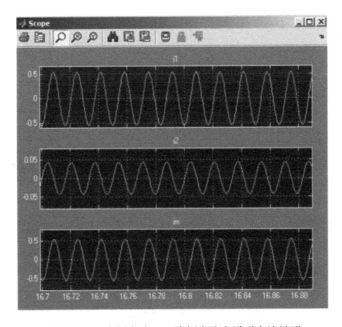

图 7.26　一次侧电流、二次侧电流和励磁电流波形

　　基于这个模型,稳态情况下励磁支路的功率因数等于 0.0407,这里 $R_{load} = 4000\Omega$,而系统在空载时的效率为 0.96。可以看出,系统在空载条件下的效率虽然低于满载情况下的效率,但数值仍然很高,可以接受。功率因数接近于 0,意味着电路是高感性的,或电阻与电抗相比可以忽略。图 7.27 是方波激励作用下单相变压器的 Simulink 仿真模型。可以在一次侧输入端加上方波电压(60Hz),并采用本章之前提到的相似变压器和负载的参数,仿真比较正弦波激励和方波激励下系统的性能。图 7.28 和图 7.29 中是方波电压工作时变压器

的电压和电流波形，试评价系统的性能。

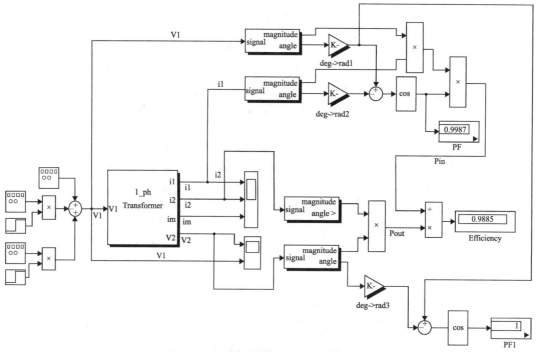

图 7.27　方波激励时的 Simulink 仿真模型

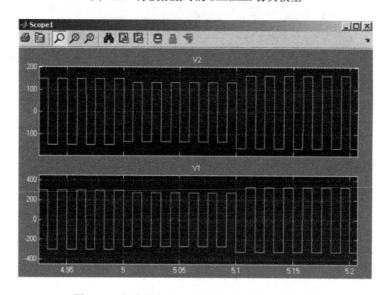

图 7.28　方波供电时一次侧和二次侧的电压波形

仿真结果显示输出波形含有很高的谐波分量。因此，该系统的谐波性能不好，可能会给变压器带来严重损坏(即发热、损耗)，为了能够真正进行实际应用，应该事先对变压器进行合理的设计和安装。

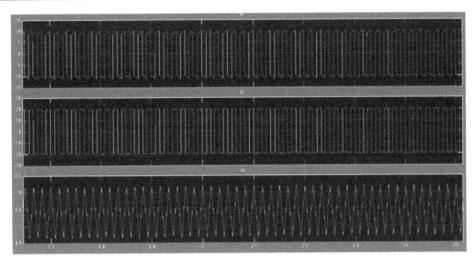

图 7.29　方波供电时一次侧电流、二次侧电流和励磁电流波形

需要说明的是，关于之前提到的 Simulink 模型中系统的效率和功率因数，在计算这些参数时只是用电压和电流中的基波分量来计算的，并未考虑谐波。众所周知，如果系统中含有谐波，那么这些物理量的数值会受影响而降低。因此，实际的效率和功率因数要比之前计算的低得多。由图 7.29 可见，励磁电流的波形很像锯齿波，那是因为它是由脉冲波形积分得到的。总之，我们并不推荐这个系统。

图 7.30 是连接于直流母线的单相半桥式晶体管变换电路，用于变压器的暂态建模。对该电路浪涌电流情况进行仿真，研究如何将浪涌电流调整到其最大自然值的 10%。

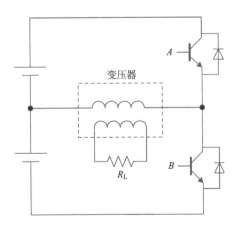

图 7.30　用于变压器暂态建模的单相半桥式晶体管变换电路

基于之前的仿真研究，实现三相正弦 PWM(SPWM)电源，工作频率 f = 5kHz，通过变压器给三相负载供电的系统仿真，变压器的参数采用之前列出的参数。将 PWM 调制比设为 20%、40%、80% 和 100% 来控制三相变压器。批判性地分析系统工作过程，并比较变压器在三种不同激励下的响应：(i)正弦波激励，(ii)方波激励，(iii)SPWM 波激励。观察图 7.31～图 7.35。

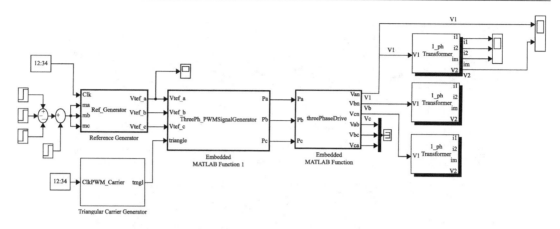

图 7.31　SPWM 供电的三相变压器动态建模

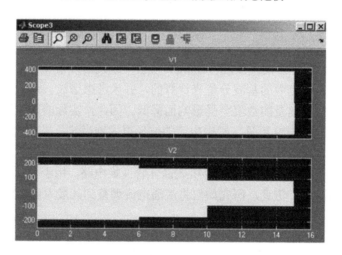

图 7.32　长时仿真的一次侧和二次侧电压波形(15s)

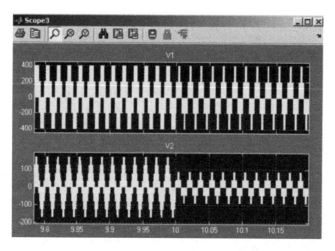

图 7.33　一次侧和二次侧的电压波形(几个周期的细节图)

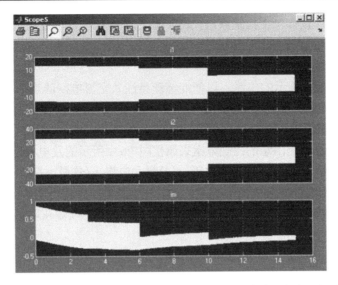

图 7.34　长时仿真的一次侧电流、二次侧电流和励磁电流波形(15s)

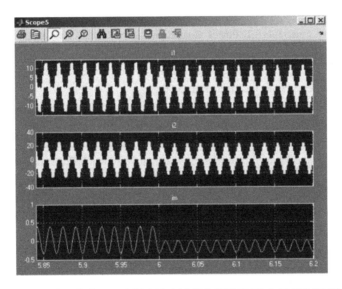

图 7.35　一次侧电流、二次侧电流和励磁电流波形(几个周期的细节图)

　　仿真研究可以使我们更好地理解三相变压器的输入电压为 SPWM 波时的工作情况。通过改变调制比，所产生的电压脉冲是变化且可以规划的，例如，保持包络线或幅值不变。因此，变压器的输出电压也是可控的。基于以上研究步骤和结果，还可以对感应电机和同步电机进行相似的研究。

7.10　思　考　题

　　1. 对图 7.1 中连接电网的感应电机等效模型进行仿真研究,论证电机既可以用作电动机工作,也可以用作发电机工作。试使用 PSIM 测量值估计电机在两种情况下的整体损耗。

　　2. 请采用 PSIM 设计一个控制系统，确保图 7.13 中异步发电机的负载两端的频率保持 60Hz。如果负载增加 10% 会出现什么情况？请设计一组可变激励电容器组来确保输出电压合理恒定。

　　3. 请修改图 7.1 中所示的电路，以便能够测量注入交流电网的功率、效率和损耗。

　　4. 请详细解释 DFIG 的优点，例如，能够增加转矩、减小谐波以及进行速度控制来获得最大转矩。对 DFIGURE 进行仿真研究。

　　5. 请设计一个基于爬山法的控制方案来调整图 7.6 中所示的发电机。利用仿真研究观察：(1) 最大功率，(2) 最大效率，(3) 最大电压，(4) 最大电流，(5) 最小损耗。请据此编写程序，要求该程序能够考虑前面提到的所有五项的加权优化指数，以便对所有因素进行平均优化。

　　6. 使用图 7.13 中所示的自励感应发电机设计一个电路，以便获取感应电机用作发电机时的电学特性。

　　7. 请对图 7.15 中所描绘的永磁同步发电机风能发电系统进行仿真研究。

参 考 文 献

[1] SIMÕES, M.G., FARRET, F.A. and BLAABJERG, F., Small wind energy systems, electric power components and systems, Electric Power Components & Systems, vol. 43, pp. 1388-1405, 10.1080/15325008.2015.1029057, 2015.

[2] FARRET, F.A. and SIMÕES, M.G., Integration of Alternative Sources of Energy, IEEE-Wiley Interscience/John Wiley & Sons, Inc., Hoboken, 2006.

[3] SIMÕES, M.G. and FARRET, F.A., Modeling and Analysis with Induction Generators, 3rd edition, CRC Press, Boca Raton, 2015.

[4] BU-BSHAIT, A.S., SIMÕES, M.G., MORTEZAEI, A. and BUSARELLO, T.D.C., "Power quality achievement using grid-connected converter of wind turbine system", IEEE Industry Applications Society Annual Meeting (IAS), Dallas, IEEE, October 18-22, 2015.

[5] HARIRCHI, F., SIMÕES, M.G., BABAKMEHR, M., AL-DURRA, A. and MUYEEN, S.M., "Designing smart inverter with unified controller and smooth transition between grid-connected and islanding modes for microgrid application", IEEE Industry Applications Society Annual Meeting (IAS), Dallas, IEEE, October 18-22, 2015.

[6] CHAPMAN, S.J., Electric Machinery Fundamentals, WCB McGraw-Hill, Boston, ISBN-13: 978-0073529547, ISBN-10: 0073529540, 2011.

[7] FITZGERALD, A.E., KINGSLEY, C., JR. and UMANS, S.D., Electric Machinery, 7th edition, McGraw-Hill Education, New York, ISBN-10: 0073380466; ISBN-13: 978-0073380469, 2014.

补充阅读材料

DEL TORO, V., Basic Electric Machines, Prentice Hall, ISBN-10: 0130601462, ISBN-13: 978-0130601469, 1989.

FEDÁK, V., BALOGH, T. and ZÁSKALICKÝ, P., Dynamic Simulation of Electrical Machines and Drive Systems Using MATLAB GUI, Ministry of Education of Slovak Republic Under the Contract KEGA 042TUKE-4/2012 "Teaching Innovation in Control of Mechatronic Systems", Slovakia, pp. 317-342, 2012.

LOGUE, D. and KREIN, P.T., "Simulation of electric machinery and power electronics interfacing using MATLAB/Simulink", The 7th Workshop on Computers in Power Electronics, 2000. COMPEL 2000, Blacksburg, IEEE, doi:10.1109/CIPE.2000.904688, pp. 34-39, July 16-18, 2000.

8 独立和并网逆变器

8.1 引 言

智能配电系统既需要现有的设备，也需要新的装置，如分布式发电(distributed generation，DG)和分布式储能(distributed energy storage，DES)单元，不仅能够为当地的电网提供电力，而且能够提供辅助服务。DG 和 DES 单元通常需要电力电子装置作为前端接口设备，这些电力电子装置能够实现多象限运行，并且能够在良好的电能指标下供电。也正是要通过电力电子装置，DG 和 DES 单元才可以为当地的电网提供一些辅助服务。因此，控制系统不但需要满足长期的供电需求，还需要维持瞬时的功率平衡。

一个设计合理的电力电子变换装置的控制系统可以实时监测输出和内部的状态，确保整个系统遵循期望的设定值。例如，我们可以设计控制系统，实现：(i)自动控制，如室温控制；(ii)远程控制，如卫星轨道校正；(iii)功率放大，如控制系统将足够的电能施加于电路中以启动重型机械。对于独立逆变器和并网逆变器的控制系统，通常具有如下控制性能和特点：

- 电压控制。
- 频率控制。
- 旋转储能供应和备用服务。
- 电能质量改善。
- 功率因数校正。
- 负载变化期间的瞬时功率补偿。
- 为满足电力系统要求而设置的孤岛运行。

电力电子逆变器作为光伏、风力、燃料电池或水力发电系统等 DG 能源的前端，不但具有之前的功能特性，经过精心设计还具有高水平的智能控制特征。作为智能电网系统的一部分，智能计量和传感器系统可以提供大量的信息用于电网的管理与控制，需求侧管理(demand side management，DSM)和需求响应(demand response，DR)可以通过设备上的双向智能仪表和智能传感器得以实现，为实时、可扩展的市场机制提供了更多的可能性。几乎实时传递的信息使电力公司能够将电网作为一个综合系统来管理，主动积极地感知和响应不同地点的电力需求、供应、成本和质量的变化。

传统的并网逆变器并网方法是从用于再生式电机拖动系统前端的 PWM 整流器技术演变而来的，在动态变化时(减速或转矩反向的暂态运行过程)，装置并不是消耗功率而是将功率反送回电网从而使效率得到提高。并网逆变器与 PWM 整流器有着相同的控制原则。然而，当逆变器从可再生能源(光伏、水利或风能)或燃料电池向电网注入能量时，由于必须保证系统的总体平衡，所以需要的灵活性更高。

当逆变器处于独立运行模式时，电压控制可以使输出电压维持良好的正弦输出波形。

当逆变器与电网连接时，控制系统必须含有电流环，以便于控制注入电网的电流为正弦波，且其相位与电网电压正好相差 180°(为了实现单位功率因数运行)，或控制电流的相位以超前或滞后功率因数运行。为此，内部电流控制必须使用锁相环(phase-locked loop，PLL)以实现与电网电压同步，有时还与外部功率(有功/无功)控制相关联。如果逆变器可以自动从并网模式转换为孤岛模式或从孤岛模式转换为并网模式，那么系统也必须能够在相应的电流/电压或电压/电流闭环控制之间切换。另外还需要检测公共电网是否断电(以便将系统脱离电网，避免给故障线路供电)，并能够无冲击地恢复运行。

对于并网接口来说，一般采用电压型逆变器，如图 8.1 所示。逆变器和电网之间总是需要有阻抗的，例如，去耦电感，或相间电抗器，或其他类型的滤波器。与电网连接的电压型逆变器已经被证明可以通过 LCL 滤波器来提高系统性能。此外，逆变器需要向电网注入功率，其控制系统可以采用串联型双闭环电机控制的方法进行设计，外环是电压控制环(类似于电机控制系统的速度环)，内环是电流控制环(似于电机控制系统的转矩控制)。必须对与反电动势交叉耦合的动态电压进行补偿——并网逆变器含有交叉耦合的电压降(系统电抗乘以 dq 轴中某一相的电流干扰影响另一相)。因此，需要设计一个合适的 PI 控制器来优化这种交叉耦合带来的影响。还有一种方法是采用比例谐振控制器即 PR 控制器，可以提高 abc 坐标系下或静止坐标系下电流环的动态性能。PR 控制的另一个优点是不需要锁相环来同步，因为控制是基于静止坐标系而不是旋转坐标系的。

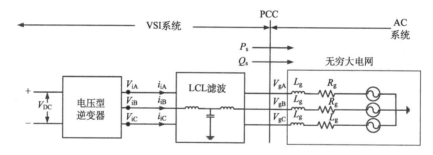

图 8.1　与公共电网连接的典型电压型逆变器

采用 d-q 解耦或 p-q 瞬时功率理论很容易实现三相系统的控制。这些控制策略早已应用在三相电机控制领域。然而，单相并网逆变器(配电系统中最为常见的逆变器)并没有合适的数学公式来描述。对于单相逆变器，通常可以使用滞环(bang-bang)控制，或考虑与主电压相位相差 90°的近似解，或采用 Hilbert 变换。这些准暂态 d-q 或 p-q 解耦方法已经得到了应用，并有了公式描述[1,2]。

分布式发电系统的逆变器可以设计为并网运行或独立运行两种模式。并网逆变器工作时表现为一个电流源，以接近单位功率因数向电网输送电能，并具有多种功能。独立逆变器工作时表现为一个电压源，逆变器的负载决定了输出电压和负载电流之间的相位差。

图 8.1 中有一条分界线，定义为公共耦合点(point of common coupling，PCC)，该术语自 IEEE 519 标准发布以来得到了广泛应用。在《电力系统谐波控制推荐规程和要求》中定义它为"电气系统中电源和负载的接口"。大多数电能质量的专业人员最初都认为 PCC 是

在配电变压器上,这对于公共电网来说是有利的,因为电网并不希望所接用户产生的谐波电流超过限定值。但是也有其他的可能,例如,如果配电设备有备用的发电机组或相似的电源,当转换开关断开常规的供电电源而与备用电源相连时,连接这个电源的接口就成为PCC。此外,如果一个电气系统的设备可以细分为多个部分,每一部分都可以由所安装的变压器作为独立导出的交流系统,那么在每个变压器上就存在一个PCC,组成PCC的子集。

馈线也会对前面提到的电能质量问题有影响,因为馈线阻抗是关于其长度的函数,会随着长度的增加而增加。因此,相比于存在PCC的馈线上游端,为非线性负载供电的配电板在其母线处的电压波形会出现更大的畸变。PCC很重要,因为它是非线性负载畸变电流波形与电压相互作用而影响电压波形畸变的作用点。然后这个畸变电压会通过母线或馈线,传播给所有下游供电负载。

8.2 恒 流 控 制

在并网模式下,通常将逆变器设计为恒流输出,以便与电压源的公共电网连接。恒流控制通常采用参考坐标变换,将三相静止坐标系转换为两相参考坐标系(abc/dq),通过锁相环合成单位矢量来实现。参考坐标系(图 8.2)随电网同步旋转。式(8.1)描述了电网的动态特性,可以用于反馈控制。典型PI控制器的输出产生参考坐标轴上的电压增量,即每个轴上的电压变化量Δe_d和Δe_q。图 8.3 中是电流控制PWM逆变器的控制框图,其中输出电压经过变换建立PWM控制器的参考信号,用来控制由功率开关器件构成逆变器的门级脉冲。另外,还需要锁相环来合成单位向量,即实现与公共电网同步的单位正弦波和余弦波。

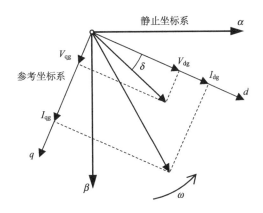

图 8.2 两相静止坐标系和参考坐标系中的电网变量

$$L\frac{\mathrm{d}}{\mathrm{d}t}\begin{bmatrix} i_\mathrm{d} \\ i_\mathrm{q} \end{bmatrix} = \begin{bmatrix} R & -\omega L \\ \omega L & R \end{bmatrix}\begin{bmatrix} i_\mathrm{d} \\ i_\mathrm{q} \end{bmatrix} + \begin{bmatrix} \Delta e_\mathrm{d} \\ \Delta e_\mathrm{q} \end{bmatrix} \tag{8.1}$$

在式(8.1)中,变量i_d和i_q是d轴和q轴的电流分量,而Δe_d和Δe_q是PCC与逆变器输出电压d轴和q轴分量瞬时的电压差。

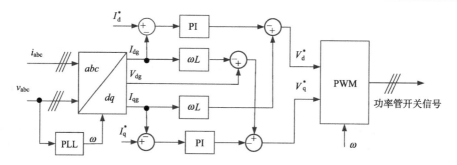

图 8.3　采用 PLL 与电网同步，d-q 解耦参考坐标系下 PWM 逆变器的电流控制

8.3　恒 P-Q 控制

1983 年，Akagi 提出了三相电路的广义瞬时无功功率理论 (P-Q 理论)[9]，1991 年 Ohnishi 将其首次应用于控制并网逆变器[10]。式 (8.2) 和式 (8.3) 给出了理想条件下功率变量 p 和 q 的计算式。

$$p = \frac{3}{2}\left(v_{\text{ds}}i_{\text{ds}} + v_{\text{qs}}i_{\text{qs}}\right) \tag{8.2}$$

$$q = \frac{3}{2}\left(v_{\text{qs}}i_{\text{ds}} - v_{\text{ds}}i_{\text{qs}}\right) \tag{8.3}$$

基于瞬时功率的控制器具有以下优点：(i) 功率的计算不会随任何坐标变换而改变；(ii) 与能量受限源直接相关，如光伏阵列和风能；(iii) 能够与公共电网保持瞬时的功率平衡。图 8.4 所示是恒 P-Q 控制的实现框图，其中有功功率控制器的输出是 d 轴参考电流，它与瞬时的电网电流 d 轴分量相比较；而无功功率控制器的输出是 q 轴的参考电流值，它与瞬时的电网电流 q 轴分量相比较。因此，恒 P-Q 控制位于电流环控制的外环。

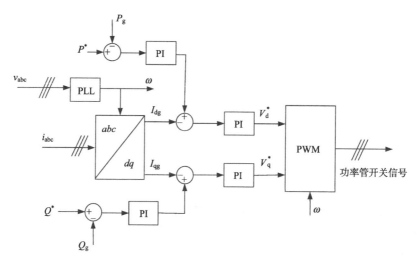

图 8.4　恒 P-Q 控制技术

基于 Akagi 瞬时功率理论 P-Q 控制技术的主要缺点是式 (8.3) 中的物理量 q 只考虑了对称、平衡、不畸变三相系统中的无功功率，对于畸变的三相系统，该式并不适用。通常，至少三次谐波引起的畸变现象在电力分配中是很常见的。对于含有零序分量或畸变的其他情况，此时的无功功率项称为 "imaginary power"，而不是 "reactive power"。另外，Akagi 的理论也只对三相系统有效。从目前的文献来看，如果将 Akagi 的理论应用于单相系统，需要进行一些近似处理。因此，使用 Akagi 的理论既不能够很好地解决单相系统问题，也不能够很好地解决瞬时无功功率的管理问题。然而，当控制器一直保持使 $q = 0$ 时，它能够使平衡的三相系统实现良好的单位功率因数运行。

8.4 恒 $P\text{-}V$ 控制

并网逆变器可以在 PCC 处采用电压控制技术。这种方法与之前的方法有些不同，电压反馈用来调整系统所需的无功功率值 (或 q 轴电压)，如图 8.5 所示。这种方法虽然看起来简单，但也面临着挑战，例如，PCC 和逆变器之间存在阻抗，该阻抗通常是感性阻抗，PCC 处的电压必须跟随公共电网的瞬时电压，这样会影响到反馈控制环的稳定性。对于需要以电压形式并网的逆变器来说，$P\text{-}V$ 控制方法是最适合的，但是难以采用数学分析定义稳定的运行范围，并且为了实现有功功率和电网电压的分级控制也需要进行大量的实时仿真及实验。

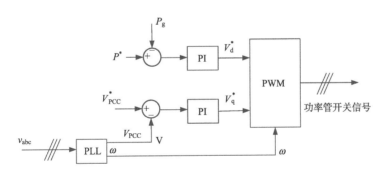

图 8.5 恒 $P\text{-}V$ 控制技术

8.5 IEEE 1547 标准和相关控制

以电力电子装置为基础的分布式发电系统在控制算法作用下并网 (或孤岛) 运行时需要遵循 IEEE 1547 系列标准[11]。控制功能必须考虑各种输入参数，如电网侧和电力电子装置侧的频率、相位以及 dq 轴电压。控制算法必须将这些输入量与 IEEE 1547 推荐值相比较，产生合适的信号在关键时刻使基于电力电子装置的分布式发电系统脱离电网或重新接入电网运行。一个智能的逆变器除了提供主要功能外还必须考虑提供至少一项辅助功能，否则，它就只能是一个 "常规逆变器"[11, 12]。

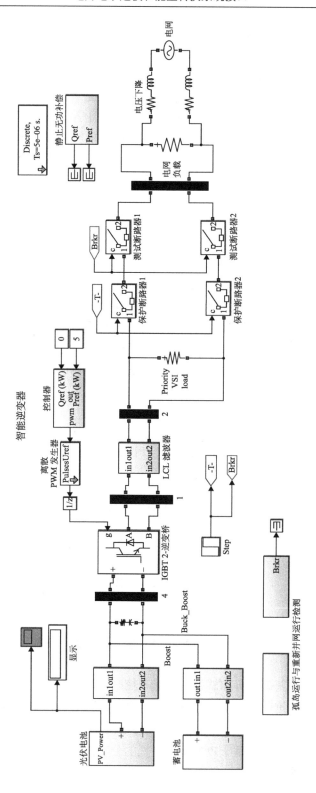

图 8.6 基于 Power Systems Toolbox 的并网光伏系统 Simulink 模型

一个电压型逆变器若要被定义为多功能逆变器，必须具有以下功能：(i)能够为本地负载提供电能；(ii)能够为其他的电网负载供电，总能量可以达到逆变器的额定容量；(iii)为电网 PCC 处提供电压支持；(iv)控制本地的铅酸蓄电池组或其他类型的储能装置储存能量；(v)通过高级计量设备从公共电网获取近似实时的电力信息，为用户提供控制选择。智能逆变器的功能超过了现有的将分布式发电系统与电网互联的国家技术标准——IEEE 1547 标准所推荐的功能[11]。此外，如果未能获得本地电网电力公司的授权，也不应当在 PCC 处使用无功功率补偿来提供电压支持。传统配电系统中的电压支持和电压降落校正是使用电网电容器组来实现的。但是随着智能逆变器的出现，用户能够自己调节 PCC 处的电压，特别是如果设备就在他们自己的微电网中。作者并没有深入地探究这种电压控制带来的所有安全问题。对于这种电压控制，必须保持与当地电网的实时通信和交流。如果采用高级计量设备能够从本地电力公司得到实时电价，那么逆变器的控制算法就可以确定出一种最优的运行模式，设计者就可以使逆变器实现：(i)规划本地负载；(ii)确定是将电能在当地储存起来还是将能量送入公共电网出售。如图 8.6 所示，为一种智能逆变器的仿真模型。

连接能源和电网的智能逆变器必须具有如下功能：(i)为本地负载提供有功和无功功率；(ii)为电网负载提供达到自身额定容量的有功和无功功率；(iii)在电压突降时可以选择控制 PCC 处的电压；(iv)根据实时电价信息进行决策的能力。基于这些功能，逆变器的运行受特定的规则管理，这样就决定了运行的模式。为了展示逆变器的性能，在 Simulink 实现电路中，将逆变器的状态从并网运行切换为独立运行模式。图 8.7 显示电网侧的电压和电流波形反相，对应于逆变器正在以单位功率因数提供有功功率。电压和电流的标幺值都为 1。图 8.8 显示了逆变器处于独立运行时，孤岛条件下逆变器侧的电压和电流波形。

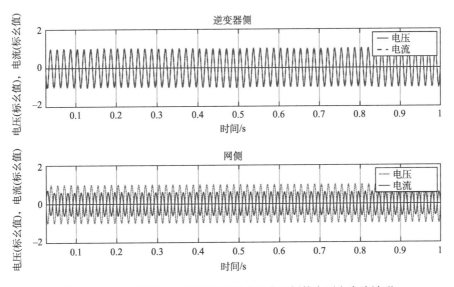

图 8.7 有功功率注入时并网运行模式下电网侧的电压和电流波形

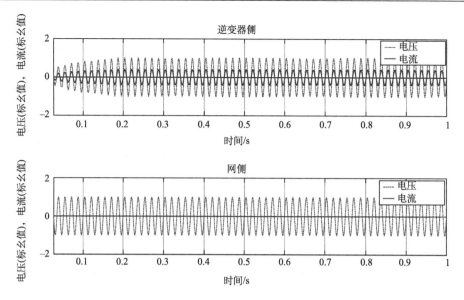

图 8.8　独立运行模式时孤岛条件下逆变器侧的电压和电流波形

8.6　静止坐标系下的比例谐振控制

还有一种控制方式是通过静止参考坐标系来实现的，如图 8.9 所示[13]。在这种控制结构中，通过 $abc \to \alpha\beta$ 变换(Clarke 变换)将电网电流转换到两相静止参考坐标系下。对于并网逆变器系统的电流控制来说，有一种非常流行的控制器称为比例谐振控制器，即 PR 控制器，其中设定点的变量都是正弦的[14, 15]。这种控制器在谐振频率(等于电网频率)附近可以获得很高的增益，使得输出呈现正弦特性，并消除被控信号和参考信号之间的静态误差[16]。这种类型的控制器是从重复控制技术发展而来的[17]。

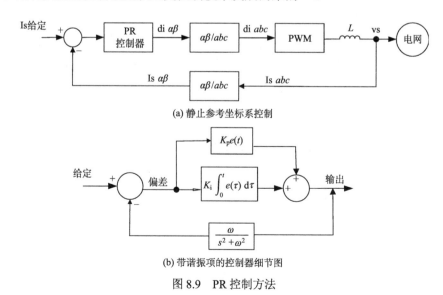

图 8.9　PR 控制方法

PR 控制器在变频运行的系统中表现不佳，例如，电机拖动系统或当公共电网系统是弱电网的情况。然而，对于典型现代电网中小的频率变化(<0.5Hz)，PR 控制器能够很好地跟踪。这种控制器的优点之一在于不需要锁相环(PLL)，也不需要从静止坐标系到参考旋转坐标系转换中的三角函数变换。

带谐振项的控制器可以如图 8.10 所示的方式实现。除了可以应用于三相逆变器，这种控制方法还可以计算单相逆变器的参考电流[18, 19]。一种典型单相逆变器控制的近似方案是将单相电压作为 α 分量，而将该信号滞后 90° 作为 β 分量。α 分量控制器的输出应该作为单相输出量作用于正弦脉宽调制(SPWM)单元。这种方法不需要任何坐标变换矩阵，所以很容易实现。就像它应用于三相系统时那样，当参考电流的幅值恒定时，旋转坐标系会产生一个幅值恒定的旋转矢量。然而，当处于暂态条件下时，该方法也许并不能达到最优，因为 90° 的相移仅仅在稳态条件下有效。

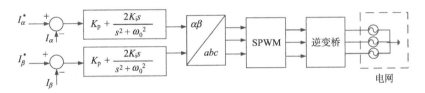

图 8.10　s 域中基于 $\alpha\beta$ 静止坐标系的并网逆变器的 PR 控制

8.7　实现电网同步的锁相环

锁相环(PLL)通常在各种信号应用领域使用，如无线电通信、电机控制以及信号处理等。在过去的几年里，锁相环在电力电子技术应用领域越来越重要，它可以实现与公共电网同步。PLL 技术可以适用于从几赫兹到千兆赫兹量级的范围。要实现相位跟踪主要有三种类型的 PLL 系统：(i) 零穿越 PLL；(ii) 以静止参考坐标系为基础的 PLL；(iii) 同步参考坐标系(SRF)为基础的 PLL[20]。SRF-PLL 系统在畸变非理想的电网电压条件下有着良好的性能，而且它既能够用于三相系统，也能够用于单相系统[21]。

一个基本的锁相环结构如图 8.11 所示，相电压信号 v_{gA}、v_{gB} 和 v_{gC} 由相电压采样获得。根据电网电压的角频率，采用 $\alpha\beta$ 或 dq 变换矩阵将这些三相静止坐标系的电压转换为两相静止坐标系的电压 v_α 和 v_β，或者同步旋转坐标系下的电压 V_d 和 V_q。

坐标变换中使用的 θ^* 是通过将频率信号 ω^* 积分计算得到的，计算时需要将角度初值重置作为积分器的初始状态。如果频率控制量 ω^* 等于电网电压频率，则 V_d 和 V_q 就表现为取决于角度 θ^* 的直流量[21]。

应用 $\alpha\beta$ 变换或 Clarke 变换可以用一个两相系统 V_α 和 V_β 来表示一个三相系统 v_{gA}、v_{gB} 和 v_{gC}。这样在 $\alpha\beta$ 坐标系下的控制就可以将控制环的数量由三个减为两个。但是，在 $\alpha\beta$ 坐标系下，给定参考信号和反馈信号都是关于时间的正弦函数。因此，为了获得令人满意的性能并使得幅值及相位上的稳态误差较小，控制器的设计就变得非常重要。基于 dq 坐标系的控制器可以使稳态条件下的信号呈现直流波形，而在暂态时为指数波形。因此，对于基于 dq 坐标系的控制器，就可以采用结构更简单，动态阶数更低的补偿器，如常规的 PI 控制器。

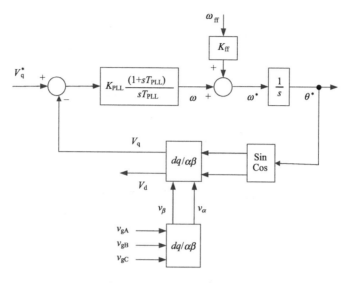

图 8.11　采用 dq-$\alpha\beta$ 变换的 PLL

　　PLL 中的前馈参考信号 $(\omega_{\text{ff}} = 2\pi f_{\text{g}})$ 是为了提高初始的动态性能。频率 f_{g} 是电网的标称频率，加入 ω_{ff} 可以改善 PLL 系统的启动时间[21-23]。就供电频率而言，公共电网通常是一个刚性(强电)系统，根据电网潮流采用的下垂控制会有很小的变化，但是对于配电网络来说，这些变化通常可以忽略。如果供电频率有偏移，就会造成相角误差增加，PI 调节器工作自然就会将误差降为 0。对于频率波动的反应完全可以通过 PLL 系统的闭环响应来预测。通过增益 K_{ff} 施加的前馈项 ω_{ff} 提高控制器的性能。如果微网供电频率发生改变，例如，有独立的柴油发电机，那么相角 θ 就会产生跟踪误差(只要频率改变)。如果频率的变化是可以预测的，则可以通过前馈项消除跟踪误差。可以先在仿真中进行一些微调，然后在实际的应用中调整。如果频率的变化是不可预测的，可以在 PI 调节器中附加积分项，类似于抗饱和 PI 控制器。

8.8　实验：并网/独立逆变器的仿真

　　实验的目的是为电力电子接口设计控制器，该接口包括用于光伏发电的一个 Boost 型 DC/DC 变换器和一个并网逆变器。Boost 变换器的输入电压是 80V，输出电压是 380V。功率变换器使用典型III型控制器。利用 PSIM 和 MATLAB 软件进行仿真来评估理论分析的结果。为了给控制器选择合适的参数值，使用人工设计方法为控制器的各元器件选择合适的数值。而且，并网逆变器的控制器设计采用 Clarke 变换和 Park 变换(dq 理论)定义控制信号。这种设计方法的优势在于常规的 PI 控制器工作良好，容易理解，且可采用经典控制方法来设计。

并网逆变器必须能够识别电网故障或电网停电情况，并将其控制模式由电流控制器改变为电压控制器。表 8.1 列出了逆变器的参数，直流母线电压为 380V，输出交流电压 120V(有效值)。逆变器经 LCL 滤波器与电网连接。滤波器必须经过合理的设计[24,25]。

表 8.1　逆变器参数表

参数	数值	参数	数值
输入直流电压 V_{DC}	380V	LCL 的电容 C	100μF
输出交流电压 V_{OUT}	120V_{rms}	开关频率 f_{sw}	15kHz
LCL 的电感 L	1mH	电网频率 f_G	60Hz

并网逆变器的控制，尤其是当应用于微网时，包含许多挑战性的问题。为了使微网在不同的运行模式和运行模式转换过程中能够正常运行，需要制定良好的电能管理策略，包括有功功率和无功功率控制、频率和电压的调节、同步技术以及负载需求匹配等。

该实验项目主要涉及并网运行模式下的潮流控制。在并网运行模式下，分布式发电单元的主要功能是在 PCC 处传送有功和无功功率。有功功率的参考值来自更高一级的能量管理控制器。在受限能源的情况下，如风力发电机或光伏阵列，控制器的设计应该与最大功率点跟踪(maximum power point tracking，MPPT)控制器相协调。无功功率的参考值可保持为 0 值，以实现单位功率因数运行，这也是大多数商用逆变器采用的运行模式。无功功率的参考值还可以根据电网无功功率或电压的需求来控制(或者采用下垂控制，或者与当地的电力公司协调)。

虽然本实验使用的逆变器控制方法是基于 dq 理论(Clarke 变换和 Park 变换)的，但还有其他方法可以实现高性能的控制。我们鼓励有兴趣的读者进行深入研究，尝试其他可能的方法。三相交流电压和电流可以经过变换矩阵转化为两个直流变量，PI 控制器可以用来给逆变器输送 PWM 指令。因此，整个实现过程可以改造为基于 DSP 或单片机的硬件实现。

坐标变换矩阵分别为

$$\begin{bmatrix} X_\alpha \\ X_\beta \\ X_0 \end{bmatrix} = \frac{2}{3} \begin{bmatrix} 1 & -\dfrac{1}{2} & -\dfrac{1}{2} \\ 0 & -\dfrac{\sqrt{3}}{2} & \dfrac{\sqrt{3}}{2} \\ \dfrac{1}{2} & \dfrac{1}{2} & \dfrac{1}{2} \end{bmatrix} \times \begin{bmatrix} X_a \\ X_b \\ X_c \end{bmatrix} \tag{8.4}$$

$$\begin{bmatrix} X_d \\ X_q \\ X_0 \end{bmatrix} = \begin{bmatrix} \cos\theta & \sin\theta & 0 \\ -\sin\theta & \cos\theta & 0 \\ 0 & 0 & 1 \end{bmatrix} \times \begin{bmatrix} X_\alpha \\ X_\beta \\ X_0 \end{bmatrix} \tag{8.5}$$

分布式发电系统产生的有功功率和无功功率的控制可以通过电流或电压控制来实现，具体模型如图 8.12 所示，描述为式(8.2)～式(8.5)。

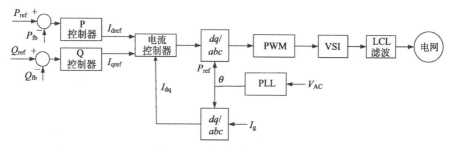

图 8.12　并网逆变器的控制

　　本章之前讨论过，有功功率和无功功率参考设定值（P_{ref} 和 Q_{ref}）由可再生能源的 MPPT 控制来决定，或者由能量管理监督层来决定。简化的电流控制环如图 8.13 所示。

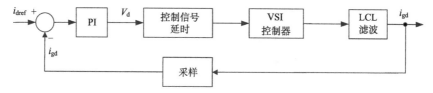

图 8.13　简化的电流控制环

　　d 轴和 *q* 轴的控制环具有相似的动力学特性，例如，调整好的 *d* 轴电流控制器（PI）的增益和参数值可以直接用于 *q* 轴的 PI 控制器。系统的传递函数由式（8.6）～式（8.10）描述。*dq* 坐标系下电流控制器（PI）的输出必须经过坐标变换转换为 *abc* 坐标系下的三相电压，然后才能经过 SPWM 来控制并网逆变器。读者可以研究如何用空间矢量调制来代替 SPWM。图 8.14 显示了 SPWM 电压型逆变器的整体模型。图 8.15 和图 8.16 显示了 PSIM 环境下的 Boost 变换器及其控制器。图 8.17 显示了整个并网逆变器系统的 PSIM 模型。

$$G_{PI}(s) = K_P + \frac{K_i}{s} \tag{8.6}$$

$$G_{control}(s) = \frac{1}{1 + sT_s} \tag{8.7}$$

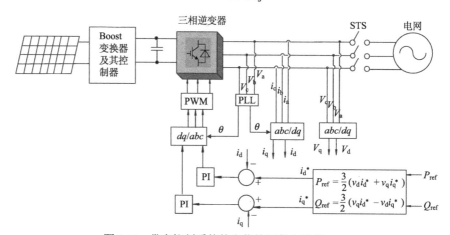

图 8.14　带有控制系统的光伏并网发电系统

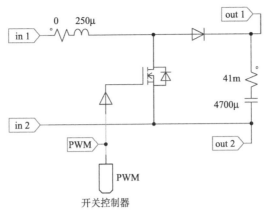

图 8.15 Boost 变换器的 PSIM 模型

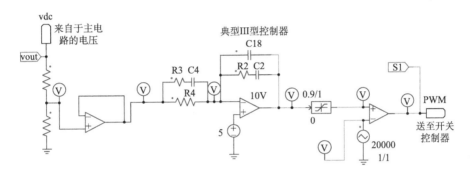

图 8.16 Boost 变换器典型Ⅲ型控制器的 PSIM 模型

$$G_{\text{sampling}}(s) = \frac{1}{1 + 0.5 s T_{\text{s}}} \tag{8.8}$$

$$G_{\text{inverter}}(s) = \frac{1}{1 + 0.5 s T_{\text{sw}}} \tag{8.9}$$

$$G_{\text{cl}}(s) = G_{\text{PI}} \cdot G_{\text{control}} \cdot G_{\text{inverter}} \cdot G_{\text{filter}} \cdot G_{\text{sampling}} \tag{8.10}$$

图 8.18 显示的电压 V_1、V_2 和 V_3 是并网模式下的控制信号，而电压 V_4、V_5 和 V_6 是孤岛模式下的控制信号。多路信号选择器可以在并网模式下选择 V_1、V_2、V_3，也可以在孤岛模式下选择 V_4、V_5、V_6，选择哪组取决于系统的模式，然后系统将其中一组应用于逆变器。图 8.19 显示了控制调制信号的正弦脉宽调制器 PSIM 模型。

　　仿真结果绘于图 8.20～图 8.24 中。初始有功功率的参考值为 2kW，无功功率的参考值为 1kvar。当 $t = 0.5$s 时，有功功率和无功功率的参考值分别改变为 3kW 和 1.5kvar。开始的时候，逆变器处于并网运行模式，所以逆变器的主要目的是控制电流及向电网输送有功功率和无功功率。图 8.20 和图 8.21 分别显示了有功功率和无功功率的参考值和实际值。

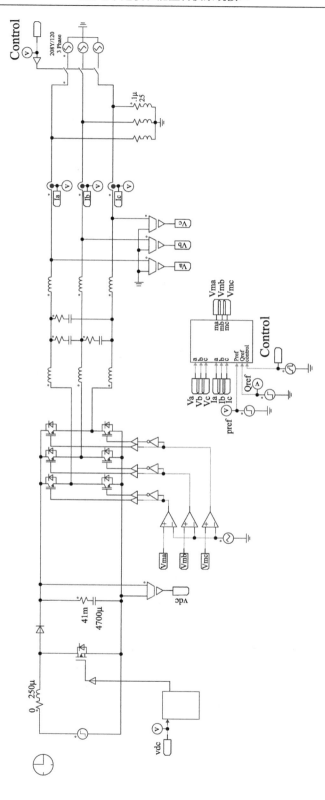

图 8.17 光伏并网系统的 PSIM 模型

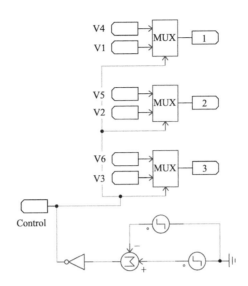

图 8.18 用于并网模式与孤岛模式转换的多路控制器电路的 PSIM 模型

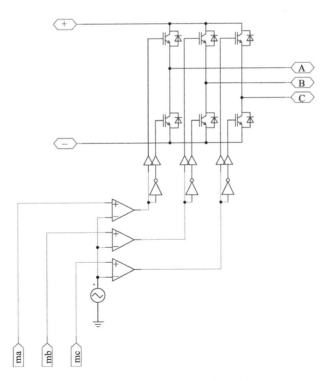

图 8.19 正弦脉宽调制器的 PSIM 模型和调制信号

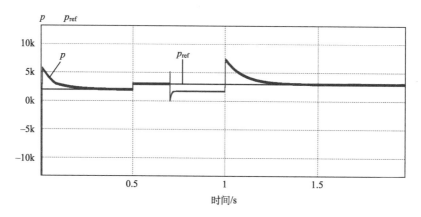

图 8.20　有功功率的参考值和实际值

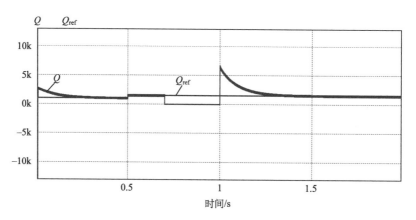

图 8.21　无功功率的参考值和实际值

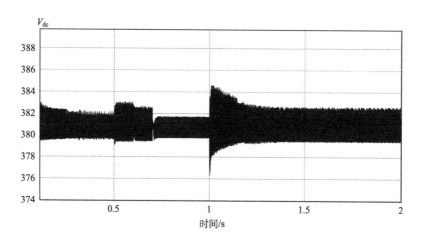

图 8.22　直流母线电压波形

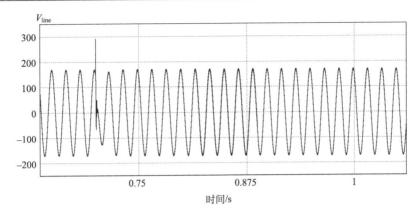

图 8.23　PCC 处的电压波形

为了显示 Boost 变换器对直流母线电压的良好控制性能，将输入电压在 $t = 0.6s$ 时，从 95V 变为 80V。图 8.22 显示的正是直流母线的电压波形，从图中可以清楚地看到，随着输入电压的变化，波形相当稳定。

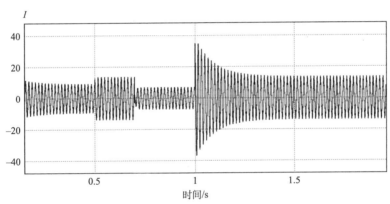

(a) 较长时间段内逆变器的输出电流波形

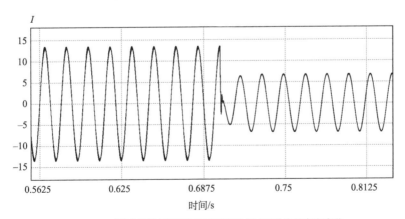

(b) $t = 0.7s$ 时逆变器从并网运行切换到孤岛模式时输出的电流波形

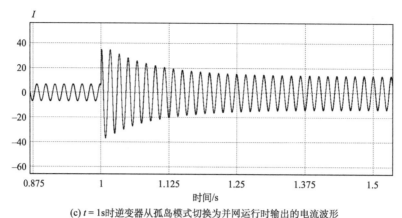

(c) $t = 1$s时逆变器从孤岛模式切换为并网运行时输出的电流波形

图 8.24　并网和不并网时逆变器的电流响应

在 $t = 0.7$s 到 $t = 1$s 的时间里，逆变器切换为孤岛模式，由于这种模式下控制器的主要目的是控制 PCC 处的电压，所以逆变器在这段时间并不对有功功率和无功功率进行控制，如图 8.20 和图 8.21 所示。图 8.23 显示的是 PCC 处的电压，如图所示，PCC 的电压与主电网有着相同的幅值和频率。图 8.24 显示了逆变器的输出电流。在 $t = 1$s 时，逆变器恢复并网运行模式，而逆变器也从电压控制模式切换为电流控制模式。

8.9　思　考　题

1. 研究如何在光伏发电系统中实现最大功率跟踪控制。为光伏并网逆变器设计一个控制器，能够进行最大功率点跟踪。在 PSIM 的简化 C 模块中编写最大功率跟踪算法。

2. 在 Simulink 中进行相同的光伏并网逆变器的最大功率跟踪控制设计。在 MATLAB 调用函数中编写最大功率跟踪算法。

3. 研究如何在风力发电系统中实现最大功率跟踪控制。为风力发电并网逆变器设计一个控制器，能够实现最大功率点跟踪。在 PSIM 的简化 C 模块中编写最大功率跟踪算法。

4. 在 Simulink 中进行相同的风力发电并网逆变器的最大功率跟踪控制设计。在 MATLAB 调用函数中编写最大功率跟踪算法。

5. 研究与电网同步的锁相环技术。设计一个锁相环，使它能够在三相公用电网电压不平衡的情况下跟踪正序和负序电压。

6. 研究如何实现单相逆变器。分别在 PSIM 和 MATLAB 中进行设计，并对方法进行比较。

7. 对于并网逆变器来说，LCL 滤波器非常重要。请设计 LCL 滤波器，并把它应用于以上的实验中。

8. 研究在监测到电网电压中的扰动或检测到电网断电时，如何控制逆变器从并网控制模式自动转换为孤岛运行模式。系统在转换过程中应始终能够维持给一些本地负荷供电，并应该按照 IEEE 1547 标准和 IEEE 519 标准运行。

9. 研究三相逆变器如何采用下列方法使谐波最小化：(i) 反馈连接；(ii) 前馈连接；

(iii)无源滤波；(iv)有源滤波。分别在 PSIM 和 MATLAB/Simulink 中仿真实现。

<h1 style="text-align:center">参 考 文 献</h1>

[1] YANG, Y., BLAABJERG, F., WANG, H. and SIMÕES, M.G., "Power control flexibilities for grid-connected multi-functional photovoltaic inverters", in Proceedings of the 4th International Workshop on Integration of Solar Power into Power Systems, Berlin, IET, pp. 233-239, November 10-11, 2014.

[2] MAKNOUNINEJAD, A., SIMÕES, M.G. and ZOLOT, M., "Single phase and three phase P+Resonant based grid connected inverters with reactive power and harmonic compensation capabilities", IEEE International Electric Machines and Drives Conference, 2009. IEMDC '09, Miami, IEEE, pp. 385-391, May 3-6, 2009.

[3] CHAKRABORTY, S., SIMÕES, M.G. and KRAMER, W., Power Electronics for Renewable and Distributed Energy Systems: A Sourcebook of Topologies, Control and Integration, Springer-Verlag, New York, ISBN-10: 1447151038, ISBN-13: 978-1447151036 (Citations - GoS: 3), 2013.

[4] BROD, D.M. and NOVOTNY, D.W., "Current control of VSI-PWM inverters", IEEE Transactions on Industry Applications, vol. IA-21, pp. 562-570, 1985.

[5] HABETLER, T.G., "A space vector-based rectifier regulator for ac/dc/ac converters", IEEE Transactions on Power Electronics, vol. 8, pp. 30-36, 1993.

[6] VAN DER BROECK, H.W., SKUDELNY, H.C. and STANKE, G., "Analysis and realization of a pulse width modulator based on space vector theory", IEEE Transactions on Industry Applications, vol. IA-24, pp. 142-150, 1988.

[7] CARNIELETTO, R., BRANDÃO, D.I., SURYANARAYANAN, S., FARRET, F.A. and SIMÕES, M.G., "Smart grid initiative", IEEE Industry Applications Magazine, vol. 17, no. 5, pp. 27-35, 10.1109/MIAS. 2010.939651, September/October 2011.

[8] SUKEGAWA, T., KAMIYAMA, K., TAKAHASHI, J., IKIMI, T. and MATSUTAKE, M., "A multiple PWM GTO line-side converter for unity power factor and reduced harmonics", IEEE Transactions on Industry Applications, vol. 28, no. 6, pp. 1302-1308, 10.1109/28.175281, 1992.

[9] AKAGI, H., KANAZAWA, Y., FUJITA, K. and NABAE, A., "Generalized theory of instantaneous reactive power and its application", Electrical Engineering in Japan, vol. 103, pp. 58-66, 10.1002/eej.4391030409, 1983.

[10] OHNISHI, T., "Three-phase PWM converter/inverter by means of instantaneous active and reactive power control", Proceedings. IECON'91, 1991 International Conference on Industrial Electronics, Control and Instrumentation, Kobe, IEEE, pp. 819-824, vol. 1, October 28 to November 1, 1991, doi:10.1109/IECON. 1991.239183.

[11] IEEE Standards Coordinating Committee 21 on Fuel Cells, Photovoltaics, Dispersed Generation, and Energy Storage, Institute of Electrical and Electronics Engineers, IEEE-SA Standards Board, IEEE Guide for Conducting Distribution Impact Studies for Distributed Resource Interconnection, Institute of Electrical and Electronics Engineers, New York, IEEE Std 1547.7-2013, doi:10.1109/IEEESTD.2014.6748837, pp. 1-137, 2014.

[12] Inverters, Converters, Controllers and Interconnection System Equipment for Use with Distributed Energy Resources UL1741. Underwriters Laboratory (UL).

[13] YAZDANI, A. and IRAVANI, R., Voltage-Sourced Converters in Power Systems: Modeling, Control, and Applications, John Wiley & Sons, Inc., New York, ISBN:978-0-470- 52156-4, 2010.

[14] SHEN, G., ZHU, X., CHEN, M. and XU, D., "A new current feedback PR control strategy for grid-connected VSI with an LCL filter", Twenty-Fourth Annual IEEE Applied Power Electronics Conference and Exposition (APEC), Washington, DC, IEEE, pp. 1564-1569, February 15-19, 2009.

[15] FUKUDA, S. and YODA, T., "A novel current-tracking method for active filters based on a sinusoidal internal model for PWM inverters", IEEE Transactions on Industry Applications, vol. 37, no. 3, pp. 888-895, 2001.

[16] DASH, A.R., BABU, B.C., MOHANTY, K.B. and DUBEY, R., "Analysis of PI and PR controllers for distributed power generation system under unbalanced grid faults", International Conference on Power and Energy Systems, Chennai, IEEE, pp. 1-6, December 22-24, 2011.

[17] CUIYAN, L., DONGCHUN, Z. and XIANYI, Z., "A survey of repetitive control", Proceedings of 2004 IEEE/RSJ International Conference on Intelligent Robots and Systems (IROS 2004), IEEE, pp. 1160-1166, vol. 2, doi:10.1109/IROS.2004.1389553, September 28 to October 2, 2004.

[18] ROSHAN, A., A DQ rotating frame controller for single-phase full-bridge inverter used in small distributed generation systems, Master Thesis, Virginia Polytechnic Institute, 2006.

[19] TEODORESCU, R., BLAABJERG, F., LISERRE, M. and LOH, P.C., "Proportional-resonant controllers and filters for grid-connected voltage-source converters", IEE Proceedings Electric Power Applications, vol. 153, no. 5, pp. 750-762, September 2006.

[20] TEODORESCU, R., LISERRE, M. and RODRIGUEZ, P., Grid Converters for Photovoltaic and Wind Power Systems, John Wiley & Sons, Ltd, Chichester, 2011, pp. 416.

[21] MEERSMAN, B., DE KOONING, J., VANDOORN, T., DEGROOTE, L., RENDERS, B. and VANDEVELDE, L., "Overview of PLL methods for distributed generation units", Proceedings of the 45th International Universities Power Engineering Conference(UPEC), Cardiff, IEEE, pp. 1-6, August 31 to September 3, 2010.

[22] KAURA, V. and BLASKO, V., "Operation of a phase locked loop system under distorted utility conditions", IEEE Transactions on Industry Applications, vol. 33, no. 1, pp. 58-63, 1997.

[23] MARAFÃO, F.P., DECKMANN, S.M., POMILIO, J.A. and MACHADO, R.Q., "A software-based PLL model: analysis and applications," In Brazilian Automatic Conference(CBA), Brazilian Automatic Society (SBA—Sociedade Brasileira de Automação), Convention Center of Gramado, Rio Grande do Sul, Brazil, September 21-24, 2004.

[24] LISERRE, M., BLAABJERG, F. and HANSEN, S., "Design and control of an LCL-filter-based three-phase active rectifier", IEEE Transactions on Industry Applications, vol. 41, no. 5, pp. 1281-1291, 10.1109/TIA. 2005.853373, 2005.

[25] REZNIK, A., SIMÕES, M.G., AL-DURRA, A. and MUYEEN, S.M., "LCL filter design and performance analysis for grid interconnected systems", IEEE Transaction on Industry Applications, vol. 50, no. 2, pp. 1225-1232, 10.1109/TIA.2013.2274612, March-April 2014.

补充阅读材料

DUARTE, J.L., VAN ZWAM, A., WIJNANDS, C. and VANDENPUT, A., "Reference frames fit for controlling PWM rectifiers", IEEE Transactions on Industrial Electronics, vol. 46, no. 3, pp. 628-630, 10.1109/41. 767071, 1999.

HARIRCHI, F., SIMÕES, M.G., AL-DURRA, A. and MUYEEN, S.M., "Short transient recovery of low voltage grid tied DC distributed generation", IEEE Energy Conversion Congress and Exposition (ECCE), Montreal, QC, IEEE, September 20-24, 2015.

HARIRCHI, F., SIMÕES, M.G., BABAKMEHR, M., AL-DURRA, A. and MUYEEN, S.M., "Designing smart inverter with unified controller and smooth transition between grid-connected and islanding modes for microgrid application", IEEE Industry Applications Society Annual Meeting (IAS), Dallas, TX, IEEE, pp. 18-22, October 18-22, 2015.

KROPOSKI, B., PINK, C., DEBLASIO, R., THOMAS, H., SIMÕES, M.G. and SEN, P.K., "Benefits of power electronic interfaces for distributed energy systems", IEEE Transactions on Energy Conversion, vol. 25, no. 3, pp. 901-908. 10.1109/TEC.2010.2053975, 2010.

LINDGREN, M.B., "Feedforward-time efficient control of a voltage source converter connected to the grid by low-pass filters", Proceedings of the 26th Annual IEEE Power Electronics Specialists Conference, 1995. PESC '95 Record, Atlanta, IEEE, doi:10.1109/ PESC.1995.474942, June 18-22, 1995.

LUTE, C.D., SIMÕES, M.G., BRANDÃO, D.I., AL-DURRA, A. and MUYEEN, S.M., "Experimental evaluation of an interleaved Boost topology optimized for peak power tracking control", Proceedings of the 40th Annual Conference of the IEEE Industrial Electronics Society (IECON), Dallas, TX, IEEE, October 29 to November 1, 2014.

MALINOWSKI, M., KAZMIERKOWSKI, M.P. and TRZYNADLOWSKI, A.M., "A comparative study of control techniques for PWM rectifiers in AC adjustable speed drives", IEEE Transactions on Power Electronics, vol. 18, no. 6, pp. 1390-1396, 10.1109/ TPEL.2003.818871, 2003.

MAO, J.F., WU, G.Q., WU, A.H., ZHANG, X.D. and YANG, K., "Modeling and decoupling control of grid-connected voltage source inverter for wind energy applications", Advanced Materials Research, vol. 213, pp. 369-373, 10.4028/www.scientific.net/AMR.213.369, 2011.

MIRANDA, U.A., AREDES, M. and ROLIM, L.G.B., "A DQ synchronous reference frame current control for single-phase converters", IEEE Power Electronics Specialists Conference, vol. 2, no. Conf 36, pp. 1377-1381, 10.1109/PESC.2005.1581809, 2005.

YU, X.Y., CECATI, C., DILLON, T. and SIMÕES, M.G., "The new frontier of smart grids", IEEE Industrial Electronics Magazine, vol. 5, no. 3, pp. 49-63, 10.1109/MIE.2011.942176, November/December 2011.

9 可替代能源建模

9.1 可替代能源发电系统的电气建模

对小型发电系统进行详细的建模仿真是一种非常节约成本的解决方案，通常情况下，发电系统中的一些子系统可能存在兼容性问题，难以试验或者非常昂贵不易试验，如光伏（PV）电池板和燃料电池。学生、设计师或工程师应该掌握如何使用一些近似模型来描述这样的发电系统，以便研究其控制方法、运行原理和最佳的运行方式。此外，读者应了解在发生紧急情况时发电系统的现象，如低电压穿越、短路、待机，一般浪涌以及运行时接近系统极限的情况。

本章主要介绍和模拟最为常见的小型发电系统，如风力发电、光伏发电、燃料电池，以及与电池有关的原动机（最常见的存储电能的设备）等。对于本章中的仿真，作者考虑了现有文献著作中最著名的模型结构，所有这些模型都可以针对特定的应用进行修改，或拓展为更详细的功能以作为分布式发电的案例研究[1,2]。

9.2 光伏发电系统建模

著名的光伏电池单二极管电路模型如图 9.1 所示，下面是简要的数学描述[1,3]。

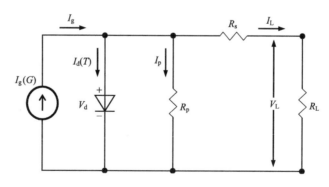

图 9.1　光伏电池的单二极管电路模型

基于图 9.1，电流 I_L 可以根据式（9.1）计算[1]：

$$I_L = \frac{R_p}{R_p + R_s + R_L}\left[I_g - I_s\left(e^{qV_L(1+R_s/R_L)/(kT)} - 1\right)\right] \tag{9.1}$$

图 9.2 显示了光伏电池单二极管的 PSIM 模型，其中的参数列于表 9.1 中。电路终端的负载电阻接有一个电压表、一个电流表和一个功率表，以便绘制其输出特性。虽然 PSIM 的仪表也能完成相同的任务，但是在这个图中，这些仪表是用函数模块建立的。图中的负载电

阻 R_L 设置为按照三角波规律逐渐变化，因此输出的电流和功率也会随之改变，输出的 *I-V* 特性和 *P-V* 特性曲线绘于图9.3。

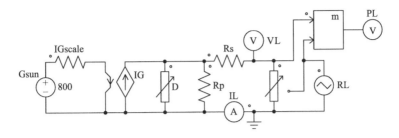

图 9.2　光伏电池单二极管 PSIM 模型

表 9.1　光伏电池的参数表

参数	数值	参数	数值
最大功率	2.86W	R_p	200Ω
开路电压	1.00V	R_L	5Ω
短路电流	4.00A	G	800W/m²
负载电压	0.78V	T	298.15K
负载电流	3.67A	I_s	$100×10^{-12}$A
R_s	0.03Ω	η	1.57

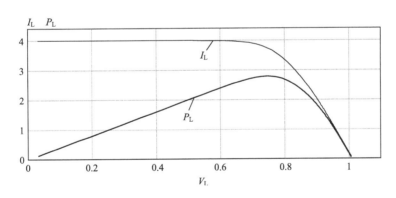

图 9.3　单个光伏电池的 *I-V* 特性曲线和 *P-V* 特性曲线

一个完整的光伏电池板由许多串联或并联的电池单元组成，以获得更高的电量值。输出电压可以根据用户的需要来控制，如果用户需要较低的电压时，例如，可以使用 Buck 变换器；如果用户需要较高的电压时，可以使用 Boost 变换器。图9.3中单个光伏电池的特性表现为电流源特性，表明它是一个典型的电流源。但是，当多个光伏电池单元串联时，串联电阻会有较大的增长，从而导致电流源特性出现明显的负斜率，这在所有的产品说明中都可以看到[1]。

9.3　感应发电机(IG)建模

图9.4给出了感应发电机一相的模型，电机可以作为发电机($n > n_s$)运行，也作为电动机($n < n_s$)运行，电机的参数列于表9.2。例如，如果电机是4极电机，那么同步转速n_s等于1800r/min($f = 60$Hz)。这个模型详细的数学描述见参考文献[1]。

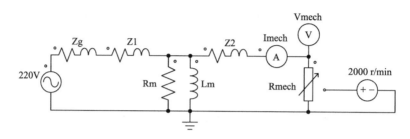

图9.4　与电网连接的感应发电机一相的模型

表9.2　自励感应发电机(SEIG)的参数

参数	数值	参数	数值
额定电压	220V	R_1	0.542Ω
额定电流	6A	L_1	1.14mH
转速	2000r/min	R_2	0.427Ω
磁极个数 p	4 极	L_2	1.4mH
R_g	10.53Ω	R_m	114Ω
L_g	57.4mH	L_m	127mH

图9.4 PSIM模型中的等效电阻R_{mech}含有转差率s，它作为与转速相关的非线性电阻可以定义为

$$R_{mech} = \frac{R_2(1-s)}{s} = \frac{R_2}{(n_s / n) - 1} \tag{9.2}$$

流过这个非线性元件的电流决定了变量的极性。

对于三相电机，通常只需要考虑每相的等效电路就足够了，因为制造者可以确保电机三相的平衡。因此，稳态性能(如功率因数、功率损耗以及一般性能)可以在一相模型的基础上建立。对于高级控制方法，建议读者研究参考文献[1]，文献中涵盖了感应发电机和电动机基于dq坐标系下的标量控制及矢量控制。图9.5所示是基于表9.2中参数确定的SEIG的仿真波形。从图中可以明显看到输出电压和电流的相位相反，这表明对于电源来说，此时电机运行于发电状态。

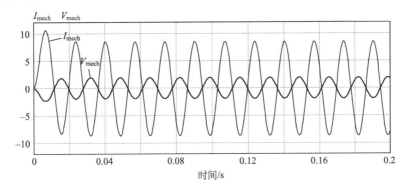

图 9.5   基于表 9.2 参数值的 SEIG 仿真结果

9.4   SEIG 风力发电系统建模

图 9.6 所示为一个基于 SEIG 的风力发电系统，其中的 SEIG 模型与风力涡轮机相连，它的参数列于表 9.2。在图 9.6 的模型中包含了一个 1nF 的电容，模拟感应发电机自励启动过程所必需的剩磁。关于这个模型的简要数学描述可以参见文献[1]。与光伏发电系统类似，感应发电机的输出电压可以通过 Buck 变换器调至较低的电平，也可以通过 Boost 变换器调至较高的电平。自励过程中输出电压的变化情况如图 9.7 所示。

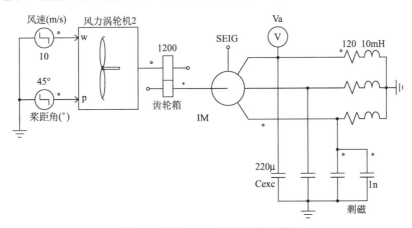

图 9.6   基于 SEIG 的风力发电系统

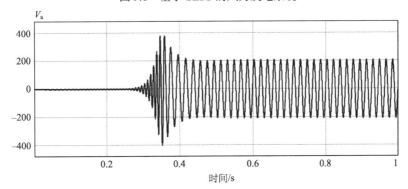

图 9.7   与风力涡轮机相连的 SEIG 的自励输出电压

9.5　DFIG 风力发电系统建模

图 9.8 显示了一个基于双馈感应发电机(DFIG)的风力发电系统，其中 DFIG 与风力涡轮机通过机械传动机构相连，DFIG 的参数列于表 9.3。关于这个模型的简要数学描述参见文献[1]。这个模型中与转子绕组相连的三相发电机可以用一个功率变换器来替代，这样易于通过调整参数在这种结构下获得几种不同的运行特性。

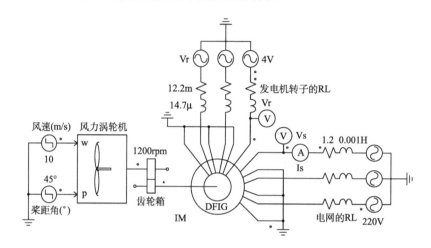

图 9.8　基于 DFIG 的风力发电系统

表 9.3　DFIG 的参数

参数	数值	参数	数值
额定电压	220V	L_{rotgen}	14.7mH
额定电流	4A	R_s	0.22Ω
转速	1200r/min	L_s	114mH
磁极个数 p	6 极	R_r	127mΩ
R_{grid}	1.2Ω	L_r	103mH
L_{grid}	1mH	R_m	127Ω
R_{rotgen}	12.2Ω	L_m	114mH

图 9.9 显示了风力发电系统的转子电压和定子电流响应。

9.6　PMSG 风力发电系统建模

图 9.10 显示了一个基于永磁同步发电机(PMSG)的风力发电系统，其中 PMSG 与风力涡轮机通过机械传动机构相连。关于这个模型的简要数学描述参见文献[1]。模型中除了风速乘积系数(齿轮箱减速比)，还有风速和叶片桨距角也都可以调整，以便使发出的电能和

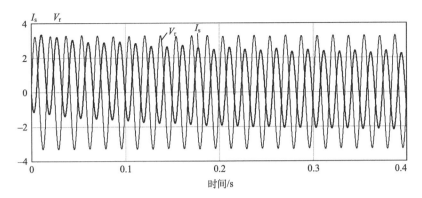

图 9.9　DFIG 风力发电系统的转子电压和定子电流波形

效率达到最好的结果或是能够满足特定的目的。仿真所需要的 PMSG 和负载的参数列于表 9.4，风力涡轮机的参数列于表 9.5。

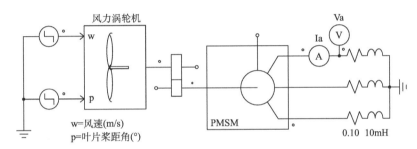

图 9.10　基于 PMSG 的风力发电系统

表 9.4　PMSG 的参数

参数	数值	参数	数值
额定电压	265V	R_s	4.3Ω
额定电流	5A	L_d	27mH
转速	1500r/min	L_q	67mH
磁极个数 p	4 极	V_{pk}/k_{rpm}	98.67
R_L	10Ω	轴时间常数	10s
L_L	100mH	转动惯量	0.00179kg·m²

表 9.5　风力涡轮机的参数

参数	数值	参数	数值
风速	7m/s	风力涡轮机标称功率	20kW
叶片桨距角	45°	转动惯量	8000kg·m²

图 9.11 显示了与风力涡轮机连接的 PMSG 启动过程中输出电压和电流。输出电压可以通过使用 Buck 变换器调至较低电平，也可以通过使用 Boost 变换器，调至较高电平。

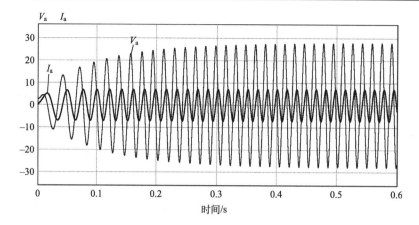

图9.11　接于风力涡轮机的 PMSG 的启动相输出电压和电流

9.7　燃料电池堆建模

图 9.12 显示了质子交换膜燃料电池(proton exchange membrane fuel cell，PEMFC) 的电化学模型等效电路，根据 KCL 和 KVL，可以列出方程式：

$$i_{fc} = i_a + i_c \tag{9.3}$$

$$E_{oc} - \frac{1}{C}\int i_c \mathrm{d}t - (R_r + R_L) \cdot i_{fc} = 0 \tag{9.4}$$

燃料电池等效电路模型中的活化极化电阻 R_{act}、浓差极化电阻 R_{con} 和欧姆电阻 R_r 都是非线性的。因此，求解方法应采用非线性方程组的数值方法。根据式(9.3)和式(9.4)以及初始参数集，可以在 PSIM 中建立如图 9.13 所示[4]的 PEMFC 电堆模型，实现 PEMFC 电堆的数学计算。

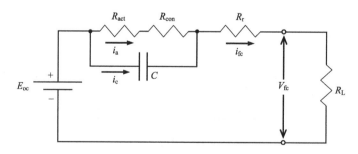

图 9.12　PEMFC 的电化学等效电路

为了确定包含活化极化电阻和浓差极化电阻的非线性电阻阻值，采用 Tafel 方程建立式(9.5)和式(9.6)：

$$R_a = R_{act} + R_{con} = \frac{v_{act} + v_{con}}{i_a} = \frac{v_c}{i_a} \tag{9.5}$$

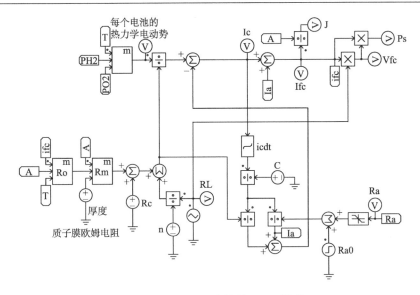

图 9.13 PEMFC 电堆的 PSIM 模型

$$i_a = \frac{v_c}{R_{act} + R_{con}} = \frac{1}{R_a C} \int i_c dt \tag{9.6}$$

结合式 (9.3)~式 (9.6)，可以得到

$$E_{oc} - \frac{1}{C}\int i_c dt - (R_r + R_L)\cdot\left(\frac{1}{R_a C}\int i_c dt + i_c\right) = 0 \tag{9.7}$$

将式 (9.7) 两端同除以 $R_r + R_L$，化简得到

$$\frac{E_{oc}}{(R_r + R_L)} - \left[\frac{1}{(R_r + R_L)C} + \frac{1}{R_a C}\right]\int i_c dt = i_c \tag{9.8}$$

分别定义活化极化电阻和浓差极化电阻为

$$R_{act} = \frac{v_{act}}{i_{act}} = \frac{A}{i_{act}}\cdot\ln\left(\frac{J}{J_0}\right) \tag{9.9}$$

$$R_{con} = \frac{v_{con}}{i_{act}} = -\frac{B}{i_{act}}\ln\left(1 - \frac{J}{J_{max}}\right) \tag{9.10}$$

欧姆电阻定义为

$$R_m = \frac{\rho_M l}{A} \tag{9.11}$$

其中

$$\rho_M = \frac{181.6\left[1 + 0.03\left(i_{fc}/A\right) + 0.062\left(T/303\right)^2\left(i_{fc}/A\right)^{2.5}\right]}{\left[\psi - 0.634 - 3\left(i_{fc}/A\right)\right]e^{4.18(T-303)/T}} \tag{9.12}$$

活化过电压的公式为

$$v_{act} = -\left[\xi_1 + \xi_2 T + \xi_3 T\ln\left(C_{O_2}^*\right) + \xi_4 T\ln\left(i_{fc}\right)\right]$$

其中

A 是单电池活化面积;

$A_{\text{Tafel}} = RT/(2\alpha F)$,典型值为 0.06;

$B = RT/(4F) = \alpha A$,对于氧气,这是一个由燃料电池及其工作状态决定的常数;

α 是电荷转移系数;

$F = 96485.34\text{C/mol}$,是法拉第常数;

$R = 8.314\text{J/(K·mol)}$,是摩尔气体常数;

$J = J_0 e^{2\alpha F \Delta v_{\text{act}}/(RT)}$,是 Butler-Volmer 方程;

J_0 是过电压从 0 开始变化时的电流密度[4];

$C_{O_2}^*$ 是阴极氧气的浓度;

ξ_1、ξ_2、ξ_3 和 ξ_4 是经验参数。

电荷转移系数的范围是 0~1,它是在改变电化学反应的速率时所利用的电能比例。对于各种电极材料特别是对于氢电极,$\alpha = 0.5$。因此

$$R_a = \frac{A}{i_{\text{act}}} \ln\left(\frac{J}{J_0}\right) - \frac{B}{i_{\text{act}}} \ln\left(1 - \frac{J}{J_{\text{max}}}\right) \tag{9.13}$$

对于仿真,可以假设燃料电池是由 n 个相同电池组成的电堆,则式(9.8)变为

$$\frac{nE_{\text{oc}}}{(R_L + nR_r)} - \frac{1}{(R_L + nR_r)(C/n)}\int i_c dt - \frac{1}{nR_a(C/n)}\int i_c dt = i_c \tag{9.14}$$

经过代数变换,式(9.14)可以改写为

$$\frac{E_{\text{oc}}}{\left(\dfrac{R_L}{n} + R_r\right)} - \left[\frac{1}{\dfrac{R_L}{n} + R_r} + \frac{1}{R_a}\right]\frac{\int i_c dt}{C} = i_c \tag{9.15}$$

一种称为 Ballard Mark V 的 PEMFC 可以使用图 9.12 中的等效电路进行仿真,其中描述模型的方程式已经在本节中给出,仿真所用到的参数列于表 9.6。表中参数 J_n 是电流密度,相当于内部电流和直接燃料通道[5-7],参数 $C_{O_2}^*$ 和 $C_{H_2}^*$ 分别代表氧气浓度和氢气浓度,它们的定义为

$$C_{O_2}^* = \frac{P_{O_2}}{5.08 \times 10^6 e^{-498/T}} \tag{9.16}$$

$$C_{H_2}^* = \frac{P_{H_2}}{1.09 \times 10^6 e^{77/T}} \tag{9.17}$$

表 9.6　Ballard Mark V 燃料电池的典型参数

参数	数值	参数	数值
T	343.15K	ξ_1	-0.948
A	50.6cm^2	ξ_2	$0.00286 + 0.0002 \ln A + (4.3 \times 10^{-5}) \ln C_{H_2}^*$
l	178μm	ξ_3	7.6×10^{-5}

续表

参数	数值	参数	数值
$C_{O_2}^*$	10^{-4}mol/cm^3	ξ_4	-1.93×10^{-4}
$C_{H_2}^*$	10^{-4}mol/cm^3	Ψ	23.0
$P_{O_2}^*$	1.0atm①	$J_{\max}$	1.5A/cm^2
$P_{H_2}^*$	1.3atm	J_n	2mA/cm^2
RC	0.001Ω	n	32
A_{Tafel}	0.03	α	0.5
B	0.015V	C	3F

①1atm=1.01325×10⁵Pa

开路电压 E_{oc} 定义为[1]

$$E_{oc} = E_{\text{Nernst}} = 1.229 - 0.85\times10^{-3}\left(T - 298.15\right) + 4.31\times10^{-5}T\left[\ln\left(P_{H_2}^*\right) + \frac{1}{2}\ln\left(P_{O_2}^*\right)\right] \quad (9.18)$$

图 9.14 是图 9.12 中电路的子电路，图 9.13 是图 9.12 的 PSIM 仿真模型。图 9.14 中的非线性电阻模型使用了交换电流密度参数、初始电流密度、最大电流密度、有效膜面积、氢气和氧气的工作压力以及极化过电压 v_{act} 和 v_{con} 的计算模块来模拟计算[1,8-11]。

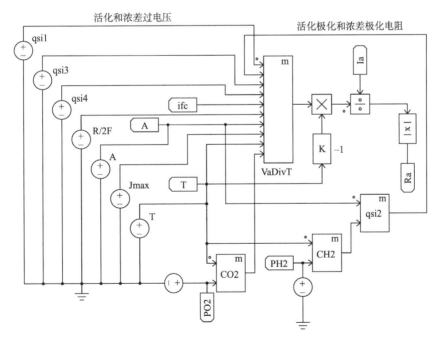

图 9.14　计算非线性电阻 R_a 的子电路

在燃料电池的仿真中，需要注意：

1.$J < J_{\max}$，这样可以避免浓差过电压的定义中出现对 0 或负的数值求对数。

2. 电阻(电压)电荷的斜率应该始终小于总仿真时间,或者

$$f < 1/t_{\text{simulation}} \qquad (9.19)$$

3. 电容 C 的数值应该采用数值方法计算。

9.8　铅酸蓄电池组建模

铅酸电池建模相当复杂,本书对此不做详细介绍。关于等效电路和参数可以参见文献[1]及文献[12]~文献[14]。在本书中,我们讨论的是一种合理简单的模型,如图9.15所示。电池充放电的速率以及电池状态的测定可以通过一系列的试验来完成。文献[12]提出了一种更为通用的充放电模型,可以用于描述铅酸蓄电池或是其他电池的电化学过程。

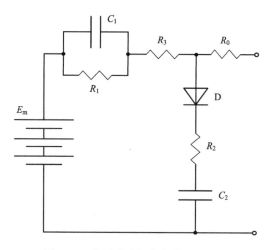

图 9.15　电压随时间变化的电池模型

为了设计基于电池的集成电力电子设备,需要一个具有良好性能的电池模型,其中包括如荷电状态(state of charge,SOC)、终端电压、电池温度、内部压力等参数。文献中可以找到许多电池模型,选择更复杂还是更简单的模型主要取决于应用场合。在典型的基于电化学的电池模型中,电流是输入量,而终端电压是输出量。然而,对于本书的模型来说,有必要将电流和电压的输入输出关系反过来,因为集成电池系统建模需要一个电压源作为输入量,运行时需要处于电流控制模式,以便于控制流向公共电网的电力潮流。决策算法会根据 SOC 曲线来确定工作模式。因此,本节给出了一种三阶的电池模型,它可以确保具有电力电子变换器的集成电池系统能够正确运行。图 9.16 所示为通过仿真获得的典型 SOC 曲线[15],曲线上有两个阈值点。阈值点可以在决策算法中使用,它们在 SOC 曲线上的位置可以基于热备用的标准来选择。图 9.17 是铅酸蓄电池的三阶模型,其中 E_{m} 是开路电压, C_1 是过电压电容, R_0 是终端电阻, R_1 是过电压电阻, R_2 是内阻, $I_{\text{P}}(V_{\text{PN}})$ 是与 PN 电压有关的寄生电流,主要由自放电引起的,后面会介绍描述它的具体公式。

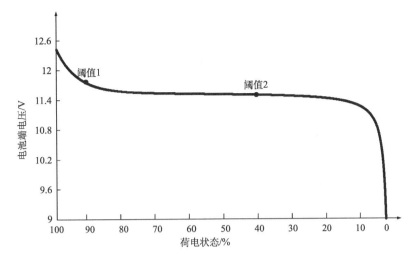

图 9.16 决策算法所用的 SOC 曲线和阈值点

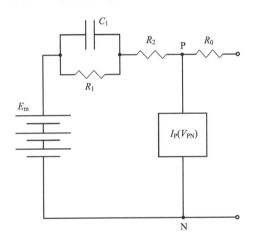

图 9.17 铅酸蓄电池的三阶模型

模型可以分为三部分：(i)主支路，包括 E_m、R_1、R_2 和 C_1；(ii)寄生支路，包括 $I_P(V_{PN})$ 模块；(iii)终端支路，包括 R_0。电池的提取电荷由式(9.20)给出，电池的总容量由式(9.21)给出。

$$Q_{extr}(t) = Q_{extr\_ini} - \int_0^t i_m(\tau)d\tau \tag{9.20}$$

其中，Q_{extr_ini} 是之前计算的电荷量。

$$C(i, T_{emp}) = \frac{kC_0}{1 + (k-1)(i/i_{nom})^\delta}\left(1 - \frac{T_{emp}}{T_{empf}}\right)^\varepsilon \tag{9.21}$$

其中，k 是乘积增益；C_0 是 0°C 时的空载容量；T_{emp} 是以 °C 表示的电解液温度；T_{empf} 是最终温度；δ 和 ε 是实验观测得到的常数；i_{nom} 是电池的标称电流。

SOC 的表达式为

$$SOC = 1 - \frac{Q_{extr}}{C(i, T_{emp})} \tag{9.22}$$

放电深度（depth of discharge，DOD）的表达式为

$$DOD = 1 - \frac{Q_{extr}}{C(i_{avg}, T_{emp})} \tag{9.23}$$

过电压电阻的表达式为

$$R_1 = -k_{R_1} \ln(DOD) \tag{9.24}$$

其中，k_{R_1} 是常数。

过电压电容的表达式为

$$C_1 = \frac{\tau_1}{R_1} \tag{9.25}$$

其中，τ_1 是主支路的时间常数。

内阻的表达式为

$$R_2 = k_2 \frac{e^{k_{21}(1-SOC)}}{1 + e^{k_{22}\frac{i}{i_{nom}}}} \tag{9.26}$$

终端电阻的表达式为

$$R_o = R_{oo}[1 + k_a(1 - SOC)] \tag{9.27}$$

其中，R_{oo} 是 $SOC = 1$ 时的终端电阻。

寄生电流的计算式为

$$I_P(V_{PN}) = V_{PN}k_{PN}\exp\left[\frac{V_{PN}/(\tau_{PN}+1)}{k_p} + k_3\left(1 - \frac{T_{emp}}{T_{empf}}\right)\right] \tag{9.28}$$

其中，τ_{PN} 是寄生支路的时间常数。

电池终端电压的计算式为

$$v_t = E_m + i_m Z_{eq} + iR_o \tag{9.29}$$

其中，Z_{eq} 的计算式为

$$Z_{eq} = \frac{R_1 + R_2 + sR_1R_2C_1}{sR_1C_1 + 1} \tag{9.30}$$

电流 i_m 和 i 的关系为

$$I_P = i_m - i \tag{9.31}$$

虽然可以建立电池系统的状态空间方程，从而推得传递函数表达式，但是作者更倾向建立基于 PSIM 电路仿真所用的方程式模型。电池的容量可以在制造商提供的数据手册中找到，但是之前方程中所用到的常数 k 不好确定，这可以通过特定的试验测得，这种测试步骤不属于本章的讲解范畴，有兴趣的读者可以阅读文献[16]～文献[19]。电池的模型必须有助于理解电池的特性。基于电池的特性，电池充电控制器考虑了与系统设计有关的各个方面。在本章中，运行过程需要使用 SOC 曲线，需要估计 SOC 曲线的当前工作点，以便

于将其作为新能源能量管理决策部分的输入信息。新能源发电系统可以并网运行，也可以独立运行。铅酸蓄电池和锂电池的典型参数列于表9.7。

表9.7 铅酸蓄电池和锂电池的参数

参数	铅酸蓄电池	锂电池
E_0/V	12.47	3.37
R/Ω	0.04	0.01
$k/[V/(A \cdot h)]$	0.0470	0.0076
A/V	0.830	0.264
$B/(A \cdot h)$	125	26.55

9.9 集成发电系统建模

根据本章所给出的模型，我们可以进行更深入的建模研究或是利用这些模型建立一个集中的发电系统，即将每个能源(能源子系统)的模型以及它们自己的控制装置(控制子系统)聚合起来连接到一条通用的电力总线上(负载控制子系统)[1,20]。其他类型的能源也很容易根据它们的参数被集合起来组成通用的发电系统。这样的模型如图9.18所示。构成这样系统的能源子系统及其控制子系统如图9.19~图9.25所示。图中发电子系统各部分的参数列于表9.8~表9.12。

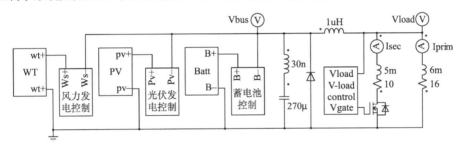

图9.18 集中发电系统

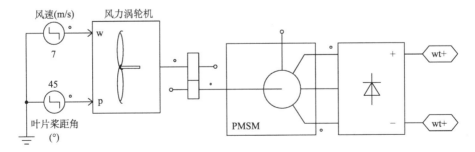

图9.19 风力发电子系统的电路

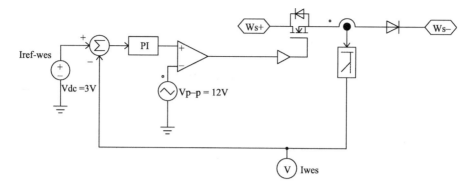

图 9.20　风力发电子系统的控制方案

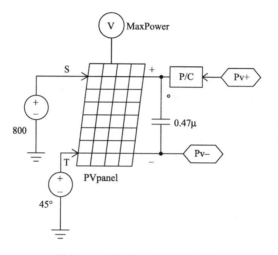

图 9.21　光伏发电子系统的电路

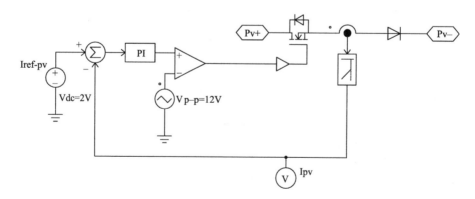

图 9.22　光伏发电子系统的控制方案

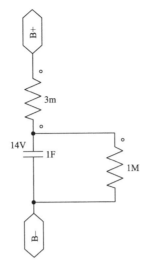

图 9.23 简易电池储能子电路

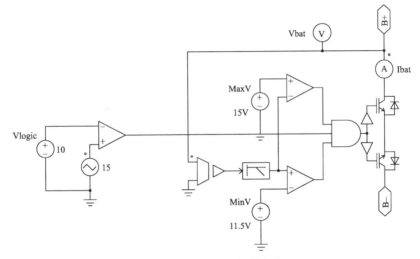

图 9.24 电池储能控制方案

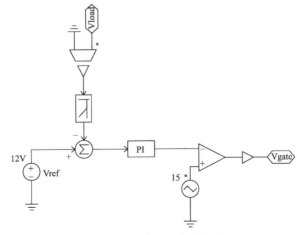

图 9.25 负载电压控制方案

表 9.8　集成发电系统的参数

参数	数值	参数	数值
一级负荷(R, L)	16Ω，6mH	控制增益	1
二级负荷(R, L)	10Ω，5mH	控制参考电压	12V
载波频率	15kHz	截止频率	1000Hz
载波幅值	15V	阻尼比	0.8
控制时间常数	0.001s		

表 9.9　风力涡轮机的参数

参数	数值	参数	数值
风速	7m/s	风力涡轮机额定功率	20kW
叶片桨距角	45°	转动惯量	8000kg·m^2

表 9.10　PMSG 的参数

参数	数值	参数	数值
额定功率	10kW	转速	1500r/min
额定风速	7m/s	转动惯量	8000kg·m^2

表 9.11　光伏电池板的参数

参数	数值	参数	数值
电池单元数	36	负载电流	3.67A
光密度(G)	800W/m^2	二极管饱和电流(I_s)	2.16×10^{-8}A
参考温度	42℃	每个电池的 R_s	0.008Ω
温度系数	0.0024A/K	每个电池的 R_p	1000Ω
短路电流	3.8A	理想因子(η)	1.12
频带能量	1.12eV		

表 9.12　铅酸蓄电池的参数

参数	数值	参数	数值
E_0	14V	内阻	3mΩ
分流电阻	1MΩ	内部电容	1F

　　图 9.26 显示了流过一级负荷和二级负荷的电流波形。一级负荷是指在可接受的电压水平情况下以最高优先级供电的负载，如电池充电、制冷、供热、抽水、电解和灌溉等。二级负荷是指当发出的电能供给一级负荷后仍有剩余，由剩余电能供电的负载。二级负荷不需要不间断供电。

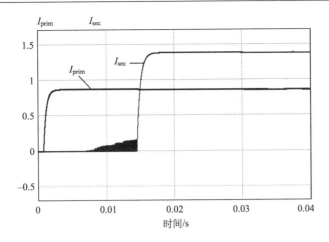

图 9.26　流过一级负荷和二级负荷的电流

在这个集成系统中，每个独立电源的电流采用爬山法控制[1]。公共负荷的电压由二级负荷电流控制。二级负荷电流获得所有的发电能量，以便最大限度地转换功率，即使某个特殊电源并未工作在其最大功率点上。这对于可再生能源来说是很典型的，因为如果主能源能够发出的电能比主要负荷消耗的电能还多，那么就不需要其他能源提供电能了，如风能、水能和太阳能。模型中各个能源和各自控制部分的分布情况如图 9.18 所示，这种布局可以很容易地扩展为任意数量的能源，也可以改为其他可能的可再生/可替代能源以及它们的变换器和储能元件。以经济为主，实时计量电费的集成发电系统模型是可以实现的。它的结构非常复杂，还包括随机可用的风能和太阳能，蓄电池的 SOC 管理，并且还考虑了 PCC 处的电能质量。

9.10　思　考　题

1. 建立一个光伏电池板的 PSIM 模型，该电池板由 6 条主栅线，80 个相同的电池单元并联组成。根据本章表 9.11 中列出的参数，仿真研究这些电池的特性，并计算总的欧姆损失。并说明如何实现这个电池板的电压控制。

2. 采用 PSIM 设计一个小型风力发电系统给交流负载供电。已知参数为：风速 = 7m/s，叶片桨距角 = 40°，$R_L = 5\Omega$，$X_L = 25\Omega$。对所设计的系统仿真，画出特性曲线 $I_L \times V_L$ 和 $P_L \times V_L$，并进行分析，讨论如何达到最大功率点以及如何设计控制器来优化功率转换。

3. 使用 MATLAB/Simulink 和电力系统工具箱 Power Systems Toolbox 重新完成题 2 的要求。

4. 在图 9.18 描述的集成发电系统中利用表 9.6 中的参数，开发一个由 32 个标准电池组成的燃料电池电堆模型，并观察在这样的混合发电系统中如何使电池能够更好地循环运行。

5. 搜索文献，查找关于镍氢 (NiMH) 电池和镍镉 (NiCd) 电池的典型参数，并在 PSIM 中建模，对它们在额定负载下的充放电状态进行仿真研究。

6. 设计一个电池模型，使它的输出特性尽可能与图 9.26 中显示的模型输出特性相似。如果将这个电池放电到 50%的容量，需要多长时间？如果将电池与 5Ω的电阻相连，电池的输出电压会怎样变化？当电池充电和放电时，电池两端的电压如何变化？

7. 9.7 节中描述了一个三阶的电池模型，关于模型的细节可以参见文献[16]~文献[19]。分别用 PSIM 和 MATLAB 来建立这个三阶电池的仿真模型，并将它与题目 6 中设计的模型相比较，研究相比于简单模型，复杂模型的特点和用途。

8. 对一个 12V 的电池进行测试，获取以下参数值：R_0、R_1、R_2、R_3、C_1 和 C_2。请给出试验的建议测试顺序，建立一个仿真模型，按照建议的测试顺序进行仿真模拟。

参 考 文 献

[1] FARRET, F.A. and SIMÕES, M.G., Integration of Alternative Sources of Energy, IEEE-Wiley Interscience, John Wiley & Sons, Inc., Hoboken, 2006.

[2] PELED, A. and LIU, B., Digital Signal Processing: Theory, Design, and Implementation, John Wiley & Sons, Inc., New York, 1976.

[3] FERNANDES, F.T., CORREA, L.C., DE NARDIN, C., LONGO, A. and FARRET, F.A., "Improved analytical solution to obtain the MPP of PV modules", 39th Annual Conference of the IEEE Industrial Electronics Society, Vienna, vol. 1, IEEE, pp. 1674-1676, November 10-13, 2013.

[4] LARMINIE, J.E. and DICKS, A., Fuel Cell Systems Explained, John Wiley & Sons, Ltd, Chichester, 2000.

[5] CORRÊA, J.M., FARRET, F.A., CANHA, L.N. and SIMÕES, M.G., "An electrochemical-based fuel cell model suitable for electrical engineering automation approach", IEEE Transactions on Industrial Electronics Society, vol. 51, no. 5, pp. 1103-1112, October 2004.

[6] CARNIELETTO, R., PARIZZI, J.B., FARRET, F.A. and SCHITTLER, A.C., "Evaluation of the use of secondary energy for hydrogen generation", Proceedings of the 2010 IEEE International Conference on Industrial Technology, Valparaiso, Chile, IEEE, March 14-17, 2010.

[7] RAMOS, D.B., LENZ, J.M., FERRIGOLO, F.Z. and FARRET, F.A., "Proposal of a methodology using fuzzy logic control for PEMFC efficiency improving", Proceedings of the Brazilian Congress of Automation, Pato Branco, vol. 1. pp. 1282-1288, CBA, 2012.

[8] GONZATTI, F., KUHN, V.N., FERRIGOLO, F.Z., MIOTTO, M. and FARRET, F.A., "Theoretical and practical analysis of the fuel cell integration of an energy storage plant using hydrogen", Proceedings of the 2014 11th IEEE/IAS International Conference on Industry Applications INDUSCON 2014, Juiz de Fora, IEEE, p. 1, December 7-10, 2014.

[9] WANG, C. and HASHEM, M., "Dynamic models and model validation for PEM fuel cells using electrical circuits", IEEE Transactions on Energy Conversion, vol. 20, pp. 442-451, 2005.

[10] QINGSHAN, X., NIANCHUN, W., ICHIYANAGI, K. and YUKITA, K., "PEM fuel cell modeling and parameter influences of performance evaluation", Third International Conference on Electric Utility Deregulation and Restructuring and Power Technologies, DRPT 2008, Nanjuing, vol. 1, no. 1, IEEE, April 6-9, 2008.

[11] LIMA, L.P., FARRET, F.A., RAMOS, D.B., FERRIGOLO, F.Z., STANGARLIN, H.W., TRAPP, J.G. and SERDOTTE, A.B., "PSIM mathematical tools to simulate PEM fuel cells including the power converter", Proceedings of the 35th Annual Conference of IEEE Industrial Electronics, 2009, IECON '09, Porto, IEEE, November 3-5, 2009.

[12] BORGES, F.A.A., DE MELLO, L.F., MATHIAS, L.C. and ROSÁRIO, J.M., "Complete development of a

battery charger system with state-of-charge analysis", European International Journal of Science and Technology, vol. 2, no. 6, ISSN: 2304-9693, http:// www.cekinfo.org.uk/EIJST, July 2013.

[13] TREMBLAY, O. and DESSAINT, L.A., "Experimental validation of a battery dynamic model for EV applications", World Electric Vehicle Journal, vol. 3, pp. 13-16, 2009.

[14] JACKEY, R.A., "A simple, effective lead-acid battery modeling process for electrical system component selection", SAE Technical Paper (2007): 01-0778, SAE International, Warrendale, 2007.

[15] SATO, S. and KAWAMURA, A., "A new estimation method of state of charge using terminal voltage and internal resistance for lead acid battery", vol. 2, IEEE Xplore, Power Conversion Conference, 2002, PCC Osaka, January 2002.

[16] COX, L.P., "A transient-based approach to estimation of the electrical parameters of a lead-acid battery model", 2010 IEEE Energy Conversion Congress and Exposition(ECCE), Atlanta, IEEE, pp. 4238-4242, September 12-16, 2010.

[17] PLETT, G., "Battery management system algorithms for HEV battery state-of-charge and state-of health estimation", S. Zhang, Advanced Materials and Methods for Lithiumion Batteries, Research Signpost, Kerala, 2007.

[18] PLETT, G., "High-performance battery-pack power estimation using a dynamic cell model", IEEE Transactions on Vehicular Technology, vol. 53, no. 5, pp. 1586-1593, 2004.

[19] SIMÕES, M.G., BUSARELLO, T.D.C., BUBSHAIT, A.S., HARIRCHI, F., POMILIO, J.A. and BLAABJERG, F., "Interactive smart battery storage for a PV and wind hybrid energy management control based on conservative power theory", International Journal of Control, vol. 89, no. 4, pp. 850-870, Taylor & Francis, 10.1080/00207179.2015.1102971, 2015.

[20] CORREA, J.M., FARRET, F.A., SIMÕES, M.G., RAMOS, D.B. and FERRIGOLO, F.Z., "Aspects of the integration of alternative sources of energy for application in distributed generation systems", 2011 XI Brazilian Power Electronics Conference (COBEP 2011), Praiamar, vol. 1, IEEE, pp. 819-824, September 11-15, 2011.

10 电能质量分析

10.1 引　言

分布式发电(DG)系统在现代电网中的分布越来越广泛，不断增多的 DG 会影响整个电力系统运行。因此，为了避免造成损害或者误操作，必须遵循某些标准或推荐操作规程来保证 DG 单元安全接入电网。大多数标准只允许 DG 在单位功率因数下注入有功功率，而不允许 DG 执行其他任务。然而，预计在不久的未来，随着通信信道的进一步整合以及 GPS 和传感技术的发展，及未来相量测量装置(PMU)、数字频率记录仪(DFR)和动态振荡记录仪(DSR)的广泛使用，将使得以用户为基础的 DG 进一步发挥更多的作用。但是对这些技术及其应用的探讨不在本书的范围之内。

关于 DG 并网最重要的标准之一就是 IEEE 1547(其中部分内容也纳入标准 UL1741)[1]。IEEE 1547 建立了所有 DG 必须遵守的标准和要求，以便接入电力系统。标准规定应在公共耦合点(PCC)处满足要求，同时也适用于总容量为 10MV·A 或以下的所有分布式能源技术。这些标准主要涉及电压和频率的变化限制、同步技术方面、计划和非计划孤岛运行以及对异常情况的响应等。DG 可以作为直流或交流微电网与配电网络连接。在直流微电网中，能量分布是以直流形式构成的，含有正极和负极导体。直流微电网的一个主要优点是各交流发电机之间没有频率和相位的依赖性，并且对于非常高的直流电压，线路中的损耗比交流系统中的要小。直流微电网中所用的功率变换器大部分是 DC-DC 和 DC-AC 变换器。交流微电网与传统的电力系统非常相似。因此，对于交流微电网，可以使用传统的电力系统运行概念，如功率潮流控制、下垂控制、保护方案和故障检测等。本章我们将讨论如何使用仿真工具进行电能质量性能评估的基本建模。电能质量指标关注的是主电网与用户之间的电气相互作用。它可以分解为两个需要解决的主要问题：(i)电压质量，关系到供电电压对设备的影响；(ii)电流质量，关系到设备电流对系统的影响。

质量问题的起因和后果是各种各样的，根据持续时间和强度，它们可以大致分为暂态、临时状态和稳态。暂态问题(IEC 61000、IEEE c62.41、IEEE 1159 和 IEC 816)主要与小规模负载的切换和大气原因(闪电雷击、风和雨)有关。临时状态问题主要与铁磁谐振变压器的故障、连接以及电容器的切换(IEC 61009、IEEE 1159)有关。稳态问题涉及功率变换器的连接、谐波、相电压不平衡、直流偏移以及由调频和重复现象(IEC 61000、IEEE 519)引起的电压闪烁等，如火车运输、焊接设备和制造设备等。稳态问题的主要原因与高压直流、静止无功补偿器(static VAR compensator，SVC)、晶闸管控制串联补偿器(thyristor-controlled series compensator，TCSC)、晶闸管控制的相角调节器(thyristor-controlled phase angle regulator，TCPAR)、静态补偿器、静止同步串联补偿器(static synchronous series compensator，SSSC)以及统一潮流控制器(unified power flow controller，UPFC，也称为 FACTS)等有关。

传统电力系统的电能质量大多强调什么是电压质量，即电压骤降、中断和电压畸变。

发电机端子处的电压质量是由连接到电网的其他设备和电网中的事件决定的。

　　任何发电机组都会受到电压质量的影响，就像馈线上的其他设备一样。图 10.1 显示了电压质量问题以及由各种干扰造成的影响，这些干扰包括设备使用寿命缩短、通信干扰、错误跳闸、误操作和设备的损坏等。发电机组与其他并网设备的一个重要区别是，发电机组的错误跳闸可能会带来安全风险，即能量流有可能中断，导致发电机超速和出现很高的过电压。发电机抗电压扰动能力的免疫准则要求区分正常事件和异常事件所引起的电压变化。图 10.2 为电压随事件持续时间变化以及对电力系统影响的示意图。在传输层面上研究电压质量、电压稳定性和电能质量是非常重要的，它是一个与高级电力系统建模相关的主题，但这不是本书的研究内容。

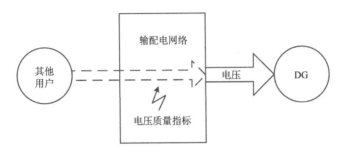

图 10.1　电能质量对电网的影响

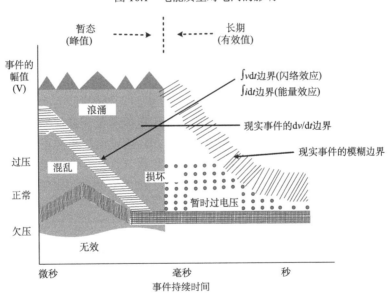

图 10.2　电压变化持续时间和对电力系统的相应影响

　　在含有电力电子变换装置的系统中，对电能质量的传统看法强调的是电流质量，即非线性负载电流如何影响电网，以及这种电流扰动如何影响其他用户，如图 10.3 所示。使用分布式发电系统可以改善电流质量，这需要控制电流的幅值、电流与电压之间的相位角，以及电流波形。在概念分析解决方案中，一个好的电力电子系统设计方案应使所在电网的电流质量指标最优。了解如何衡量、量化和评估电能质量是非常重要的。也就是说，当 DG

用于带有快速控制器的配电系统时，可通过增加有源滤波器(并联)来改善电流质量，还可通过增加动态电压恢复器(串联)改善电压质量。

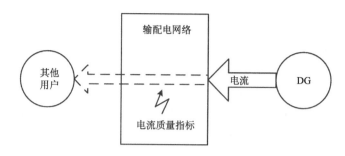

图 10.3　电流质量问题

　　影响电能质量的原因可以分为瞬态干扰或稳态干扰。这些干扰来源于故障或某些非正常操作而导致的系统电压或电流异常，其中稳态变化是指有效值偏离其标称值或含有谐波。一般情况下，干扰分析仪、电压记录仪和谐波分析仪可以监测这种干扰。结合了计算机技术的先进仪器可以被用于电能质量的监测和分析。任何电能质量监测设备的输入数据都需要通过传感器获得，如电流互感器、电压互感器、霍尔效应电流和电压传感器。干扰分析仪和干扰监视器是专为电能质量测量而设计的仪器。这些仪器可以分为两类：常规分析仪和基于图形的分析仪。常规分析仪提供电压骤降/骤升的幅度和持续时间以及欠压/过压的信息，而基于图形的分析仪具有存储功能，这样可以保存实时数据以确定电能质量问题的来源和原因，或用于实现电网过去事件和实时事件的可视化。

　　分析仪还可以以非常高的速率进行信号采样，从而可以确定高达 50 次的谐波。通常高次谐波的幅值要比低次谐波的幅值小很多。因此，为了信号转换和高次谐波检测，分析仪内置了高分辨率的模数转换器。仪器厂家生产的专用电能质量测量仪器兼具谐波测量和干扰测量的功能。式(10.1)给出了功率因数的计算公式。假设电压是纯正弦的，电流是畸变的，可用傅里叶展开式将公式展开。因此，为了计算总谐波失真(total harmonic distortion，THD)和其他量，需要知道如何计算所记录瞬时电流 $i(t)$ 的谐波，如何使用数值算法确定各谐波(幅度和相位)以便于计算功率因数和其他指标。

$$\mathrm{PF} = \frac{P_{\mathrm{average}}}{P_{\mathrm{apparent}}} = \frac{\dfrac{1}{T}\displaystyle\int_0^T v(t)\cdot i(t)\mathrm{d}t}{\sqrt{\dfrac{1}{T}\displaystyle\int_0^T v^2(t)\mathrm{d}t}\cdot\sqrt{\dfrac{1}{T}\displaystyle\int_0^T i^2(t)\mathrm{d}t}} \tag{10.1}$$

10.2　傅里叶级数

　　任何非正弦的周期函数 $y(t)$，即以角频率 $\omega = 2\pi / T$ 重复的波形 $y(t) = y(t+T)$ 都可以表示为式(10.2)中的无穷级数形式——傅里叶级数的形式之一，即正弦量和余弦量之和的形式。通常当傅里叶级数以一种纯数学方法求解时，就定义了这种封闭形式的表达式(对无限项的和有效)。对于电气工程应用来说，这个公式通常要被删减，即对每个谐波求解，从基波开始，直到一个给定的 N 次谐波（如直到 20 次谐波）为止，因为高次谐波的幅值较低，能够被系统本身自然滤除。

$$a(t) = a_0 + \sum_{n=1}^{\infty} \left[a_n \cos(n\omega t) + b_n \sin(n\omega t) \right] \tag{10.2}$$

只要 $y(t)$ 封闭形式的数学表达式已知，系数 a_0、a_n 和 b_n 即可通过定义来计算（读者可以在任何关于傅里叶级数的书中查找到这些定义）。这对于一些特殊的波形非常有用。通常，这些波形的傅里叶级数可以在书籍、手册中获得，也可以在一些符号计算软件系统（如 Mathematica 或 Maple）中获得。表 10.1 给出了一些典型的波形及其对应的傅里叶级数展开式，这些都是电气工程应用中经常使用的。

表 10.1 典型电力电子电路电流或电压波形的傅里叶展开式

波形	傅里叶级数
(a)	$f(\omega t) = \dfrac{2\sqrt{3}}{\pi} \left(\cos \omega t - \dfrac{\cos 5\omega t}{5} + \dfrac{\cos 7\omega t}{7} - \dfrac{\cos 11\omega t}{11} + \cdots \right)$
(b)	$f(\omega t) = \dfrac{2\sqrt{3}}{\pi} \left[\cos\left(\omega t - \dfrac{\pi}{2}\right) - \dfrac{\cos 5\left(\omega t - \dfrac{\pi}{2}\right)}{5} - \dfrac{\cos 7\left(\omega t - \dfrac{\pi}{2}\right)}{7} - \cdots \right]$ $= \dfrac{2\sqrt{3}}{\pi} \left(\sin \omega t - \dfrac{\sin 5\omega t}{5} - \dfrac{\sin 7\omega t}{7} + \dfrac{\sin 11\omega t}{11} + \cdots \right)$
(c)	$f(\omega t) = \dfrac{2\sqrt{3}}{\pi} \left[\sin(\omega t - \phi) - \dfrac{\sin 5(\omega t - \phi)}{5} - \dfrac{\sin 7(\omega t - \phi)}{7} + \dfrac{\sin 11(\omega t - \phi)}{11} + \cdots \right]$
(d)	$f(\omega t) = \sum \dfrac{4}{\pi n} \sin n \dfrac{\phi}{2} (\cos n\omega t);\ n = 1, 3, 5, \cdots$

续表

波形	傅里叶级数
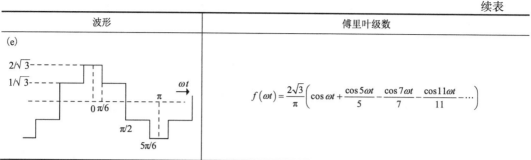	$f(\omega t) = \dfrac{2\sqrt{3}}{\pi}\left(\cos \omega t + \dfrac{\cos 5\omega t}{5} - \dfrac{\cos 7\omega t}{7} - \dfrac{\cos 11\omega t}{11} - \cdots\right)$

计算谐波分量之后,即求解 a_0、a_n 和 b_n 项之后,有必要将谐波可视化。定义谐波的幅值和相位随频率变化的关系图为频率响应,有时也称作 Bode 图(当图形是连续函数时)。每个谐波的幅值是有效值,相位是弧度或角度,则它们可以定义为

$$\left|A_n\right| = \frac{\sqrt{a_n^2 + b_n^2}}{\sqrt{2}} \tag{10.3}$$

$$\varphi_n = \arctan\left(\frac{-b_n}{a_n}\right) \tag{10.4}$$

表 10.1(a)中的波形是一个理想的六脉冲波形(整流电路带大电感负载时的输入电流波形),定义其单位脉冲幅值的中点为坐标原点;表 10.1(b)中的波形与(a)相似,只是相位偏移了 $\dfrac{\pi}{2}$ 角度。表 10.1(c)中的波形脉冲宽度也是 $\dfrac{2\pi}{3}$,只是它与(b)相比相位偏移了一个 ϕ 角(这是一个更普遍的结果)。表 10.1(d)波形的脉冲宽度是可变的,变化范围从 0(无输入)到 $\dfrac{2\pi}{3}$(传统桥式变换器电流),或到 π(方波)。表 10.1(e)的波形是变比为 1∶1 的 $\triangle$/Y 型变压器的典型输入线电流波形,该变压器给带直流负载的六脉冲整流器供电。基波电流与不带相移变压器的整流器输入电流基波分量一致,波形的形状是由 $6(2k-1)\pm1$ 次谐波的不同相位角造成的。当对表 10.1(e)的波形求解傅里叶级数时,其系数为

$$a_n = \frac{8}{\sqrt{3}\pi n}\left(\sin \frac{n\pi}{3}\cos \frac{n\pi}{6}\right)$$

图 10.4 给出了一个波形质量演化的例子,从图中可以观察到随着表示电流的傅里叶分量的数量变化,电流波形随之变化的情况。考虑到方波中只含有奇次正弦谐波分量,图中所示方波所含有的谐波次数到 11 次为止。这些谐波的幅值遵循数学规则 $V_n = V_1 / n$,其中下标代表谐波的次数,即 1 次、3 次、5 次、7 次、9 次和 11 次谐波,并且所有谐波的相角设为 $\varphi = 0°$。最终,当我们给基波分量加入新的谐波分量时,所得到的波形与原来的方波越来越接近。对于电力系统的波形,通常我们考虑的最高谐波频率为 10kHz,因为更高次的谐波一般都被输配电线路、变压器、电机和其他无功元件的电感与电容滤除了。

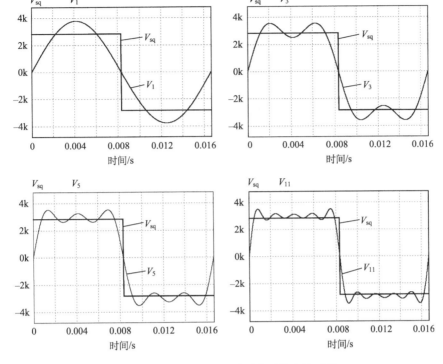

图 10.4　由不同傅里叶分量表示的方波质量

了解什么时候使用傅里叶级数，什么时候使用傅里叶变换是非常重要的。当要展开的时域变量是周期变量时，可以使用傅里叶级数，其展开式是基于正弦量和余弦量(偶函数)的，或者只是余弦量，或者是基于负指数的形式。当时域变量是非周期变量，即周期无限大时，可以使用傅里叶变换。傅里叶变换将信号从时域变换到频域(频谱)。傅里叶反变换将这些频域分量变换回原来的时域信号。除了傅里叶变换，还有一些其他的数学变换可以用来分析时域函数，这些都称为频域分析方法。表 10.2 给出了最常用的数学变换和它们的应用情况。根据采样定理，当采样频率大于信号的傅里叶分析中最高次谐波频率的 2 倍时，即在最高次谐波对应的周期中至少采样两次，采样之后的数字信号才能完整地保留原始信号中的信息。为了保证结果清晰，不出现模棱两可的情况，一般使用 10 倍或更高的采样频率，即比理论的 Nyquist 约束有多得多的采样点。

表 10.2　电气工程应用的典型数学变换

变换名称	应用
傅里叶级数	周期信号，振荡系统，谐波研究
傅里叶变换	非重复信号，暂态，滤波器设计
拉普拉斯变换(拉氏变换)	全稳态和暂态分析，方框图，电子电路和控制系统的设计，复杂网络的代数解
Z 变换	离散信号，数字信号处理

对于所研究的信号，如果其时域和频域表达式都是采样函数(基于计算机的数字控制器)，那么可以用下面的数学公式计算：

$$X(\mathrm{e}^{j\omega}) = \sum_{n=-\infty}^{+\infty} x[n]\mathrm{e}^{-j\omega n} \qquad (10.5)$$

$$x[n] = \frac{1}{2\pi}\int_0^{2\pi} X\left(\mathrm{e}^{j\omega}\right)\mathrm{e}^{-j\omega n}\mathrm{d}\omega \qquad (10.6)$$

MATLAB 中有内置函数可以计算离散傅里叶变换(discrete Fourier transform，DFT)或快速傅里叶变换(fast Fourier transform，FFT)以及它们的反变换，公式如下：

$$X[f_k] = \frac{1}{N}\sum_{n=0}^{N-1} x(n)\mathrm{e}^{-\frac{j2\pi kn}{N}} \qquad (10.7)$$

$$x(t_n) = \sum_{k=0}^{N-1} X(f_k)\mathrm{e}^{\frac{j2\pi kn}{N}} \qquad (10.8)$$

式(10.7)是 MATLAB 中函数 fft() 的计算式，式(10.8)是函数 ifft() 的计算式。下面的 MATLAB 脚本程序给出了一个例子，其中的方波是以普通采样频率采样，然后经 FFT 函数变换，并填充 0 得到一个 2 的整数次幂的数组(下面这个例子中是 1024 个点)。图 10.5 显示了方波信号及其功率谱。频谱上的连续函数只是连续图，从一个谐波到下一个谐波的泄漏仅仅是采样的数学效应，称为栅栏效应，是由于 DFT 的长度不是信号频率的整数倍引起的。解读经过 FFT 函数变换后解的正确方式是，只关注每个谐波的幅值和相位，不关心谐波和相邻谐波之间的泄漏。

```
Fs=150; %Sampling frequency
t=0:1/Fs:1; % Time Vector of 1 Second
f=5; % Create a Sine wave of f Hz
x=square(2*pi*t*f);
nfft=1024; % Length of FFT
% Take fft, padding with zeroes so that length(X) is equal to nfft
X=fft(x,nfft); % Take is symmetric, throw away second half
X=X(1:nfft/2); % Take the magnitude of fft of x
mx=abs(X); % Frequency vector
f=(0:nfft/2-1)*Fs/nfft; % Generate the plot, title and labels
figure(1);
plot(t,x);
title('Square Wave Signal');
xlabel('Time(s)');
ylabel('Amplitude');
figure(2);
plot(f,mx);
title('power Spectrum of a Square Wave');
xlabel('Frequency(Hz)');
ylabel('Power');
```

```
%%end of Matlab script ------------------------------------
```

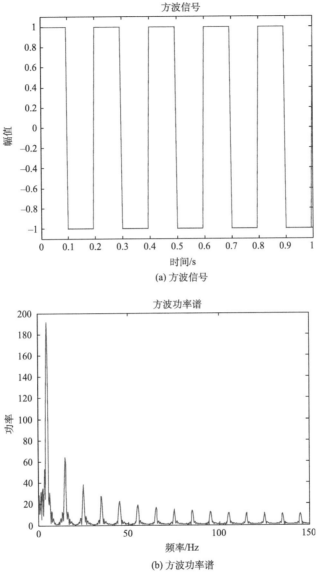

(a) 方波信号

(b) 方波功率谱

图 10.5 方波信号波形分析

10.3 用于电气信号谐波评估的离散傅里叶变换

前面的例子讨论了如何使用 MATLAB 中的 FFT 函数绘制给定采样信号的功率谱。FFT 函数是 DFT 的实现,在本书中同时使用了这两个名称,它们没有任何区别。本节将对必要的内容进行详细讨论,以便使用 FFT 或 DFT 进行电能质量评估。

使用 DFT 或 FFT 时,应该始终使序列点个数 N 等于 2 的整次幂(如 2、4、8、16、32、

64、128、256 等)。数组可以用 0 填充以使点个数等于 2 的整数次幂。对于输入数据来说,采样的时间越长越好,这样可以采得更多的点,丢弃其中一些点,使得对 DFT 来说,最终点个数为 2 的整次幂。对于原始信号波形采样的采样频率应该比被测信号带宽的最大频率高得多。因此,要先对被采样信号进行观测,然后才能确定采样频率。如果原始信号中含有的噪声太多,那就应该先用低通滤波器滤波,以确保信号的带宽是有限的,以便于 FFT 分析。如果采样是不均匀的,可能是因为记录仪器不完善,或是因为异步测量,或是因为数据采样不准确,甚至是因为仿真的步长变化,不管何种原因,在将信号进行 FFT 变换之前都必须解决这种采样不均匀的问题。对于此问题的解决,可以使用一些插值技术(或曲线拟合)对数据进行预处理,然后根据这些插值计算出具有规则步长的拟合数据。

最大频率或最大带宽,在频谱分析中取决于采样时间,因为 Nyquist 频率等于 $f_s/2$。采样频率 f_s 周围有数学对称性,因此,有必要将 FFT 分析的幅值和相位图调整到 $0 \leqslant f_m \leqslant f_s/2$ 的范围内,因为超出范围的结果不准确。DFT 的分辨率,即区分每个谐波的最小频率间隔,也是一个频带,其定义为 f_s/N,每个 m 次谐波在水平频率轴上依次排列,谐波频率表达式为

$$f_{\text{harmonic analysis}}(m) = \frac{mf_s}{N} = \frac{m}{NT_s} \tag{10.9}$$

FFT 计算是将所有项相加求和。因此,FFT 的返回值必须进行缩放,通过将每一项除以点个数 N 来实现,也就是说幅值的修正取决于采样点的总数。对于一般的 N,DFT 结果的幅值直接与 N 成正比,谐波项(不是直流值)必须乘以 $2/N$。图 10.6 展示了折叠 FFT 用于谐波谱分析的完整算法流程图。

图 10.7 显示了一个畸变波形的例子,其中 DFT 分析选取一个周期的负载电流采样,计算每个频率分量的幅值和相位。可以将时域的 40 个采样点作为输入,通过 FFT 输出频谱。输出的频谱点与点之间的间隔是所用采样时间长度的倒数。在本例中,采样时间长度为 20ms。因此,频率分辨率 Δf 是 50Hz。频率图中每个元素都是谐波,因为间隔是 50Hz。将采样点的个数除以 2 再减 1 就是 FFT 可以解出的谐波数目。因此,每个电流周期中采样点的数目越多,解得最大频率值 $f_{\max}$ 就越高。由于本例用了 40 个采样点,所以能够分辨出的最大谐波为第 19 次谐波,频率为 950Hz。

在给定时间内拥有的采样点越多,能够分辨出的最大频率就越高。可以将 50Hz 频率分量设为 0 以去除输入电流的基波分量,然后对电流的每个周期进行快速傅里叶反变换(IFFT)。IFFT 基于每个谐波的幅值和相位信息重建了一个时域信号。FFT 必须在完整的周期上进行计算,以防止发生频谱泄漏而使得输出畸变[2]进而产生错误的补偿电流信号。

基于频域的谐波隔离法相比于基于时域的方法有更多的优点。由 FFT 分析可知负载谐波的幅值,就可以使用特定消谐法。通过控制谐波的大小可以避免消除特定谐波或减小单个谐波的补偿。

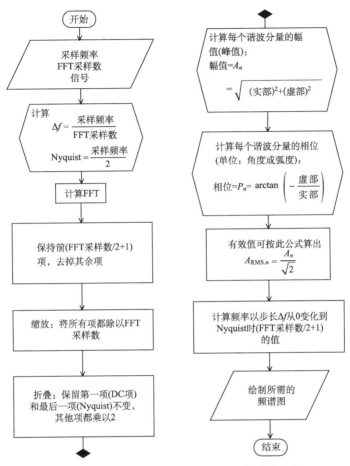

图 10.6 用于谐波谱分析的折叠 FFT 算法流程图

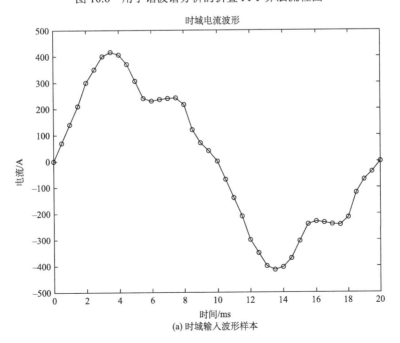

(a) 时域输入波形样本

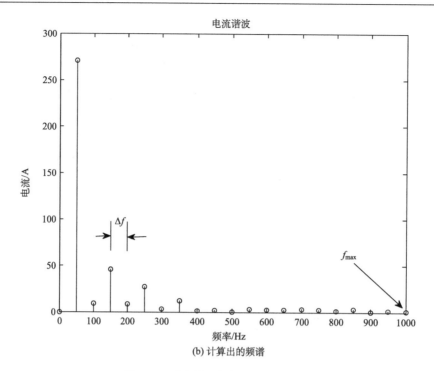

(b) 计算出的频谱

图 10.7   畸变波形范例及其频谱分析

10.4   畸变情况下的功率因数计算

功率因数(power factor，PF)的定义为机械功率或热功率(P)与电压电流有效值的乘积(S)之比。之所以定义为这种比的形式是因为旋转电机或变压器的钢、铜以及介电材料的数量与视在功率成正比。因此在电网建设初期，对发电企业和电力公司来说，功率因数是表明成本的一个非常重要的因素。此外，在电能分配过程中携带电流的电力导体的损失也取决于视在功率 S，尤其对于长距离的电力交易来说，这也是一项非常重要的参数。

另外，电能所做的"体力劳动"，如发热或运动仅仅正比于有功功率，这在过去可以使用模拟功率表测量，而视在功率无法通过这样的模拟仪表来测量。因此，一个多世纪以来，大家所接受的功率因数定义就是一个衡量有功功率与视在功率比值的指标，列于式(10.10)，同时考虑到电压有效值中谐波含量低，即 $V_{RMS1} \approx V_{RMS}$，也可以将功率因数定义为 PF =畸变因数×位移因数。

$$PF = \frac{P}{S} = \frac{V_{s_1} I_{s_1} \cos\phi_1}{V_{RMS} I_{RMS}} = \frac{V_{RMS1}}{V_{RMS}} \cdot \frac{I_{RMS1}}{I_{RMS}} \cdot \cos\phi_1 \qquad (10.10)$$

$$PF \approx \left(\frac{I_{RMS1}}{I_{RMS}}\right) \cos\phi_1 \qquad (10.11)$$

电压和电流中的谐波含量对功率因数的影响很大。式(10.10)考虑的是电压为纯正弦波而只有电流畸变的例子，这是经常采用的方法。谐波畸变因数 V_{RMS1}/V_{RMS} 和 I_{RMS1}/I_{RMS} 由其

THD 因子代替，假定电压为纯正弦波，则式(10.10)可以简化为式(10.12)。

$$PF \approx \frac{\cos \phi_1}{\sqrt{\left(THD_{(i)}^2 + 1\right)}} \tag{10.12}$$

图 10.8 显示了有功功率与视在功率之间的关系，即在实际的电力系统中，由于高次谐波的存在，实际视在功率会随着谐波的增加而增加。式(10.12)一般适用于电流的 THD 不超过 10%的情况。另外，式(10.12)也适用于单相系统或以一相等效模型表示的完全平衡的三相系统。如果不仅电流发生畸变，电压波形也发生畸变，求功率因数就需要更加详细的计算，公式定义也更为复杂，因为它包含了每一阶次电压项与其他所有阶次电压项的乘积组合。

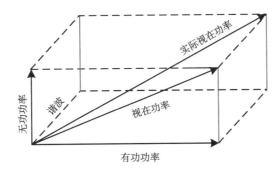

图 10.8 *P×S×*THD 关系图，实际的视在功率随谐波增加

波峰系数(crest factor，CF)与电力系统中的峰值的额定值有关，由式(10.13)定义，即电流峰值与电流 RMS 有效值的比值。短路容量(short-circuit capacity，SCC)是交流电源非常重要的性能指标，通常与最大谐波畸变有关。交流开路电压(理想电压源)乘以该电压源的短路电流就得到了电压源的短路容量。短路比(short-circuit ratio，SCR)指 SCC 与最大平均功率的比值，由式(10.14)给出。当 SCR < 3 时，通常认为该电力系统是弱的，当 SCR > 10 时，认为该电力系统是强的，这种基于 SCR 对电网强弱的定义在主要电源为同步发电机组时更有意义。

波峰系数：
$$CF = \frac{I_{s(peak)}}{I_s} \tag{10.13}$$

短路比：
$$SCR = \frac{SCC}{P_{av}} \tag{10.14}$$

电力电子装置可以用于谐波抑制。当电力电子装置被用作分布式发电系统与电网相连的接口时，它可以通过控制输出电压和电流中的谐波含量来提高系统的电能质量。电力电子装置可以减少和消除电网无功功率，同时将功率因数控制在规定值以内。除了用于谐波抑制，电力电子装置还可以用来进行有源滤波和谐波补偿。本章最后将使用无源滤波器改善电能质量的实际项目作为实验项目，以供进一步研究。

10.5　实验：MATLAB 中基于 DFT 的电能评估函数设计

编写一个 MATLAB 函数(.m)，要求它能够接收一个矢量数组的 ASCII 文件，对变量以统一的时间采样，采样时间为 T_s，相电压的相角为 φ_V(假设为余弦函数，相角为 0)，并可以通过命令 size() 得到采样点个数 N。这个名为 myharmonic_analysis.m 的函数输出必须包括：

1. 谐波幅值向量(y 轴)与频率(x 轴)的关系图(stem 图)；
2. 谐波相位向量(y 轴，以度表示)与频率(x 轴)的关系图(stem 图)；
3. 功率谱(y 轴)与频率(x 轴)的关系图(连续图)；
4. 平均值；
5. 基波的有效值；
6. 基波分量的相位，即 $(\varphi_V - \varphi_{I_1})$；
7. 总有效值；
8. THD；
9. 畸变因数；
10. 位移因数；
11. 功率因数。

使用你所知道的几种输入情况来测试 myharmonic_analysis.m 源程序，可以在 MATLAB 中计算，也可以从 PSIM 导入，或是在基于 Simscape Power Systems Toolbox 的 MATLAB 中验证。对于所设计的程序，也可以用以下的电压和电流测试：

$$v(t) = \frac{480\sqrt{2}}{\sqrt{3}}\cos(\omega t) \tag{10.15}$$

$$i(t) = \frac{2\sqrt{3}}{\pi}I_{dc}\left[\cos(\omega t) - \frac{1}{5}\cos(5\omega t) + \frac{1}{7}\cos(7\omega t) - \frac{1}{11}\cos(11\omega t) + \frac{1}{13}\cos(13\omega t)\right] \tag{10.16}$$

其中，I_{dc} 为给定的直流电流值。

式(10.16)表示了图 10.9 中所示的某工业整流器线电流的前几次谐波，其输出如图 10.10 所示。使用 PSIM 和 Simscape Power Systems Toolbox 对这个整流器仿真，并导出数据，然后与之前的电压和电流结果做比较。

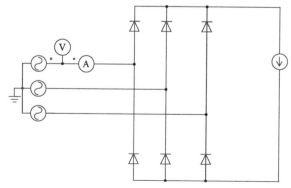

图 10.9　三相整流器的 PSIM 模型

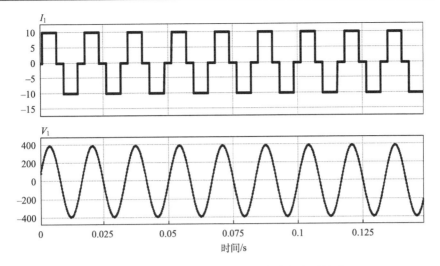

图 10.10 PSIM 中三相整流器的电流和电压波形

请分别使用△/Y 和△/△的变压器来实现整流电路，然后观察其中谐波含量的差别，了解如何提高这种通常使用△/Y 和△/△变压器结构的大型工业装置的功率因数。

实现傅里叶分析的脚本函数是基于图 10.6 中的流程图编写的。以下是该函数的 MATLAB 代码。使用以下的 MATLAB 函数，得到三相整流器的结果如图 10.11～图 10.15 所示。

```
Vrms = 277.1281
PF = 0.955
Iavg = 1.1181e-08
Irms_fundamental = 7.7980
Irms = 8.1659
DF_I = 0.9550
THD_I = 0.3108
Disp = 1
%Harmonic Analysis
clc
clear all
close all
load('rectifier.txt')
save('samples','rectifier','-ascii')
load('samples','-ascii')
t_data = samples(:,1);
V_data = samples(:,3);
I_data = samples(:,2);
Ts=t_data(2)-t_data(1);
Fs=1/Ts;
N=max(size(samples)); %sampling points
if (-1)^N==1; %cut the second half, nfft=nfft/2
```

```
        nfft=N/2;
    else
        nfft=(N-1)/2;
    end
    f=(0:nfft-1)*Fs/N;
    %--------------------voltage------------------------%
    x=V_data;
    X=fft(x);
    X=X(1:nfft);
    mx=abs(X);
    Vmx=abs(X)/(N/2);
    Vmx(1)=Vmx(1)/2;
    [Vrms_fundamental I]=max(Vmx);
    % Vrms_fundamental=V_fundamental/sqrt(2);%RMS of fundamental
    f_V_fundamental=(I-1)*Fs/N; %fundamental frequency
    Vangx=angle(X)/pi*180;
    Vavg=Vmx(1)*cos(Vangx(1)/180*pi); %average value
    figure(1);stem(f',Vmx);title('Voltage');xlabel('Frequency(Hz)');ylabel
        ('Magnitude');
    figure(2);stem(f,Vangx);title('Voltage');xlabel('Frequency(Hz)');ylabel
        ('Phase(degree)');
    %----------------current----------------------------%
    x=I_data;
    X=fft(x);
    X=X(1:nfft);
    Imx=abs(X)/(N/2);
    Imx(1)=Imx(1)/2;
    [I_fundamental I]=max(Imx);
    Irms_fundamental=I_fundamental/sqrt(2);%RMS of fundamental
    f_I_fundamental=(I-1)*Fs/N; %fundamental frequency
    Iangx=angle(X)/pi*180;
    Iavg=Imx(1)*cos(Iangx(1)/180*pi); %average value
    figure(3);stem(f',Imx);title('Current');xlabel('Frequency(Hz)');ylabel
        ('Magnitude');
    figure(4);stem(f,Iangx);title('Current');xlabel('Frequency(Hz)');ylabel
        ('Phase(degree)');
    %--------------------RMS----------------------------%
    Vmx=Vmx/sqrt(2);
    Vmx(1)=Vmx(1)*sqrt(2);
    Vrms=sqrt(Vmx'*Vmx) %voltage RMS
    Imx=Imx/sqrt(2);
    Imx(1)=Imx(1)*sqrt(2);
```

```
Irms=sqrt(Imx'*Imx); %current RMS
%--------------------Power factor--------------------%
ph=cos((Vangx-Iangx)/180*pi);
P=Vmx'.*Imx'*ph;
S=Vrms*Irms;
PF=P/S
%--------------------------------------------------------%
display(Iavg); %average value
display(Irms_fundamental); %rms of fundamental
phase_shift_fundamental=acos(ph(I));
%display(phase_shift_fundamental); %phase of fundamental
display(Irms); %total rms
DF_I=Irms_fundamental/Irms;
display(DF_I); %DF
THD_I=sqrt(1/(DF_I^2)-1);
display(THD_I);
Disp=ph(I);
display(Disp);
PF1=Disp*DF_I;
%display(PF1);
%display(PF);
%Ts
figure(5);plot(f',mx);title('Power Spectrum');xlabel('Fr equency(Hz)'); ylabel
    ('Power');
%%end of Matlab script -----------------------------
```

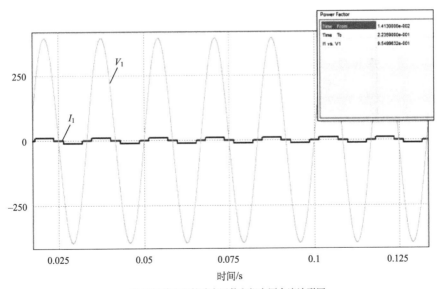

(a) 三相整流器的功率因数和相电压电流波形图

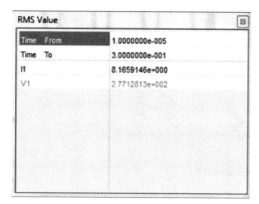
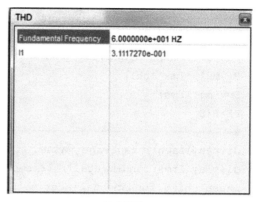

(b) 谐波测量　　　　　　　　　　　(c) 电流的THD

图 10.11　PSIM 计算结果

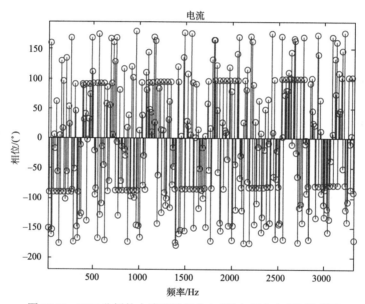

图 10.12　FFT 分析的电流谐波相位(y 轴)与频率(x 轴)关系图

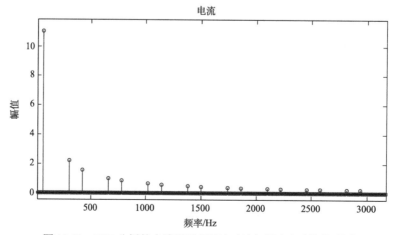

图 10.13　FFT 分析的电流谐波幅值(y 轴)与频率(x 轴)关系图

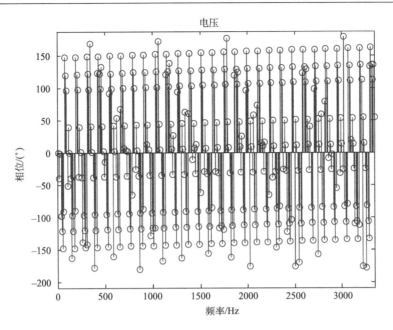

图 10.14　FFT 分析的电压谐波相位(y 轴)与频率(x 轴)关系图

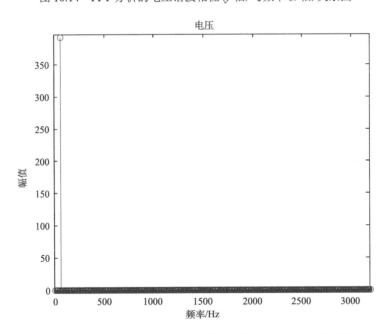

图 10.15　FFT 分析的电压谐波幅值(y 轴)与频率(x 轴)关系图

(除了基波以外，所有计算的其他谐波都近似为 0)

　　图 10.11 显示了在 PSIM 中带有电流谐波检测的三相整流器功率因数计算结果和电压电流波形。图 10.12 显示了电流谐波相位(y 轴，以度表示)与频率(x 轴)的关系图。图 10.13 显示了电流谐波的幅值(y 轴)与频率(x 轴)的关系图。图 10.14 显示了电压谐波的相位(y 轴，以度表示)与频率(x 轴)的关系图。图 10.15 显示了电压谐波的幅值(y 轴)与频率(x

轴)的关系图。

10.6　思　考　题

1. 图 10.16 中整流器的参数为：$R_1 = 2\Omega$，$L_{ls} = 20\text{mH}$，$V_{DC} = 100\text{V}$，交流电源为 $v(t) = 120\sqrt{2}\cos(2\pi \times 60t)$；每个二极管的管压降为 $V_d = 0.7\text{V}$。建立整流器的 PSIM 模型，并仿真计算功率因数，即用测量的平均功率除以视在功率。当电压处于稳态时，将电压源的电流导出 2~3 个周期送入 MATLAB，利用结果函数生成谐波畸变报告。使用几个不同的采样时间输出电流，并观察在不同的采样时间情况下谐波畸变函数的表现。比较采用 PSIM 和采用 MATLAB 的分析结果。

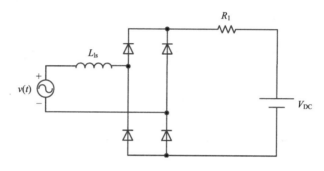

图 10.16　与电池连接的单相整流器

2. 以思考题 1 中的电路为例，在 Simulink 中建立仿真方框图模型。在 Simulink 中运行这个仿真模型并调用函数 myharmonic_analysis.m。因此，你需要在 Simulink 中设计一个能够在线计算功率因数的系统，通过函数调用来使用你设计的谐波分析函数。当然，你需要一直运行系统到稳定状态，这样 myharmonic_analysis.m 提供的结果才有意义。

3. 图 10.17 所示是一个电力系统，配电系统在 13.8kV 处通过一个公共耦合点 PCC#1 与输电系统相连，一工业用户使用一个 200kW 的三相整流器与 480V 电网在公共耦合点 PCC#2 相接。在这个项目中，你需要对两个 PCC 进行评估，求出量化电能质量的所有指标以及对应的功率因数。并对图 10.17 中的系统建立 PSIM 仿真模型。研究有关无源滤波器的知识，初步设计一个 5 次谐波的陷波器。有了这个无源滤波器后再对两个 PCC 的电能质量进行评估。设计第二个滤波器来捕获更高频率的谐波，并对使用这两个滤波器后的 PCC 电能质量进行评估。研究 IEEE 519 标准并微调你的设计，以便使你的电力系统符合该标准中的谐波规定。使用之前在 MATLAB 中设计的谐波畸变分析函数来评价两个 PCC 处的电能质量。撰写报告，详细说明滤波器的设计步骤及其频率响应，并对如何利用工业用户端安装无源滤波器来改善系统的供电质量做出详细的分析。写一份完整的报告，说明你观测电能质量的方法，以及如何通过选择无源滤波器减小谐波来提高电能质量。

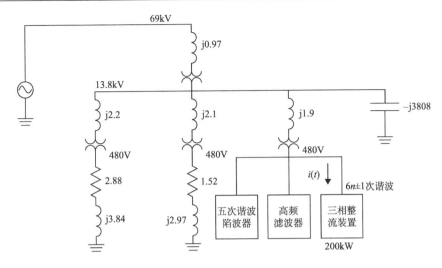

图 10.17　使用无源滤波器提高电能质量的电力系统电路拓扑

　　4. 在 PSIM 中设计一个如图 10.18 所示的前馈滤波器，以获得一般畸变电压的总谐波含量。以一个给功率变换器供电的电力系统作为典型案例来进行详细阐述。

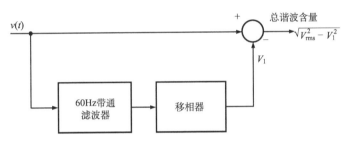

图 10.18　使用前馈滤波器的 THD 估算器

参 考 文 献

[1] BOLLEN, M.H. and FAINAN, F., Integration of Distributed Generation in the Power System, John Wiley & Sons, Inc./IEEE Press, Hoboken/Piscataway, ISBN-10: 0470643374, ISBN-13: 978-0470643372, 2011.

[2] ARRILLAGA, J., SMITH, B.C., WATSON, N.R. and WOOD, A.R., Power System Harmonic Analysis, John Wiley & Sons, Inc., Hoboken, ISBN: 9780471975489, ISBN: 9781118878316, 2013.

补充阅读材料

BARIN, A., POZZATTI, L.F., MACHADO, R.Q., CANHA, L.N., FARRET, F.A. and ABAIDE, A.R., "Multicriteria analysis of impacts of distributed generation sources on operational network characteristics for distribution system planning concerning steady-state and transient operations", Magazine of the Brazilian Society of Power Electronics, vol. 14, pp. 75-83, 2009.

CARNIELETTO, R., BRANDÃO, D.I., SURYANARAYANAN, S., FARRET, F.A. and SIMÕES, M.G., "Smart grid initiative", IEEE Industry Applications Magazine, vol. 17, no. 5, pp. 27-35, 2011.

CHAKRABORTY, S., SIMÕES, M.G. and KRAMER, W.E., Power Electronics for Renewable and Distributed

Energy Systems, 1st edition, Springer, London, 2013.

FARRET, F.A. and FRERIS, L.L., "Minimization of uncharacteristic harmonics in HVDC converters through firing angle modulation", IEE Proceedings. Generation, Transmission and Distribution, London, England, vol. 137, no. 1, pp. 45-52, 1990.

FARRET, F.A., PARIZZI, J.B., ZANCAN, M.D. and TRAPP, J.G., "Recovery of energy from harmonic filters in high power converters for simultaneous production of oxygen and hydrogen fuel", VIII Brazilian Congress of Power Electronics. Campinas, SOBRAEP. vol. 1. pp. 395-398, 2005.

IEEE Standards Coordinating Committee 21, 1547-2003, IEEE Std. IEEE Standard for Interconnecting Distributed Resources with Electric Power Systems, IEEE, New York, 2003.

REZNIK, A., SIMÕES, M.G., AL-DURRA, A. and MUYEEN, S.M., "LCL filter design and performance analysis for grid interconnected systems", IEEE Transaction on Industry Applications, vol. 50, no. 2, pp. 1225-1232, 2014.

SIMÕES, M.G. and FARRET, F.A., Modeling and Analysis with Induction Generators, 3rd edition, Taylor & Francis/CRC Press, Boca Raton, 2014.

SIMÕES, M.G., PALLE, B., CHAKRABORTY, S. and URIARTE, C., Electrical Model Development and Validation for Distributed Resources, National Renewable Energy Laboratory, Golden, 2007.

YU, X.Y., CECATI, C., DILLON, T. and SIMÕES, M.G., "The new frontier of smart grids", IEEE Industrial Electronics Magazine, vol. 5, 3, pp. 49-63, 2011.

11 从 PSIM 仿真到 DSP 硬件实现

11.1 引　　言

本章介绍 PSIM 仿真软件的基本功能和特点。以并网逆变器系统为例，讲解如何设置功率电路和控制电路，以及如何将模拟控制器转换为数字控制器。此外，本章还讲述了如何使 PSIM 为 TI 公司的 DSP F28335 自动生成代码和进行处理器在环(processor-in-the-loop，PIL)仿真。

11.2　PSIM 概述

PSIM 是专门为电力电子、电机驱动以及功率转换系统设计的仿真软件。它拥有友好的用户界面和高速、鲁棒性强的仿真引擎。另外，它能够为 TI 公司的 DSP 自动生成代码并使用 DSP 进行 PIL 仿真，这些都能够显著提高硬件实现的速度。

在 PSIM 中，电路由四部分组成：功率电路、控制电路、传感器和开关控制器，如图 11.1 所示。

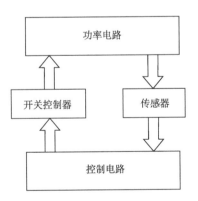

图 11.1　PSIM 中的电路表示图

功率电路包括电阻、电感、电容、半导体开关及其他导电元件。控制电路包括处理控制信号的模块，如乘法器、除法器、s 域和 z 域的传递函数模块。传感器包括电压传感器、电流传感器以及速度和转矩传感器。开关控制器包括控制开关的模块，如 ON-OFF 控制器和 PWM 控制器。

以下列出的是 PSIM 元件库的结构和主要元件。

功率元件：

• 电阻；电感；电容；变压器；半导体开关。

· 磁性元件。

· 运算放大器；光耦元件；TL431。

· 电机；编码器；速度/转矩传感器；机械负载。

· 具有功率损耗计算能力的电感和半导体开关。

· 太阳能电池；风力涡轮机；蓄电池；超级电容。

· 链接到有限元分析软件 JMAG。

控制模块：

· 计算功能模块。

· 滤波器；s 域传递函数模块。

· 逻辑门。

· z 域传递函数模块；零阶保持；单位延迟；其他用于数字控制的功能模块。

· 处理器在环模块。

· 链接到 MATLAB / Simulink 和 ModelSim。

其他：

· 电压/电流传感器。

· 开关控制器。

· 探头和仪表。

· 功率电路和控制电路常见模块，如转换模块、数学函数模块、DLL 模块和 C 模块。

· PWM 集成电路(IC) (如 UC3842、UC3854、UCC3895)；驱动集成电路。

· 电源。

· 电压/电流源。

SimCoder：

· 事件控制。

· 用于 TI F2833x 浮点 DSP 的库。

· 用于 TI F2803x 定点 DSP 的库。

· TI 数字电机控制库。

要在 PSIM 中创建电路，可以通过元件菜单或是通过库浏览器来访问 PSIM 元件库。启动库浏览器需要选择 View>>Library Browser。请注意，在 PSIM 中，需要明确定义哪些电压和电流是要显示的，除非已经勾选选项"在仿真过程中保存所有电压和电流"。该选项位于 Options>>General 菜单下，默认情况下并未被选中。当需要显示节点电压或两个节点间的电压时，可以使用电压探针。当需要显示元件电流时，可以将该元件的电流标记设置为 1 或者插入电流探针。

一旦电路图搭建完成后，选择 Simulate >> Simulation Control，并将其放置在电路图上。定义仿真步长时间和总仿真时间。然后，选择 Simulate>>Run Simulation 运行仿真。

仿真完成后，将加载波形显示程序 Simview，可以选择波形进行显示。在 Simview 中，也可以执行数学运算(如两个波形相乘，以及平均值和有效值的计算)和 FFT 分析。

有关如何使用 PSIM 的更多详细信息，请参阅《PSIM 用户手册》[1]。

在下面的章节中，将以并网逆变器为例来阐述如何在 PSIM 中实现这样一个系统，以及如何修改系统来为 TI F28335 DSP 产生代码以便进行硬件实现。

11.3 从模拟控制到数字控制

功率变换器系统可能涉及复杂的控制算法。在这种情况下，DSP 非常适合实现这样的控制算法。当设计数字控制器时，通常的做法是先在模拟域中设计控制器，然后将模拟控制器转换为数字控制器。这里以并网逆变器系统为例说明此过程。

图 11.2 显示了一个并网逆变器系统。它包括两个阶段：DC-DC Boost 变换器和并网逆变器。Boost 变换器实现升压和直流母线电压控制。逆变器与负载和公用电网连接，流向电网的有功功率和无功功率都是可控的。Boost 控制器和逆变控制器如图 11.3 所示。

Boost 控制器使用运算放大器来实现典型Ⅲ型控制器以提供电压控制。而逆变控制器使用 PSIM 控制库的计算函数模块、s 域传递函数模块和坐标变换函数模块来实现有功/无功功率控制和电压控制。逆变器控制算法在 dq 坐标系下实现，并使用了一个 C 模块来计算有功/无功功率。

在逆变控制器电路中，有一个标签写作"ctrl"的标志，它用来控制工作模式。当标志"ctrl"设为 1 时，逆变器与电网连接，且逆变控制器调节流向电网的有功/无功功率。当标志"ctrl"设为 0 时，逆变器离网，负载孤岛运行，逆变控制器调节负载的交流电压。使用多路选择器便于在这两种工作模式之间切换。另外，为了避免积分器过饱和，当积分器不工作时，所有积分器的输入都设置为 0。并网逆变器系统的 PSIM 仿真波形如图 11.4 所示。

图 11.4 中的波形显示了几个暂态响应。在 0.15s 时，为了模拟直流母线电压变化，Boost 电路输入端直流电压从 80V 变为 96V。这会引起直流母线电压发生小而短的暂态调节过程，但并不会显著影响逆变器的运行。在 0.2s 时，有功功率参考值从 2000W 升至 3000W，且无功功率参考值从 1000var 变为 1500var。从波形可以看出，逆变控制器响应迅速，且输出的有功功率和无功功率紧紧跟随新的参考值。在 0.3s 时，逆变器离网，负载孤岛运行。此时，有功功率和无功功率不受控，受控的是交流负载电压。在 0.4s 时，逆变器重新并网，同时也恢复了对有功功率和无功功率的控制。在所有的暂态过程中，Boost 控制器和逆变控制器都能够快速响应，取得良好的性能。

在图 11.2 的系统中，Boost 变换器和逆变器都是由模拟控制器控制的。由于逆变控制器涉及很多数学计算，所以它更容易在 DSP 中实现。将 Boost 控制器保持模拟控制，而将逆变控制器改为数字控制。逆变控制器采用数字控制的系统如图 11.5 所示。

与图 11.2 中的系统相比，图 11.5 中的系统还包括附加在逆变控制器输入端的零阶保持器模块，以及附加在控制器输出端的单位延迟模块。另外，在逆变控制器内部，所有的模拟积分器都被 z 域数字积分器替代。

设计数字控制器是一个重复的过程。需要考虑的一个关键因素就是自身固有的延迟。因为计算需要时间，因此在当前采样周期中计算出的控制变量只能在下一个采样周期更新使用。这样会导致一个采样周期的延迟，在设计模拟控制器时必须要考虑这一点。为了在模拟控制环中加入延迟，可以在 PSIM 中使用 Elements>>Control>>Other Function Blocks 下

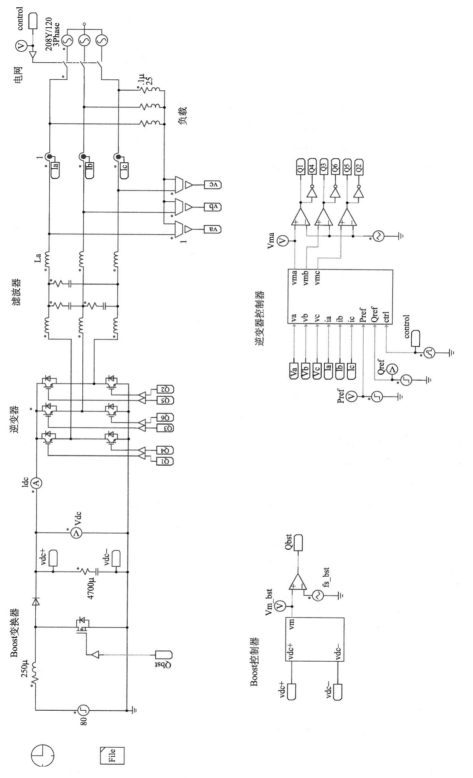

图 11.2 并网逆变器系统的模拟控制

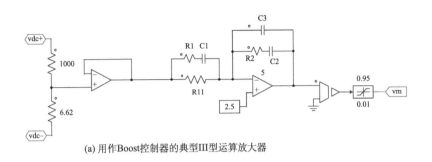

(a) 用作Boost控制器的典型III型运算放大器

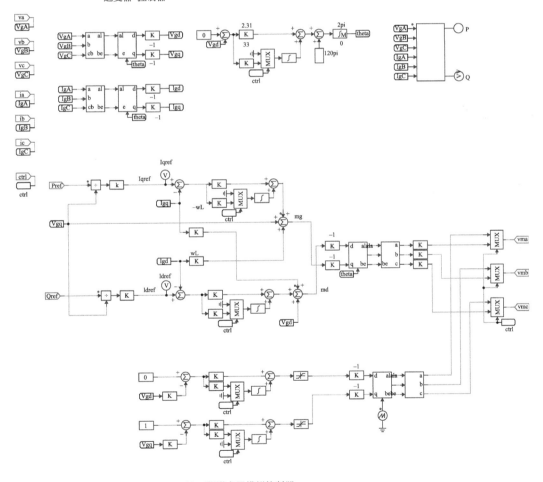

(b) 三相逆变器模拟控制器

图 11.3　系统控制器

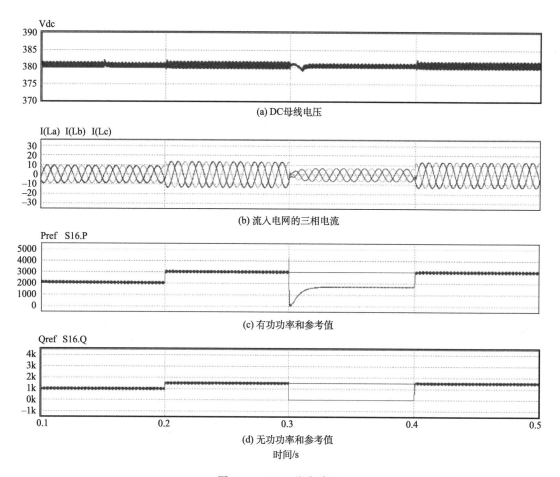

(a) DC母线电压

(b) 流入电网的三相电流

(c) 有功功率和参考值

(d) 无功功率和参考值

时间/s

图 11.4 PSIM 仿真波形

的"Time Delay"模块。在设计模拟控制器时考虑了数字延迟后，需要将模拟控制器转换为数字控制器。在这个例子中，PI 控制器的实现方式是模拟积分器，可以直接由数字积分器替代。但对于一般的模拟控制器来说，需要进行转换。PSIM 软件提供了一个称为"s2z Converter"（在 Utilities 菜单下）的工具，它可以将模拟控制器转换为数字控制器。"s2z Converter"的界面如图 11.6 所示。

在定义了采样频率和控制器的类型与参数后，s2z Converter 可以计算出数字控制器的参数。当逆变器的数字控制器经过设计和验证后，就可以继续手动编写 DSP 代码或使用 PSIM 自动生成 DSP 代码。自动代码生成功能提供了一种非常快速和可靠的方式来开发DSP 控制代码。在 11.4 节中，将具体描述如何使用 PSIM 中的 SimCoder 和硬件目标库模块来建立用于自动代码生成的系统。

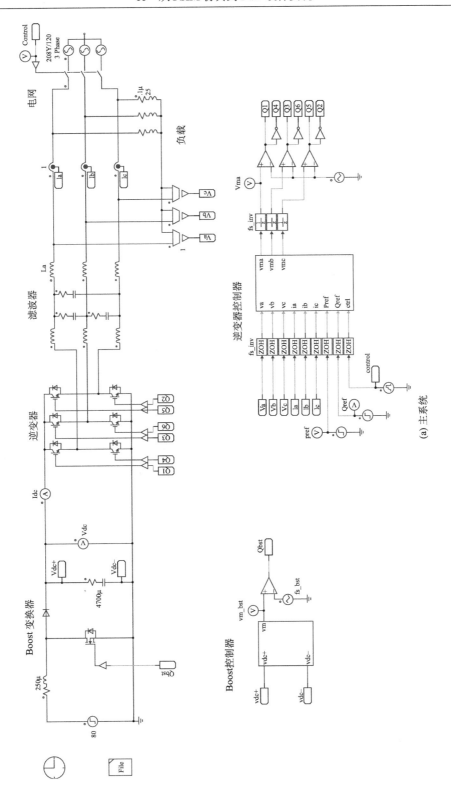

(a) 主系统

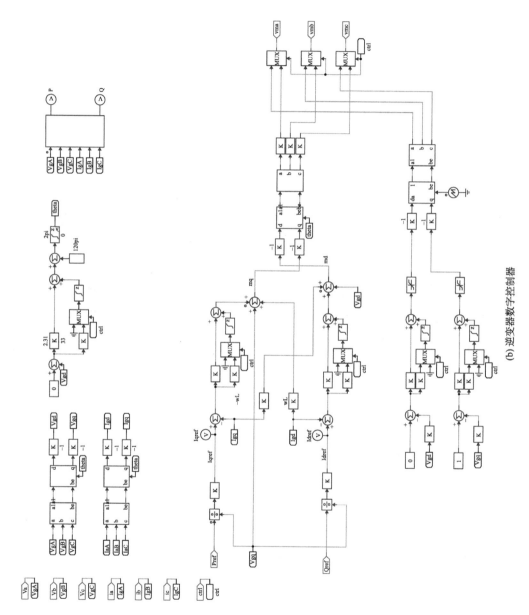

(b) 逆变器数字控制器

图 11.5　采用数字控制的逆变控制器组成的并网逆变系统

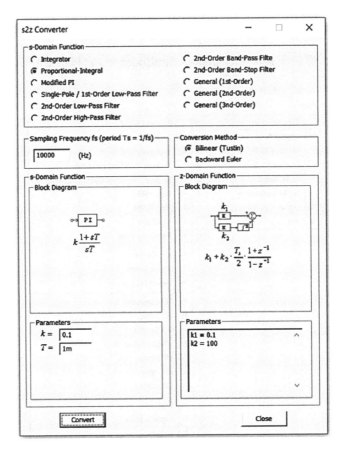

图 11.6 将模拟控制器转换为数字控制器的 s2z Converter

11.4 PSIM 中的自动代码生成

即使使用者没有 DSP 经验也可以使用 PSIM 中的自动代码生成功能快速生成代码并在 DSP 中运行。PSIM 中的硬件目标库模块可以帮助使用者减轻设置寄存器以及为不同的 DSP 外设进行初始化设置等繁重任务。有关如何进行自动代码生成的深入细节问题,请参考《SimCoder 用户手册》[2]和《教程:F2833x Target 的自动代码生成》[3]。

为了准备 TI DSP 的自动代码生成系统,需要对原理图做如下更改:

·定义 DSP 类型,并添加模数转换器、PWM 发生器、数字量输入/输出以及其他 DSP 外设模块。

·如果需要,添加串行通信接口(SCI)模块以便于监控和调试。

我们需要对 DSP 的硬件、外设模块功能以及引脚布局有一个基本的了解。所以我们应该快速浏览 TI DSP 的数据手册[4],了解基本的硬件结构。而 SimCoder 用户手册[2]介绍了 DSP 的引脚分配,PSIM 中对每个 DSP 外设模块都提供了简单的示例。

11.4.1　TI F28335 DSP 外设模块

"F2833x Target"库位于菜单 Elements>> SimCoder 下,它包括 DSP F28335 的外设模块,如图 11.7 所示。

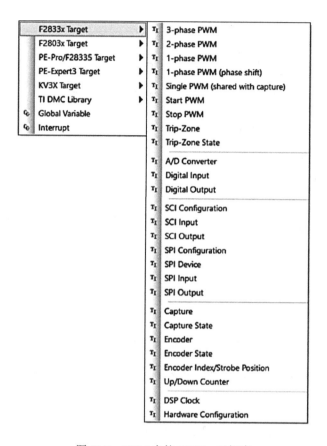

图 11.7　PSIM 中的 F2833x 目标库

关键的 DSP 外设模块是 A/D 转换器、PWM 发生器和数字量输入/输出模块。本节将对它们进行简要介绍。

DSP F28335 有 16 个 A/D 通道,分为 A 组和 B 组。A/D 转换器可以运行于连续模式,也可以在启动-停止模式下运行。当运行于启动-停止模式下时,将由 PWM 发生器触发进行 A/D 转换。DSP A/D 转换器的输入范围为 0~+3V。被测量可以是直流量,也可以是交流量。通常还需要一个缩放电路和一个偏移电路,以使 A/D 转换器的输入信号处于 0~+3V 的范围内。为了便于建立电路原理图,PSIM 中的 A/D 转换器模块包含一个偏移电路和一个缩放模块,它可以被定义为以直流模式(使用直流输入)或交流模式(使用交流输入)运行。要详细了解如何定义 A/D 转换器,可以参阅文献[2]。

图 11.8 给出了一个 A/D 转换器的简单测试电路和参数对话框窗口。在这个电路中,连续模式下将 1.5V 的直流信号读入通道 A0。

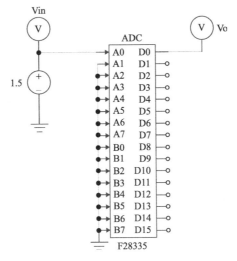

图 11.8 A/D 转换器测试电路

DSP F28335 提供六组 PWM 输出(每组有两个输出,共有 12 个输出)。除此之外,它还提供 6 个 PWM 输出,但这些输出与其他外设模块共享。在 PSIM 中,PWM 功能由单 PWM 发生器,单相、两相和三相 PWM 发生器来实现。为了使 PWM 发生器设置更加容易,将载波类型定义为与常规仿真所用载波相似。图 11.9 给出了一个单相 PWM 发生器的简单测试电路和参数对话框窗口。

在该电路中,PWM 发生器使用 PWM1 输出(通用输入输出、GPIO0 和 GPIO1)。死区时间设置为 4μs,采样频率是 10kHz。载波波形是峰值为 1 的三角波。PWM 发生器的输入为 0.6,表示占空比为 0.6。另外,在这个电路中,每个周期数字量输出引脚 GPIO30 都会被切换,这样人们就可以清晰地观察 PWM 周期的开始。

DSP F28335 提供了 88 个 GPIO 端口,这些端口可以配置为数字量输入或输出。为此,PSIM 提供了一个八通道数字量输入模块和一个数字量输出模块来实现这个功能。数字量输入和数字量输出的测试电路及其参数对话框窗口如图 11.10 所示。在这个电路中,两个逻辑信号被读入数字量输入模块的通道 D0 和 D1。然后它们以 10kHz 的速率通过数字量输出模块输出，GPIO30 数字量输出引脚同样以 10kHz 的速率切换。

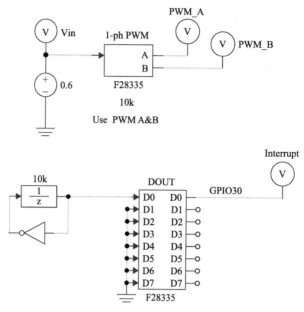

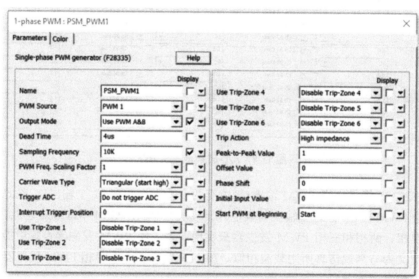

图 11.9　PWM 发生器测试电路

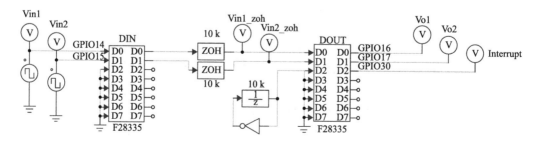

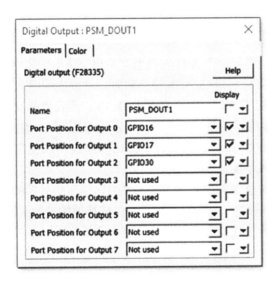

图 11.10　数字量输入/输出模块测试电路

11.4.2　添加 DSP 外设模块

对 DSP 硬件和 PSIM 硬件目标库有了基本了解后，我们就可以修改并网逆变器系统用于自动代码生成。首先，在 Simulation Control 的 SimCoder 标签中定义硬件目标（Hardware Target）、项目类型（用于 Code Composer Studio）、数据类型和 TI 的数字电机控制（digital motor control，DMC）库版本。在这个例子中，硬件目标选择 F2833x，其他设置如图 11.11 所示。

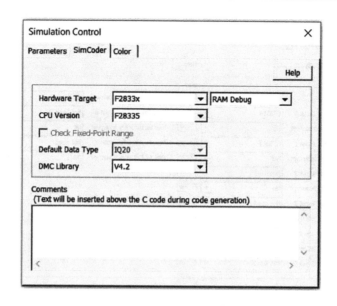

图 11.11　用于自动代码生成的 Simulation Control 设置

在逆变器的例子中，需要一个 A/D 转换器对三相交流电压和电流、有功/无功功率的参考值以及控制信号进行采样。定义 A/D 转换器时，必须确保输入量不超过限值。当 A/D 转换器的通道设置为直流模式时，输入范围为 0~3V；当设置为交流模式时，输入范围为 –1.5~1.5V。如图 11.5 中的系统原理图所示，电压/电流传感器增益都设置为 1，有功/无功功率的参考值范围为 1000~3000。它们需要按比例缩放，以使交流模式下的输入不超过 1.5V，直流模式下的输入不超过 3V。

根据实际值，电流传感器的增益 k_i 设置为 0.03，电压传感器的增益 k_v 设置为 0.0075。有功/无功功率参考值的基准值设置为 1500。A/D 转换器的参数定义如图 11.12 所示。A/D 通道的增益如此设置是为了使变量在转换后恢复为原始值。

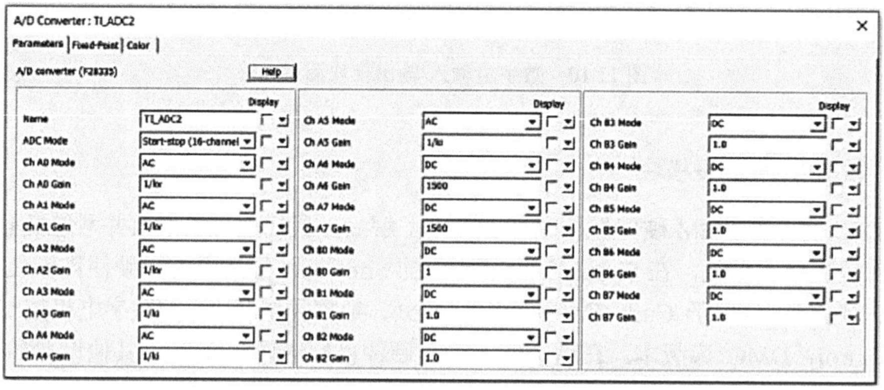

图 11.12　A/D 转换器的参数定义

F2833x 目标库中的 PWM 发生器将取代 PWM 生成电路的比较器和载波。PWM 发生器的参数定义如图 11.13 所示。当参数"Trigger ADC"设置为"Trigger ADC Group A&B"时，在每个采样周期开始，A/D 转换器将执行转换。转换完成后，将启动中断服务程序。载波的设置方式与图 11.5 原理图中的载波相同，具有相同的载波类型、峰-峰值和偏移量。

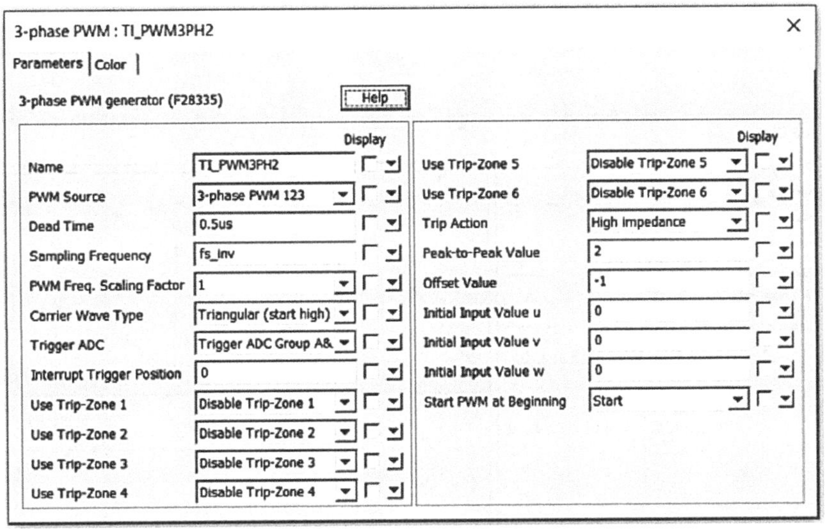

图 11.13　PWM 发生器的参数定义

除了 DSP 外设模块之外，控制电路中还需要做两处修改。一个是计算角度 θ 中的代数环。角度 θ 的计算取决于电压 V_{gd}，而 V_{gd} 本身又依赖于计算中的角度 θ，这样就形成了一个代数环，这在 SimCoder 中是不允许的。要打破代数环，需要在角度 θ 被传递到其他坐标变换模块之前插入一个单位延迟模块。另一个修改与连接有功和无功功率参考值的除法器有关。在开始时，V_{gq} 为 0，会导致除 0 错误。为了避免这个问题，当 V_{gd} 为 0 时将使用一个 C 模块将 V_{gd} 设置为一个稳态值。

11.4.3　定义用于实时监控和调试的 SCI 模块

调试数字控制器通常是一项具有挑战性的任务，因为 DSP 内部的变量不容易访问。为了解决这个问题，PSIM 提供了一个名为"DSP 示波器"的工具(在 Utilities 菜单下)。当与目标库中的 SCI 模块一起使用时，DSP 示波器可以实时监控 DSP 内部变量的波形并改变其数值。

要设置 SCI 进行实时监控和调试，需要使用 F2833x 目标库中的"SCI Configuration"模块、"SCI Input"模块和"SCI Output"模块。"SCI Configuration"模块定义了所使用的 SCI 端口、速度、奇偶校验标志和用于存储数据的 DSP 内部缓冲区大小。速度和奇偶校验设置必须与 DSP 示波器中的设置相同。要了解更多关于如何设置 SCI 模块进行实时监控和调试的内容，请参考 SCI 教程[5]。

在这个例子中,我们将监控角度 θ 并提供选择修改参考电压 V_{gq_ref} 和控制器增益 K_{p_vgq}。为了监控角度 θ,我们将一个 SCI 输出模块与角度 θ 的节点相连接。为了更改参考电压 V_{gq_ref},我们将这个常数替换成初值为 1 的 SCI 输入模块。同时将变量 K_{p_vgq} 在参数文件中定义为全局变量,如下所示:

$$（\text{Global}）\quad K_{p\_vgq}=0.003$$

DSP 代码中的任意全局变量都可以通过 DSP 示波器来修改。DSP 示波器的接口如图 11.14 所示。

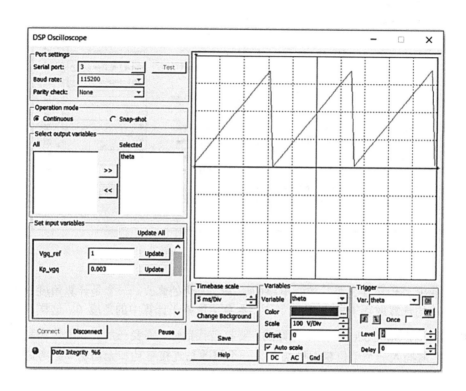

图 11.14　用于实时监控和调试的 DSP 示波器

完成了对原理图的修改,要自动生成代码,可以执行 Simulate >>Generate Code 命令,此时会生成准备在 DSP F28335 上运行的 C 代码,以及 Code Composer Studio v3.3 版本的完整项目文件。如果使用的是更新版本的 Code Composer Studio,则可以使用导入函数来导入 v3.3 项目。图 11.15 显示了添加 DSP 外设模块的系统原理图,图 11.16 中是逆变控制器,其中 SimCoder 所做的修改以灰色突出显示。

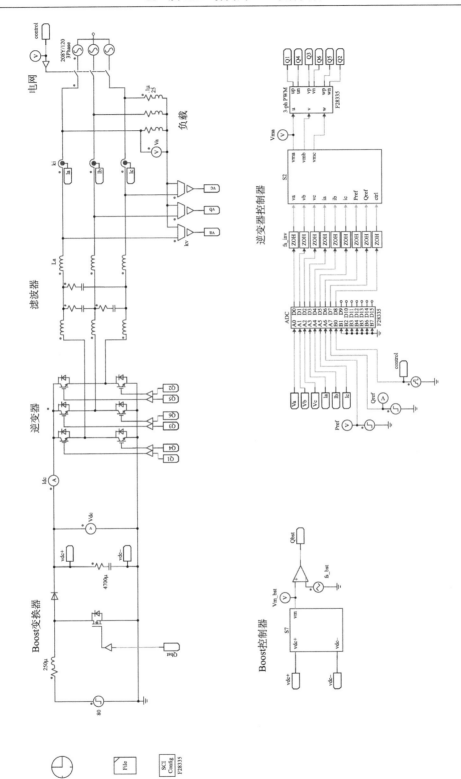

图 11.15 带有用于 DSP F28335 自动代码生成功能的并网逆变器系统

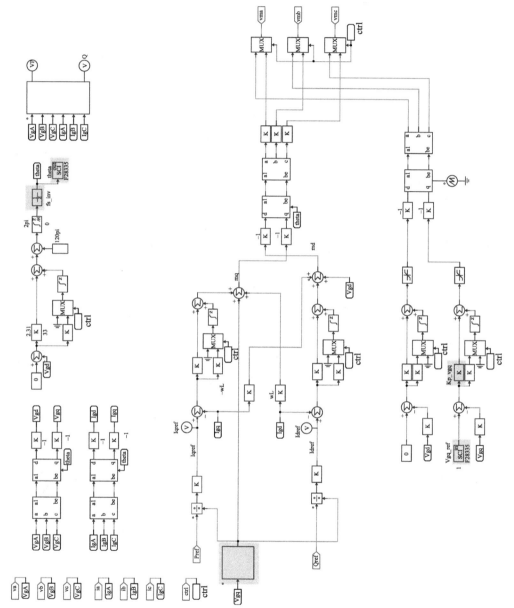

图 11.16　用于自动代码生成的逆变控制器

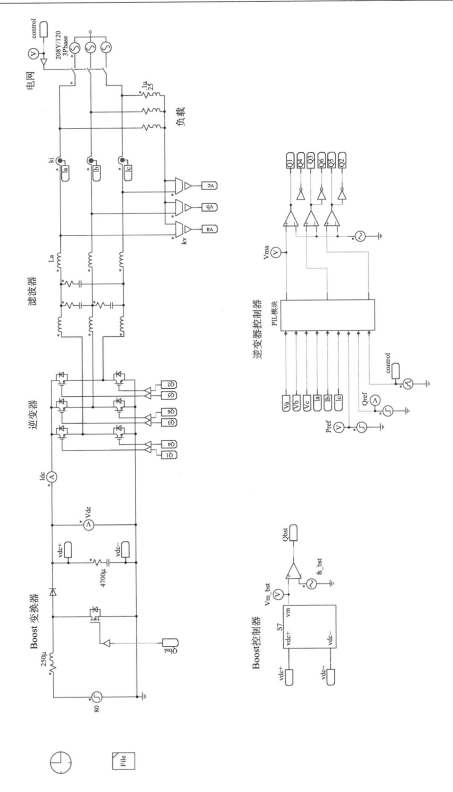

图 11.17 带有 PIL 仿真的并网逆变器系统

11.5　使用 PSIM 进行 PIL 仿真

如果选择手动编写 DSP 代码，PSIM 提供了一种验证代码的方法，即对原始代码进行最小修改后进行 PIL 仿真。有了这种方法，可以在没有加入功率变换器的阶段对代码进行测试和验证。这样不但有助于提高控制代码的开发速度，而且还可以进行测试和分析，这些测试和分析在实际功率阶段中将非常困难或无法做到。有关如何建立 PIL 仿真的更多详细信息，请参阅 PIL 教程[6]。

要想在 PSIM 中建立 PIL 仿真，请执行 Elements>>Control>>PIL Module 命令，然后在原理图中加入一个 PIL 模块，如图 11.17 所示。

为了进行 PIL 仿真，需要对 DSP 代码进行如下修改：

· 将与 PSIM 接口的变量定义为全局变量。

· 注释出执行 A/D 转换的语句。

```
… … …
interrupt void Task()
{
    DefaultType        fFunVar67, fFunVar68, fFunVar48, fZOH11,
                       fTI_ADC2_8, fZOH10;
    DefaultType        fTI_ADC2_7, fZOH9, fTI_ADC2_6, fZOH8,
                       fTI_ADC2_5, fZOH7, fTI_ADC2_4;
    DefaultType        fZOH6,fTI_ADC2_3, fZOH5, fTI_ADC2_2,
                       fZOH4, fTI_ADC2_1, fZOH3;
    DefaultType        fTI_ADC2;

    PS_EnableIntr();

    fTI_ADC2 = PS_GetAcAdc(0);
    fTI_ADC2_1 = PS_GetAcAdc(1);
    fTI_ADC2_2 = PS_GetAcAdc(2);
    fTI_ADC2_3 = PS_GetAcAdc(3);
    fTI_ADC2_4 = PS_GetAcAdc(4);
    fTI_ADC2_5 = PS_GetAcAdc(5);
    fTI_ADC2_6 = PS_GetDcAdc(6);
    fTI_ADC2_7 = PS_GetDcAdc(7);
    fTI_ADC2_8 = PS_GetDcAdc(8);
    fZOH3 = fTI_ADC2;
    fZOH4 = fTI_ADC2_1;
    fZOH5 = fTI_ADC2_2;
    fZOH6 = fTI_ADC2_3;
    fZOH7 = fTI_ADC2_4;
    fZOH8 = fTI_ADC2_5;
    fZOH9 = fTI_ADC2_6;
    fZOH10 = fTI_ADC2_7;
    fZOH11 = fTI_ADC2_8;
    TaskS2(fZOH3, fZOH4, fZOH5, fZOH6, fZOH7, fZOH8, fZOH9,
fZOH10, fZOH11, &fFunVar48, &fFunVar68, &fFunVar67);

    PS_SetPwm3ph1UvwSH(fFunVar48, fFunVar68, fFunVar67) ;
    PS_ExitPwm1General();
}
… … …
```

(a) DSP原始代码

```
… … …
DefaultType        fFunVar67=0, fFunVar68=0, fFunVar48=0,
                   fTI_ADC2_8=0;
DefaultType        fTI_ADC2_7=0, fTI_ADC2_6=0, fTI_ADC2_5=0,
                   fTI_ADC2_4=0;
DefaultType        fTI_ADC2_3=0, fTI_ADC2_2=0, fTI_ADC2_1=0;
DefaultTypefTI_ADC2=0
interrupt void Task()
{
    DefaultTypef       ZOH11, fZOH10;
    DefaultTypef       ZOH9, fZOH8, fZOH7;
    DefaultTypef       ZOH6, fZOH5, fZOH4, fZOH3;

    PS_EnableIntr();

//    fTI_ADC2 = PS_GetAcAdc(0);
//    fTI_ADC2_1 = PS_GetAcAdc(1);
//    fTI_ADC2_2 = PS_GetAcAdc(2);
//    fTI_ADC2_3 = PS_GetAcAdc(3);
//    fTI_ADC2_4 = PS_GetAcAdc(4);
//    fTI_ADC2_5 = PS_GetAcAdc(5);
//    fTI_ADC2_6 = PS_GetDcAdc(6);
//    fTI_ADC2_7 = PS_GetDcAdc(7);
//    fTI_ADC2_8 = PS_GetDcAdc(8);
    fZOH3 = fTI_ADC2;
    fZOH4 = fTI_ADC2_1;
    fZOH5 = fTI_ADC2_2;
    fZOH6 = fTI_ADC2_3;
    fZOH7 = fTI_ADC2_4;
    fZOH8 = fTI_ADC2_5;
    fZOH9 = fTI_ADC2_6;
    fZOH10 = fTI_ADC2_7;
    fZOH11 = fTI_ADC2_8;
    TaskS2(fZOH3, fZOH4, fZOH5, fZOH6, fZOH7, fZOH8, fZOH9,
fZOH10,fZOH11, &fFunVar48, &fFunVar68, &fFunVar67);

    PS_SetPwm3ph1UvwSH(fFunVar48, fFunVar68, fFunVar67);
    PS_ExitPwm1General();
}
… … …
```

(b) 修改后用于PIL仿真的代码

图 11.18　DSP 代码

11.4 节中生成的代码在此处用作源代码。从代码中，我们可以定义输入变量为 fTI_ADC2，fTI_ADC2_1，…，fTI_ADC2_8，输出变量为 fFunVar67、fFunVar68 和 fFunVar48。这些变量必须定义为全局变量。修改之前和修改之后的代码如图 11.18 所示，其中代码的差异以灰色突出显示。

在代码中，函数 Task()是中断服务程序，而函数 PS_GetAcAdc()和 PS_GetDcAdc()用于 A/D 转换。在图 11.18 中，所有输入输出变量都从中断服务例程中移出并被定义为全局变量。另外，执行 A/D 转换的语句被注释掉。然后使用 Code Composer Studio 将修改后的代码编译到 DSP 可执行文件.out 中。PIL 模块的定义如图 11.19 所示。

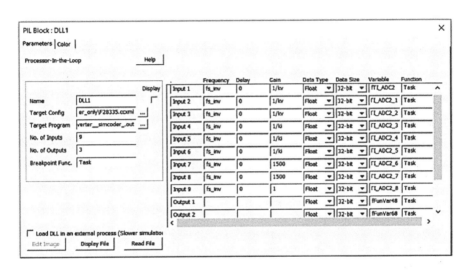

图 11.19　PIL 模块的定义

要启动 PIL 仿真，请执行 Simulate>>Run PSIM 命令。PSIM 会建立与 DSP 硬件的连接，将.out 文件上传到 DSP，并开始仿真。仿真运行时，PSIM 和 DSP 会同时运行，并根据 PIL 模块的定义来交换数据。

经过运行发现，图 11.17 中用于 PIL 仿真的系统会给出与图 11.15 中的系统相同的结果。

11.6　结　　论

本章简要介绍了如何在 PSIM 中实现系统和进行系统仿真，以及如何通过自动代码生成和 PIL 仿真建立系统来加快硬件实现。本章所描述的 PSIM 原理图文件可以在网上下载。想了解更多有关 PSIM 的详细资料，请参阅用户手册、各种 PDF 文件和在线视频教程。

参 考 文 献

[1] PSIM User Manual, v10.0.4, Powersim Inc., 2015.

[2] SimCoder User Manual, v10.0.4, Powersim Inc., 2015.

[3] Tutorial: Auto Code Generation for F2833x Target, v10.0.4, Powersim Inc., 2015.

[4] TMS320F2833x Data Manual, SPRS439E, Texas Instruments, 2008.

[5] Tutorial: Using SCI for Waveform Monitoring in F2833x-F2803x Target, v10.0.4, Powersim Inc., 2015.

[6] Tutorial: Process-In-the-Loop Simulation, v10.0.4, Powersim Inc., 2015.

补充阅读材料

TI DSP Analog-to-Digital Converter (ADC) Module http://www.ti.com/lit/ug/spru812a/spru812a.pdf (accessed April 18, 2016).

TI DSP Enhanced Pulse Width Modulator (ePWM) Module http://www.ti.com/lit/ug/sprug04a/sprug04a.pdf (accessed April 18, 2016).

TI DSP System Control and Interrupts http://www.ti.com/lit/ug/sprufb0d/sprufb0d.pdf (accessed April 18, 2016).

12 应用于电力电子技术的数字处理技术

12.1 引　　言

早期的信号处理方法基本都是采用模拟滤波器，由于微处理器的发展，出现了数字处理技术。在电力电子和电力系统领域，信号处理技术在过去的几十年中一直备受关注。它们在电能质量监测、电能质量调节、电力电子控制、收益电能计量以及功率理论制定等领域得到了极为广泛的应用。

电力电子系统中数字处理技术的典型应用包括：(i)电能质量指标的定义，如总谐波失真(THD)或不平衡系数；(ii)选择性调谐滤波器，这种滤波器适用于特定谐波分量的频率分析，或者可用于选择性控制器设计以便提供特定频率上的高增益，如谐振控制器和重复控制器；(iii)并网变换器准确实现与电网同步，以便进行适当的有功功率注入和补偿；(iv)利用最大功率点跟踪(MPPT)和孤岛检测技术以及本书提到的其他方法，使分布式发电装置有效、安全地运行。

本章主要介绍数字处理技术，首先介绍基本算法，如积分计算、移动平均滤波器(MAF)和有效值 RMS 计算；其次介绍识别基波分量和对称分量的数字滤波器，如正序和负序分量；然后介绍应用于单相和三相系统的同步算法；最后介绍用于分布式发电系统的特殊数字技术，如 MPPT 和孤岛检测技术。此外，还提出了一些思考题作为补充，以帮助读者更好地理解本章的内容。

12.2 基本数字处理技术

基本的信号处理技术是帮助实现简单函数计算的重要工具，例如，求平均值、集合值和有功功率计算或其他更复杂的算法，如数字滤波器、频率/相位检测器、孤岛检测和电力电子控制器等。12.2.1 节～12.2.4 节将介绍微积分值计算、MAF 和 RMS 值计算。这些内容所展示的实验项目非常有用，涵盖了使用最多的函数。

12.2.1 瞬时和离散信号计算

为了介绍本章所用的基本符号表示法，先考虑周期运行的通用多相电路，这就意味着任何电压或电流信号都会在固定的时间基础上重复其波形，将这个固定时间定义为周期(T)。在后面，将瞬时值标记为小写符号(x)，平均值标记为上面带有一条横线的小写符号($\bar{x}$)，有效值 RMS 标记为大写符号(X)，向量值或集合值用黑体符号表示($\boldsymbol{X}$)。下标 m 代表特定的第 m 相(x_m，X_m)。

数字信号应用中瞬时信号的定义是一个有争议的问题，因为测量设备和微处理器存在固有延迟，延迟时间为离散化或采样周期（T_s）。因此，从字面意义上来说不可能立即测量和处理信号，但是，通常可以在比基本周期小得多的时间内测量和处理它们。因此，为避免误解，本章中提到的瞬时值意味着 $T_s \ll T$。

12.2.2　微积分值计算

微分和积分概念是大多数工程课程中最先学习的内容之一。它们的数字实现对于计算非常有用。例如，计算微分函数比值，或是一段时间内能量的生产或消耗，另外对于基于微分和积分控制器的实现也是非常有用的，如比例-积分-微分（PID）控制器。

微分值可以通过将两个连续样本的差除以采样周期来计算，如下所示：

$$y(k) = \frac{[x(k) - x(k-1)]}{T_s} \tag{12.1}$$

其中，y 是输出变量；x 是输入变量；k 是样本计数器。

微分电路的离散域传递函数可以表示为

$$y(z) = \frac{[x(z) - x(z) \cdot z^{-1}]}{T_s} \Rightarrow \frac{y(z)}{x(z)} = \frac{1 - z^{-1}}{T_s} \tag{12.2}$$

记住 z^{-1} 指单位延迟。

积分函数可以通过不同的方法数字化实现，每种方法都有优点和缺点。表 12.1 中列出了三种方法的离散方程和传递函数。

表 12.1　积分方法：离散方程和传递函数

方法	离散方程	传递函数
后向欧拉法	$y(k) = y(k-1) + T_s \cdot x(k)$	$\dfrac{y(z)}{x(z)} = \dfrac{T_s}{1 - z^{-1}}$
前向欧拉法	$y(k) = y(k-1) + T_s \cdot x(k-1)$	$\dfrac{y(z)}{x(z)} = \dfrac{T_s \cdot z^{-1}}{1 - z^{-1}}$
梯形法	$y(k) = y(k-1) + \dfrac{T_s}{2} \cdot [x(k) + x(k-1)]$	$\dfrac{y(z)}{x(z)} = \dfrac{T_s}{2} \cdot \dfrac{1 + z^{-1}}{1 - z^{-1}}$

作为案例研究，可以对正弦信号求积分，例如，在降压变压器的低压侧进行。在这个例子中，表 12.1 中梯形法的方程用自定义的 C 代码编写，并在 PSIM 的 C 模块中实现，然后与 PSIM 的标准离散积分器模块进行比较，如图 12.1 所示。两种实现方法的结果如预期一样，是相同的，如图 12.2 所示。

```
Customized C code implemented in C block for integrator algorithm
static double x;              //declaring input variable
static double y;              //declaring output variable
//declaring variables for integrator
static double intx;
static double x_prior;
static double Ts=8.33333e-5;          //sampling period
```

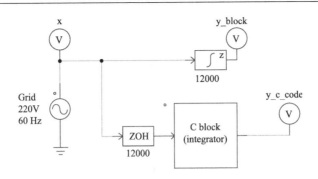

图 12.1 PSIM 中实现的梯形积分器方法

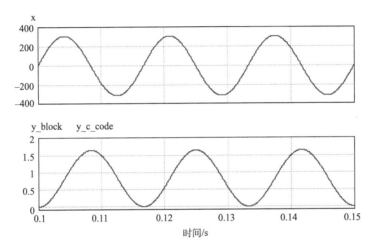

图 12.2 正弦输入信号和积分输出信号(重叠了)

```
x = in[0];                          //input signal
//integrator algorithm
intx = intx + (Ts/2)*(x + x_prior);
x_prior = x;
y = intx;
out[0] = y;                         //output signal
```

12.2.3 移动平均滤波器 MAF

移动平均滤波器 MAF 在这里可以描述为准瞬时计算，它的快速性取决于其时间响应，而其时间响应又与它的相对向量大小相关，例如，基于一个基本周期的 MAF 比基于五个周期的 MAF 具有更快的动态特性；但是后者在降低噪声方面比前者更有效。这里，将 MAF 向量的相对大小定义为

$$N = \frac{T}{T_s} \tag{12.3}$$

此外，MAF 可以通过线性缓冲区实现，其中向量的起点和终点不相连，如图 12.3(a)所示，也可以通过环形缓冲区实现，其中向量的起点和终点相连，如图 12.3(b)所示。在图

12.3(a)中，每个数据都关联到一个特定的内存位置，并且所有的存储数据必须移位，因为新数据的指针总是指向位置 0。在图 12.3(b)中，当第一个缓冲区被填满之后，新数据将取代最早的数据存放，因此指针将沿环形缓冲区移动。

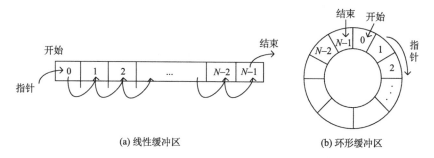

(a) 线性缓冲区　　　　　　　　　　　　(b) 环形缓冲区

图 12.3　移动平均滤波器的实现

这里讨论的 MAF 处理的是频率不变的信号，所以缓冲区大小和采样频率保持不变。对于频率变化的信号，可以采用自适应窗口 MAF 来处理，关于它的实现方法详见参考文献[1]。

从图 12.3 中可知，无论缓冲区是线性的还是环形的，MAF 的输出(y)都表示为所有存储在缓冲区中数据的和(S)除以数据个数 N，即

$$y(k) = \frac{S(k)}{N}，\text{ 其中 } S(k) = \sum_{j=0}^{N-1} x(k-j) \tag{12.4}$$

因此，离散的 MAF 方程可以表示为

$$y(k) = \frac{S(k-1) + x(k) - x(k-N)}{N} \tag{12.5}$$

这里，$x(k)$ 表示当前数据，而 $x(k-N)$ 表示存储在缓冲区中的最早数据。

由式(12.4)和式(12.5)，可以得到离散 MAF 的传递函数：

$$y(z) = y(z) \cdot z^{-1} + \frac{x(z) - x(z) \cdot z^{-N}}{N} \Rightarrow \frac{y(z)}{x(z)} = \frac{1}{N} \cdot \frac{1 - z^{-N}}{1 - z^{-1}} \tag{12.6}$$

此外，一些仿真软件平台提供图形编程，其中 MAF 如图 12.4 所示，应用式(12.6)离散实现。

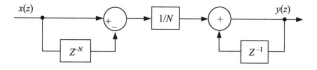

图 12.4　MAF 的离散时间实现

第一个案例，计算 12.2.2 节例子中正弦信号的无偏差时间积分。根据定义，无偏差时间积分($\hat{x}$)是周期信号(x)的积分去掉其平均值[2]，即

$$\hat{x} = x - \overline{x} = \int_0^t x\mathrm{d}\tau - \frac{1}{T} \cdot \int_{t-T}^t x\mathrm{d}\tau \tag{12.7}$$

考虑到已经在 12.2.2 节计算过正弦信号的积分，现在来计算它的平均值($\overline{x}$)，并把它

从积分信号(x_f)中减掉。图 12.5 显示了 PSIM 中计算无偏差时间积分的实现电路。MAF 基于环形缓冲区($N = 200$)以及一个基本的周期响应构造，且使用两个 C 模块实现。注意，这里用输出变量乘以基频角频率($2 \cdot \pi \cdot 60$)来标准化其幅值。在图 12.6 中可以看到，如预期那样，输出变量与输入信号相差 90°，并具有相同的幅值。

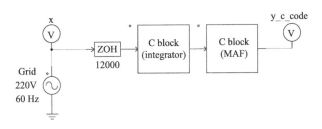

图 12.5　PSIM 中无偏差时间积分的实现

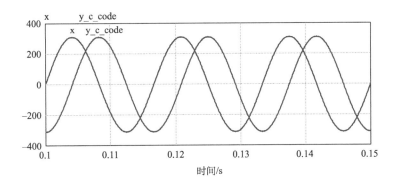

图 12.6　正弦输入信号和它的无偏差时间积分(乘以ω)

Customized C code implemented in C block for MAF algorithm

```
//variables for MAF
static int buffer_size = 200;          //buffer size
static double Ts = 8.33333e-5;         //sampling period
static double pi = 3.141592;           //constant pi number
static double buffer[200], sum_buffer;
static int j;                          //counter
x = in[0];                             //input signal
//variables initialization
if(t < 0.02)
{for (j = 0; j < buffer_size; j++)
{buffer[j] = 0;}
sum_buffer = 0;
j=0;}
//MAF algorithm
if (j == buffer_size) j = 0;
sum_buffer += x - buffer[j];
```

```
buffer[j] = x;
//unbiased time integral algorithm
y = x - (sum_buffer/buffer_size);          //MAF output
j++;                                       //counter increment
out[0] = y*2*pi*60;                        //normalized output signal
```

　　第二个案例,将不变周期 MAF 应用于计算 12.2.2 节中所用正弦信号的 RMS 值。注意,RMS 值是对信号各项平方和的均值求平方根的值。在图 12.7 中,离散化方程(12.6)用自定义 C 代码编写,并在 PSIM 平台的 C 模块中实现,将结果与采用 PSIM 中标准 RMS 模块以及采用图 12.4 的离散时间实现的结果相比较。图 12.8 显示了在 0.15s 时发生阶跃变化的 RMS 响应。可以看出,PSIM 中标准的 RMS 模块每周期更新一次,而 C 代码和图形编程方法是连续准瞬时计算的。

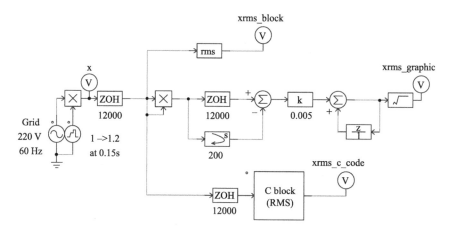

图 12.7　PSIM 中 RMS 实现方法的比较框图

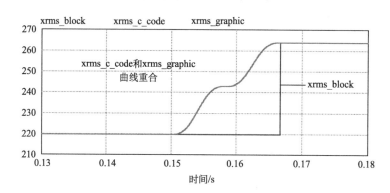

图 12.8　各 RMS 实现方法的比较结果

```
Customized C code for RMS algorithm
//variables for RMS
static double x_rms;
```

```
x = in[0];                        //input signal
x_rms = x*x;                      //squared value of input signal
//MAF algorithm
if (j == buffer_size) j = 0;
sum_buffer += x_rms - buffer[j];
buffer[j] = x_rms;
//RMS algorithm
y = sqrt(sum_buffer/buffer_size);  //MAF output
j++;                               //counter increment
out[0] = y;                        //RMS output signal
```

12.2.4　实验：有功电流计算

基于之前所讲的概念，学生应该在 PSIM 中实现如图 12.9 所示的电路，并且还应采用 C 代码进行数字实现以计算瞬时的有功电流，定义如下：

$$i_a = \frac{P}{V^2} \cdot v, \quad P = \frac{1}{T}\int_{t-T}^{t} v \cdot i \, \mathrm{d}\tau \tag{12.8}$$

其中，v 和 V 分别是瞬时电压值和 RMS 电压值；P 是平均有功功率。

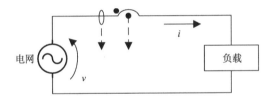

图 12.9　有功电流计算电路

在最终检查时要注意，当负载为纯阻性时，有功电流 i_a 必须等于 i。如果负载设置为纯感性或者纯容性时，则 i_a 必须为零。如果设定为 RL 负载，则 i_a 必须仅对应电阻 R 上的功耗。

12.3　基波分量识别

考虑到非线性功率电路中存在畸变的电压和电流信号，因此对于许多应用来说基波分量的识别至关重要，例如，电能质量指标的计算(THD、不平衡系数、位移因数等)或者功率调节参考量(有功和无功电流、同步信号等)。

因此，基本概念是将一个三维(三相)向量($\boldsymbol{x}$)分成两个主要部分：正弦基波分量($\boldsymbol{x}_1$)和剩余分量($\boldsymbol{x}_{res}$)，剩余分量与谐波、间谐波和超谐波有关，即

$$\boldsymbol{x} = \boldsymbol{x}_1 + \boldsymbol{x}_{res} = \begin{bmatrix} x_{a_1} \\ x_{b_1} \\ x_{c_1} \end{bmatrix} + \begin{bmatrix} x_{ares} \\ x_{bres} \\ x_{cres} \end{bmatrix} \tag{12.9}$$

这种分解通常是基于频域的。但是，也可以通过适当的滤波方法在时域实现。

"剩余项"这个词不仅代表了原始信号中的谐波分量，而且代表它不需要快速傅里叶变换(FFT)就可以计算出来。在这种方法中，剩余项可以通过原始信号与其基波分量或剩余分量之间的差值来计算，如图 12.10 所示。

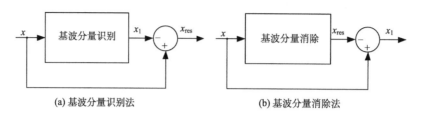

(a) 基波分量识别法　　　　　　　　　　　　　　(b) 基波分量消除法

图 12.10　信号分解为基波分量和剩余分量的概念(两种方法)

因此，如果人们想要量化任何电压或电流信号的波形畸变情况用于评估、补偿或其他应用，就应该对 v_{res} 和 i_{res} 进行监控或使其最小化。当然，在这种情况下，是不可能确定波形中含有哪种谐波分量或各种谐波分量的含量的，因为这样需要完整的频域分析。

从补偿的角度来看，消除或者最小化这种剩余分量意味着对波形畸变的完全补偿，而这是可以做到的，例如，通过使用有源电力滤波器 [3-5] 来实现完全补偿。

关于先前信号分解的实现方法，为了将信号分解成基波分量和剩余分量，本章考虑了三种方法，分别在第 12.3.1 节、12.3.2 节和 12.5.4 节中介绍，即无限脉冲响应(IIR)滤波器、有限脉冲响应(FIR)滤波器和使用 PLL 的基波检测器(fundamaental wave detector，FWD)。

12.3.1　IIR 滤波器

通过使用 IIR 实现方法[6]来实现带通(图 12.10(a))或带阻(图 12.10(b))数字滤波器，就可以分别实现基波分量的识别或消除。假设使用带阻滤波器，则一个二阶 IIR 陷波滤波器的频域模型为

$$H(s) = \frac{Y(s)}{X(s)} = \frac{s^2 + \omega_0{}^2}{s^2 + s\omega_c + \omega_0{}^2} \tag{12.10}$$

其中，$\omega_0 = 2\pi f_0$，定义了滤波器的中心频率 f_0；$\omega_c = 2\pi f_c$，定义了陷波器的带宽频率 f_c。

滤波器的品质因数(Q)与滤波器的带宽成反比，且直接影响滤波器的选择性和动态响应。这意味着品质因数越大，Bode 图的选择性越高，滤波器的阶跃响应越慢。

现在，考虑应用双线性变换以实现方程(12.10)中的滤波器的离散化，其在离散域中的实现表达式为

$$H(z) = \frac{Y(z)}{X(z)} = \frac{b_0 + b_1 z^{-1} + b_2 z^{-2}}{a_0 + a_1 z^{-1} + a_2 z^{-2}} \tag{12.11}$$

或者用差分方程表示为

$$a_0 y(k) = b_0 x(k) + b_1 q^{-1} x(k) + b_2 q^{-2} x(k) - a_1 q^{-1} y(k) - a_2 q^{-2} y(k) \qquad (12.12)$$
$$= b_0 x(k) + b_1 x(k-1) + b_2 x(k-2) - a_1 y(k-1) - a_2 y(k-2)$$

以 60Hz 的陷波滤波器为例，其采样频率为 12kHz，阻带为 5Hz，频率响应如图 12.11 所示。

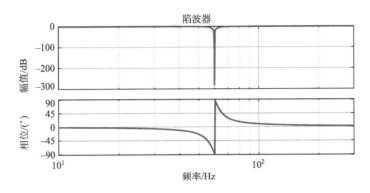

图 12.11　60Hz 陷波滤波器的频率响应

因此，如果使用 IIR 滤波器实现基波分量或剩余分量的识别，需要注意下列要点：

• 除非使用自适应 IIR 实现，否则如果输入信号的基频出现偏差，则调谐滤波器可能会导致较大的误差，特别是在窄带滤波器的情况下。

• 如果数字滤波器用于有限精度的离散系统（以位为单位），量化误差可能导致不可接受的结果，需要利用更复杂的离散化技术，如 γ 变换及其导数（delta）算子[7,8]。

• 滤波器的动态特性基本取决于滤波器的阶数和所选择的带宽。

以下 MATLAB 脚本程序设计了一个带通数字滤波器。

```
% Analog Filter Design - 60 Hz band-pass filter
fc1 = 59;               % inferior band-pass frequency in Hz
fc2 = 61;               % superior band-pass frequency in Hz
wc1 = (2*pi*fc1);       % in rad/s
wc2 = (2*pi*fc2);
a = wc2 - wc1;          % filter bandwidth
b = wc1*wc2;
bs=[0 a 0];             % numerator H(s)
as=[1 a b];             % denominator H(s)
% Digital Filter in Z-domain
% using shift operator by means of bilinear transformation
fp = 60;                % pre-warping frequency to the bilinear transformation
tFs = 12000;            % 12 kHz sampling frequency
[bz,az] = bilinear(bs,as,Fs,fp)   % NUM(b)/DEN(a) of H(z)
% save original coefficients in z(shift) form
```

```
% IIR Filter Coefficients
b0 = 0.0005232387650482284
b1 = 0.0000000000000000000
b2 = -0.0005232387650482284
a0 = 1.000000000000000
a1 = -1.997967433496970
a2 = 0.9989535224699035
```

12.3.2　FIR 滤波器

FIR 滤波器的特征在于只需简单地使用当前和之前的输入样本(不需要像 IIR 滤波器那样还需要之前的输出值)。此外,在大多数情况下,这种类型的滤波器被认为是线性相位滤波器;这意味着它们不会影响滤波信号相对于原始信号的相位角。当且仅当其系数关于中心系数对称时,FIR 滤波器才具有线性相位。

为了设计 FIR 滤波器系数,可以使用基于离散傅里叶级数(DFS)基波分量的滤波器,当其应用于有限序列或窗口时,称为离散余弦变换(discrete cosine transform,DCT)[6],

$$y(k) = \frac{2}{N}\sum_{j=0}^{N-1}x(k-j)\cdot\cos\left(\frac{2\pi}{N}j\right) \tag{12.13}$$

其中,k 是采样计数器;N 是输入信号(x)每个基本周期的样本数量;j 是环形缓冲区计数器;y 是滤波器的输出信号。

正如 12.2.3 节中所述,使用移动平均窗口或环形缓冲区的概念来实现方程(12.13),可产生一个 MAF。因此,滤波器计算需要维数为 N 的向量,该向量使用当前和前 $N-1$ 个样本构成。因此,新样本会导致所有之前的向量系数移动一个位置,并取代最早的样本。因此,FIR 滤波器可以用下面的形式表示:

$$y(k) = a_0x(k) + a_1x(k-1) + a_2x(k-2) + \cdots + a_{N-1}x(k-(N-1)) \tag{12.14}$$

其中,x 表示采样的输入信号;y 表示输出信号;$k\text{-}N$ 表示样本上的时间偏移;a_n 表示滤波器系数。

需要注意的是,如果需要,可以将 FIR 滤波器系数设计为多谐波滤波器。这意味着可以使用相同的滤波器来识别输入信号的多个选择性谐波频率[9]。图 12.12 显示了调谐到 60Hz、180Hz 和 300 Hz 的 FIR 滤波器的频率响应。

```
% FIR FILTER DESIGN
% Fundamental frequency of 60Hz, Sampling Frequency of 12 kHz
N = 200;     % number of samples per fundamental cycle (60Hz)
SF = [1];    % vector with the selected frequencies (fundamental component)
% SF = [1 3 5]; % if required to filter the 1st, 3rd, and 5th components
NSF = max(size(SF));   % filter dimension - number of selected frequencies
coef(1:N) = zeros(1,N);    % vector initialization
for i = 1 : NSF,           % DCT calculation
for j = 0 : N-1,
coef(j+1) = coef(j+1) + 2/N*cos(SF(i)*(N-1-j)/N*2*pi);
```

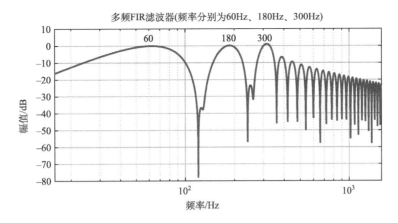

图 12.12　调谐到 60Hz、180Hz 和 300Hz 的 FIR 滤波器的频率响应

```
end
end
```

12.3.3　实验：THD 计算

在第 10 章讨论过，THD 是最重要的电能质量指标之一，其计算式如下：

$$\text{THD}_x = \frac{\sqrt{\sum_{h=2}^{50} {X_h}^2}}{X_1} = \sqrt{\sum_{h=2}^{50}\left(\frac{X_h}{X_1}\right)^2} \tag{12.15}$$

这个表达式考虑了应用快速傅里叶变换(FFT)达到 50 次谐波阶数(h)；然而，为了避免复杂的 FFT 计算，可以采用另一种表达式计算 THD：

$$\text{THD}_x = \sqrt{\frac{1}{T}\cdot\int_{t-T}^{t}\left(\frac{x_{\text{res}}}{x_1}\right)^2 \mathrm{d}\tau} = \frac{X_{\text{res}}}{X_1} \tag{12.16}$$

其中，x_1 和 x_{res} 分别表示输入电压或电流信号的基波分量和剩余分量，这里的输入信号经过了 12.3.1 节和 12.3.2 节(IIR 或 FIR 滤波器)中讨论的滤波处理。

考虑离散形式，THD 的实现如下：

$$\text{THD}_x(k) = \sqrt{\frac{1}{N}\cdot\sum_{k-N}^{k}\left[\frac{x_{\text{res}}(k)}{x_1(k)}\right]^2} = \frac{X_{\text{res}}(k)}{X_1(k)} \tag{12.17}$$

然后，为了实现数字 THD 算法，离散化方程(12.17)可以通过 RMS 算法和 IIR 滤波器在 PSIM 中实现，其中 RMS 算法采用自定义 C 代码编写，而 IIR 滤波器采用 PSIM 中的模块实现，如图 12.13 所示。其中，名为 "grid" 的输入信号加入了 10% 的三次谐波，并在 1s 时将谐波含量突降至 5%。当然，完整的 THD 算法可以在 PSIM 的单个 C 模块中实现。图 12.14 显示了在 1s 处发生阶跃变化时所实现的 THD 信号响应。

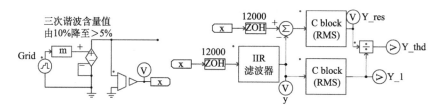

图 12.13　PSIM 中采用 IIR 滤波器实现的 THD 算法

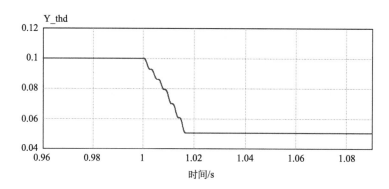

图 12.14　实现的 THD 信号响应

Customized C code for IIR filter algorithm
```
static double x;                    //input
static double y;                    //output
```
// variables for IIR filter
```
static double x1, x2, y1, y2;
static double a0, a1, a2, b0, b1, b2;
x = in[0];                          //input signal - x(k)
```
// IIR filter algorithm
```
a0 = 1.000000000000000;
a1 = -1.997967433496970;
a2 = 0.9989535224699035;
b0 = 0.0005232387650482284;
b1 = 0.0000000000000000000;
b2 = -0.0005232387650482284;
y = b0*x + b1*x1 + b2*x2 - a1*y1 - a2*y2;  //eq.(12.12)
x2 = x1;                   //twice delayed input signal - x(k-2)
x1 = x;                    //unity delayed input signal - x(k-1)
y2 = y1;                   //twice delayed output signal - y(k-2)
y1 = y;                    //unity delayed output signal - y(k-1)
out[0] = y;                //output signal - y(k)
```

12.4 Fortescue 相序分量识别

1918 年，Fortescue[10]证明了一个不平衡的三相系统，在频域中由三个不同的相量表示，可以分解为各由三个平衡相量组成的三个子系统，这三个平衡向量为正序、负序和零序对称分量。从那时起，对称分量被用于分析或补偿不平衡的三相系统。正序的三相系统如图 12.15 所示。

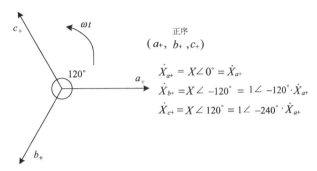

$$\dot{X}_{a+} = X\angle 0° = \dot{X}_{a+}$$
$$\dot{X}_{b+} = X\angle -120° = 1\angle -120° \cdot \dot{X}_{a+}$$
$$\dot{X}_{c+} = X\angle 120° = 1\angle -240° \cdot \dot{X}_{a+}$$

图 12.15　正序平衡系统和相应的相量

可以看出，每个相分量的模块是相同的。通常将常向量$1\angle 120°$用"$\dot{a}$"或"α"来表示，称为旋转或相移算子。因此，$\dot{a} = 1\angle 120°$可以理解为将相应的向量沿正序的方向旋转 120°的算子。

因此，图 12.15 中的向量可以表示为

$$\dot{X}_{a+}, \quad \dot{X}_{b+} = \dot{a}^2 \cdot \dot{X}_{a+}, \quad \dot{X}_{c+} = \dot{a} \cdot \dot{X}_{a+} \tag{12.18}$$

$$\dot{a} = 1\angle 120°, \quad \dot{a}^2 = 1\angle 240° = 1\angle -120°, \quad 1 + \dot{a} + \dot{a}^2 = 0 \tag{12.19}$$

接下来，讨论如图 12.16 所示的负序平衡三相系统。

为了能够对这些相量进行代数运算，将负序系统表示为沿着正序的相同方向旋转，其等效的反相表示法如图 12.17 所示，由此得到

$$\dot{X}_{a-}, \quad \dot{X}_{b-} = \dot{a} \cdot \dot{X}_{a-}, \quad \dot{X}_{c-} = \dot{a}^2 \cdot \dot{X}_{a-} \tag{12.20}$$

图 12.16　负序平衡系统和相应的相量　　　图 12.17　考虑正序方向后的负序平衡系统

最后，零序平衡系统的相量由方程式(12.21)定义。图 12.18 显示了零序分量的平衡系统。

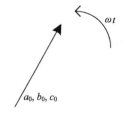

$$a_0, b_0, c_0$$

图 12.18 零序分量平衡系统

$$\dot{X}_{a_0} = \dot{X}_{b_0} = \dot{X}_{c_0} \tag{12.21}$$

Fortescue 的对称分量法可以表示为

$$\dot{X}_a = \dot{X}_{a+} + \dot{X}_{a-} + \dot{X}_{a_0}$$
$$\dot{X}_b = \dot{X}_{b+} + \dot{X}_{b-} + \dot{X}_{b_0} \tag{12.22}$$
$$\dot{X}_c = \dot{X}_{c+} + \dot{X}_{c-} + \dot{X}_{c_0}$$

考虑到每个相序系统的相量都是平衡的，所以分析单相就足够了，例如，分析 a 相，然后将结论扩展到其他相。将式(12.18)、式(12.20)及式(12.21)代入式(12.22)得到

$$\dot{X}_a = \dot{X}_{a_0} + \dot{X}_{a+} + \dot{X}_{a-}$$
$$\dot{X}_b = \dot{X}_{a_0} + \dot{a}^2 \dot{X}_{a+} + \dot{a} \dot{X}_{a-} \tag{12.23}$$
$$\dot{X}_c = \dot{X}_{a_0} + \dot{a} \dot{X}_{a+} + \dot{a}^2 \dot{X}_{a-}$$

将式(12.23)写成矩阵形式：

$$\begin{bmatrix} \dot{X}_a \\ \dot{X}_b \\ \dot{X}_c \end{bmatrix} = \begin{bmatrix} 1 & 1 & 1 \\ 1 & \dot{a}^2 & \dot{a} \\ 1 & \dot{a} & \dot{a}^2 \end{bmatrix} \cdot \begin{bmatrix} \dot{X}_{a_0} \\ \dot{X}_{a+} \\ \dot{X}_{a-} \end{bmatrix} \tag{12.24}$$

因此，如果已知正序、负序和零序分量，就可以通过式(12.22)~式(12.24)来得到原始的各相相量。

另外，如果需要从原始的三相变量中计算 Fortescue 对称分量，可以采用如下公式：

$$\dot{X}_{a_0} = 1/3(\dot{X}_a + \dot{X}_b + \dot{X}_c)$$
$$\dot{X}_{a+} = 1/3(\dot{X}_a + \dot{a} \dot{X}_b + \dot{a}^2 \dot{X}_c) \tag{12.25}$$
$$\dot{X}_{a-} = 1/3(\dot{X}_a + \dot{a}^2 \dot{X}_b + \dot{a} \dot{X}_c)$$

写成矩阵形式为

$$\begin{bmatrix} \dot{X}_{a_0} \\ \dot{X}_{a+} \\ \dot{X}_{a-} \end{bmatrix} = \frac{1}{3} \cdot \begin{bmatrix} 1 & 1 & 1 \\ 1 & \dot{a} & \dot{a}^2 \\ 1 & \dot{a}^2 & \dot{a} \end{bmatrix} \cdot \begin{bmatrix} \dot{X}_a \\ \dot{X}_b \\ \dot{X}_c \end{bmatrix} \tag{12.26}$$

图 12.19 显示了零序、正序和负序三个子系统。请注意，b 相和 c 相中各序分量可以通过使用移相算子 $\dot{a}$ 简单计算得到。

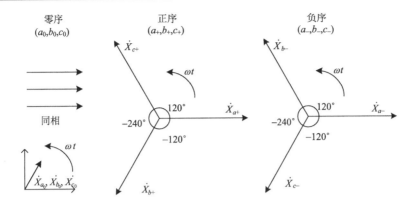

图 12.19 零序、正序和负序三个子系统

作为一种频域方法(相量),对于周期性的畸变信号,通过对原始信号每个不同频率的分析,可以确定其对称分量。但是,在进行不平衡的监控或补偿时,通常将 Fortescue 对称分量法应用于电压和电流的基波分量。这意味着在应用 Fortescue 方法之前,必须先使用之前所讨论的一种滤波器来识别基波分量。

12.4.1 使用 IIR 滤波器识别相序分量

计算被测信号基波分量的对称分量时,使用下标"1"来表示基波分量。因此,假如要计算一组不平衡信号的序分量(如不平衡的三相电压),并假定使用 IIR 滤波器,必须要进行如下计算:

$$\dot{X}_{a_1}^+ = \frac{1}{3} \cdot \left(\dot{X}_{a_1} + \dot{X}_{b_1} e^{j\frac{2\pi}{3}} + \dot{X}_{c_1} e^{j\frac{4\pi}{3}} \right) = \frac{1}{3} \cdot \left(\dot{X}_{a_1} + \dot{a}\dot{X}_{b_1} + \dot{a}^2 \dot{X}_{c_1} \right)$$

(12.27)

$$= \frac{1}{3} \cdot \left(\dot{X}_{a_1} + \dot{X}_{b_1} \cdot 1\angle 120° + \dot{X}_{c_1} \cdot 1\angle 240° \right)$$

要进行以上计算,需要考虑:

$$X_{a_1}^+ = \sqrt{\frac{1}{T} \cdot \int_{t-T}^{t} \left(x_{a_1}^+ \right)^2 d\tau}$$

(12.28)

其中

$$x_{a_1}^+ = \frac{1}{3} \cdot \left[x_{a_1}(t) + x_{b_1}\left(t + \frac{T}{3} \right) + x_{c_1}\left(t - \frac{T}{3} \right) \right] = \frac{1}{3} \cdot \left[x_{a_1}(t) + x_{b_1}\left(t - \frac{2T}{3} \right) + x_{c_1}\left(t - \frac{T}{3} \right) \right]$$

(12.29)

或者表示为如下的离散形式:

$$x_{a_1}^+(k) = \frac{1}{3} \cdot \left[x_{a_1}(k) + x_{b_1}\left(k - \frac{2N}{3} \right) + x_{c_1}\left(t - \frac{N}{3} \right) \right]$$

(12.30)

同理,负序和零序分量也可以采用如下方式计算:

$$x_{a_1}^-(k) = \frac{1}{3} \cdot \left[x_{a_1}(k) + x_{b_1}\left(k - \frac{N}{3} \right) + x_{c_1}\left(k - \frac{2N}{3} \right) \right]$$

(12.31)

$$X_{a_1}^-(k) = \sqrt{\frac{1}{N} \cdot \sum_{k-N}^{k} \left[x_{a_1}^-(k) \right]^2} \tag{12.32}$$

$$x_{a_1}^0(k) = \frac{1}{3} \cdot \left[x_{a_1}(k) + x_{b_1}(k) + x_{c_1}(k) \right] \tag{12.33}$$

$$x_{a_1}^0(k) = \sqrt{\frac{1}{N} \cdot \sum_{k-N}^{k} \left[x_{a_1}^0(k) \right]^2} \tag{12.34}$$

12.4.2　使用 DCT 滤波器识别相序分量

另一种计算对称分量的方法是基于对先前讨论的 DCT(FIR)滤波器进行修改,从而产生延迟的输出信号,以便于直接计算相序分量。

原来的滤波器结构为

$$\begin{aligned}
x_{a_1}(k) &= \frac{2}{N} \cdot \sum_{j=0}^{N-1} x_a(k-j) \cdot \cos\left(\frac{2\pi}{N} j\right) \\
x_{b_1}(k) &= \frac{2}{N} \cdot \sum_{j=0}^{N-1} x_b(k-j) \cdot \cos\left(\frac{2\pi}{N} j\right) \\
x_{c_1}(k) &= \frac{2}{N} \cdot \sum_{j=0}^{N-1} x_c(k-j) \cdot \cos\left(\frac{2\pi}{N} j\right)
\end{aligned} \tag{12.35}$$

b 相和 c 相可以采用修改后的结构得到,将符号加上一撇($'$)来作为区别:

$$\begin{aligned}
x_{b_1}'(k) &= \frac{2}{N} \cdot \sum_{j=0}^{N-1} x_b(k-j) \cdot \cos\left[\frac{2\pi}{N}\left(j - \frac{2N}{3}\right)\right] \\
x_{c_1}'(k) &= \frac{2}{N} \cdot \sum_{j=0}^{N-1} x_c(k-j) \cdot \cos\left[\frac{2\pi}{N}\left(j - \frac{N}{3}\right)\right]
\end{aligned} \tag{12.36}$$

因此,a 相的正序分量可以如下计算:

$$x_{a_1}^+(k) = \frac{1}{3} \cdot \left[x_{a_1}(k) + x_{b_1}'(k) + x_{c_1}'(k) \right] \tag{12.37}$$

同理,可以采用相似的步骤计算负序分量。当然,如果只是对相序分量的计算感兴趣,那么使用这种改进的滤波器是非常合适的。然而,如果还想要评估谐波含量,那么应该使用原来的 FIR 滤波器(12.13),然后产生延迟以计算任何相序分量。

12.4.3　实验:负序和零序因子的计算

如前所述,识别正序、负序和零序分量对于评估或控制不平衡三相系统非常重要。常用的方法是计算电压和电流基波分量($h=1$)的负序(K^-)和零序(K^0)因子作为电能质量指标。

负序和零序因子的计算公式为

$$K^- = \frac{X_{a_1}^-(k)}{X_{a_1}^+(k)}, \quad K^0 = \frac{X_{a_1}^0(k)}{X_{a_1}^+(k)} \tag{12.38}$$

为了通过 IIR 滤波器实现相序分量识别(sequence component identification, SCI)算法,可以在 PSIM 平台上通过自定义的 C 代码实现离散化方程(12.30)、方程(12.31)和方程(12.33)。SCI 的 C 模块和相序分量因子的计算可以使用之前编写的自定义 RMS C 模块和PSIM 模块来实现,如图 12.20 所示。请注意,式(12.30)和式(12.31)需要将信号移位 1/3的缓冲区大小。如果缓冲区的大小是能被 3 整除的整数时更为有效。本例中,使用的缓冲区大小为 201,采样时间为 8.291874e–5s,请注意 IIR 滤波器已经重新设计。输入信号"grid"缺少 a 相,所以是不对称的。计算结果如图 12.21 所示,仿真实例中负序和零序因子相同。

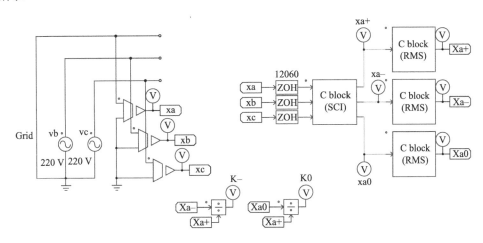

图 12.20 在 PSIM 中通过 IIR 滤波器实现的 SCI 算法

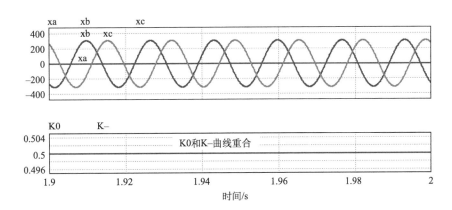

图 12.21 不平衡信号和相应的不平衡因子

Customized C code for SCI algorithm through IIR filter

```
static double xa, xb, xc;                          //inputs
static double xap, xan, xa0;                        //outputs
//....IIR filter variables
static double xa1, xa2, ya1, ya2;
static double xb1, xb2, yb1, yb2;
```

```
static double xc1, xc2, yc1, yc2;
static double a0, a1, a2, b0, b1, b2;
//....SCI filter variables
static double ya, yb, yc, yva[201], yvb[201], yvc[201]; //buffer_size of 201
static int j, k1, k2;
xa = in[0];                              //input signals
xb = in[1];
xc = in[2];
Ts= 8.291874e-5 s
a0 = 1;                                  //IIR filter's coefficients for
a1 = -1.9979824;
a2 = 0.9989587;
b0 = 0.0005206;
b1 = 0;
b2 = -0.0005206;
k1 = j - 67;                             //delayed counter (-N/3)
k2 = j - 134;                            //delayed counter (-2N/3)
if (j-67<0) k1=j+134;
if (j-134<0) k2=j+67;
if (j >= 201) j=0;
//....IIR algorithm for three‑phase
ya = b0*xa + b1*xa1 + b2*xa2 - a1*ya1 - a2*ya2;    //eq.(12.12)
yb = b0*xb + b1*xb1 + b2*xb2 - a1*yb1 - a2*yb2;
yc = b0*xc + b1*xc1 + b2*xc2 - a1*yc1 - a2*yc2;
xa2 = xa1;                               //twice delayed input signal - x(k-2)
xa1=xa;                                  //unity delayed input signal - x(k-1)
ya2 = ya1;                               //twice delayed output signal - y(k-2)
ya1 = ya;                                //unity delayed output signal - y(k-1)
xb2 = xb1;                               //twice delayed input signal - x(k-2)
xb1=xb;                                  //unity delayed input signal - x(k-1)
yb2 = yb1;                               //twice delayed output signal - y(k-2)
yb1 = yb;                                //unity delayed output signal - y(k-1)
xc2 = xc1;                               //twice delayed input signal - x(k-2)
xc1=xc;                                  //unity delayed input signal - x(k-1)
yc2 = yc1;                               //twice delayed output signal - y(k-2)
yc1 = yc;                                //unity delayed output signal - y(k-1)
yva[j] = ya;                             //IIR vector output - phase a
yvb[j] = yb;                             //IIR vector output - phase b
yvc[j] = yc;                             //IIR vector output - phase c
//....Positive Sequence Detection
xap = (yva[j]+yvb[k2]+yvc[k1]) / 3;
//....Negative Sequence Detection
```

```
xan = (yva[j]+yvb[k1]+yvc[k2]) / 3;
//....Zero Sequence Detection
xa0 = (yva[j]+yvb[j]+yvc[j]) / 3;
out[0] = xap;                        //output sequence signals
out[1] = xan;
out[2] = xa0;
j++;                                 //counter increment
```

12.5　自然参考坐标系锁相环

数字同步算法在电力电子领域中得到了广泛的应用，例如，应用于并网分布式发电系统中。对于电力系统应用而言，PLL 算法是最常用的算法，在过去的几十年中人们陆续开发了一些 PLL 算法[11-13,16]。这些同步算法中有很多都是在旋转坐标系(dq)、静止坐标系($\alpha\beta$)或自然坐标系(abc)中设计的，本节将要讨论的就是这类算法。当所有这些算法应用于畸变电压的情况时，显示出在精度、时间响应和有效性方面各自的优缺点。

一些 PLL 算法结构主要是基于式(12.39)所描述的正交性而建立的。根据式(12.40)，通过跟踪基频(ω)及其积分可以得到同步角(θ)，确保了正交性条件[16]。

$$\overline{d}_p = \frac{1}{T} \cdot \int_{t-T}^{t} x x_\perp \mathrm{d}\tau = 0 \tag{12.39}$$

$$\theta = \int_0^t \omega \mathrm{d}\tau \tag{12.40}$$

12.5.1　单相锁相环

本节介绍如图 12.22 所示的单相 PLL 结构，该系统将在 12.5.3 节中数字实现。输入的周期信号(x)乘以合成的单位正交信号($x_\perp$)，得到点积(d_p)。根据式(12.39)，在稳态下该点积的平均值应为零。因此，ε_{dp} 经 PI 控制器自动调节使点积误差(ε_{dp})等于 0，PI 控制器的输出为频率校正信号($\Delta\omega$)。这样，PLL 算法可以跟踪系统的频率，并通过式(12.40)跟踪相位角(θ)。随即系统通过 θ 合成了单位正交信号以便形成 PLL 闭环控制回路。当然，PI 控

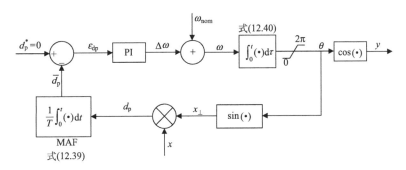

图 12.22　单相 PLL 系统的方框图

制器必须设计成具有相对较慢的动态特性(为 5~10Hz),因为动态特性取决于 MAF,而 MAF 通常以一个基波周期的时间响应来实现。

如果锁相环跟踪的是 DG 系统通常要求的变频信号,则必须采用具有如 12.2.3 节所描述的自适应 MAF 的 PLL 结构[1]。

因为本节的目标是讨论数字处理技术及其应用,所以 PI 控制器的设计不在这里进行深入讨论。将图 12.22 的系统简要描述为如图 12.23 所示的简化 PLL 控制系统,其中包括 PI 控制器、数字积分器、时间延迟(零阶保持器)和 MAF。简化的依据是当 θ 的变化很小时,$\sin(\Delta\theta) \approx \Delta\theta$ [11,12],并且 MAF 完全可以按照理想的低通滤波器[13,14]建模。然后,可以根据图 12.23 的开环增益和相位裕度设计 PI 控制器,并可以通过传统的频率和动态响应分析来进行评估[15]。

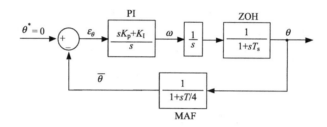

图 12.23　简化 PLL 控制系统的方框图

根据所期望的 PLL 数字系统的性能和特点,PLL 的闭环传递函数可以被简化为二阶系统的标准形式,这已经在文献[16]中证明,这样可以根据期望的穿越频率和阻尼系数来选择 PI 参数。

12.5.2　三相锁相环

前面提到的单相 PLL 结构可以扩展为三相 PLL 结构,如图 12.24 所示。请注意,这里 MAF 可能不是必需的,这一点已经在文献[16]中讨论过,因为两个正交向量的点积为常数或 0,如果输入信号畸变或者不平衡的程度不严重,可以去掉 MAF,此时点积为

$$\boldsymbol{x} \cdot \boldsymbol{x}_{\perp} = x_a x_{a\perp} + x_b x_{b\perp} + x_c x_{c\perp} = 0 \tag{12.41}$$

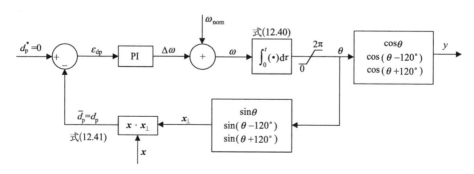

图 12.24　三相 PLL 系统的方框图

如果前面的假设不合适，则可以使用三个独立的单相 PLL 结构来构建三相 PLL 系统，或者在图 12.24 中 d_p 的计算后加入 MAF。请注意，无论有没有 MAF，三相系统都可以用单相结构来建模。

12.5.3 实验：单相 PLL 系统的实现

图 12.25 显示了单相 PLL 系统的两种可能的实现方案。一个基于标准的模拟模块，另一个基于自定义的 C 代码，该代码在 C 模块中实现，两种方案都使用 PSIM 软件。为了评估 PLL 的性能，输入信号"grid"中加入 10% 的三次谐波而发生畸变，并在 0.3s 时施加相位跳变。图 12.26 显示，在跟踪基波频率、相位角或同相输出信号方面，两种实现方案的结果实际上是相同的。

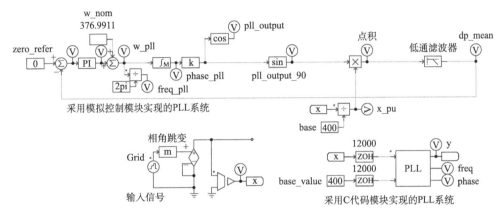

图 12.25　由标准 PSIM 模拟模块和 C 代码实现的单相 PLL 系统

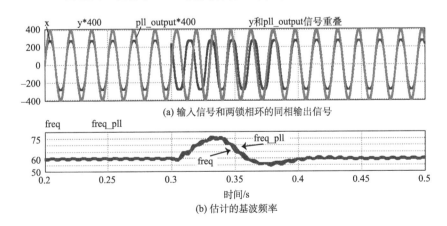

图 12.26　在输入信号畸变及考虑 t=0.3s 时发生相位跳变情况下，两种不同 PLL 的性能

```
Customized C code for phase lock loop algorithm
static double a;          //input signal
static double base;       //base value-PLL algorithm works with p.u. variables
static double PLL_a;      //PLL output, orthogonal to the input signal
```

```
static double PLL_a1;        //PLL output, in phase with the input signal
static double PLL_w;         //PLL output, frequency [rad/s]
static double PLL_phase;     //PLL output, angle [rad]
// constant variables for PLL
static double PLL_kp = 200, PLL_ki = 4000;   //PI controller gains
static double PLL_limit = 500;   //maximum value for the proportional controller
static int PLL_ma_size = 200;       //buffer_size
// variables for PLL
static double dp, mean_out, sum_ma, Wma[200], sum_mag, Wmag[200], sum_rms,
    Wrms[200];
static int j;                       //counter for MAF
// variables for PI controller of PLL
static double PI_PLL, error;        //PI error
static double PI_kp=0, PI_ki=0;     //proportional and integral part
static double PI_limit;             //integral limit
double Tsh =8.33333e-5;             //sampling period [s]
double pi=3.14159265359;            //constant pi value
double w=376.99112;                 //fundamental angular frequency [rad/s]
a = in[0];                          //input signal
base = in[1];                       //base for p.u.
a = a/base;                         //input normalization
// initialization of variables
if (t<0.02)
{PLL_a = 0;
PLL_w = 0;
PLL_phase = 0;
for (j = 0; j < PLL_ma_size; j++)
{Wma[j] = 0;}
j = 0;
sum_ma = 0;
PI_ki = 0;}
// PLL algorithm
dp = a*PLL_a;     //dot product between input signal and orthogonal PLL output
// MAF algorithm
if (j == PLL_ma_size) j=0;
sum_ma += dp - Wma[j];
Wma[j] = dp;
mean_out = sum_ma/PLL_ma_size;     //output mean value
// PI controller algorithm with anti-windup
error = 0 - mean_out;              //PI error
PI_kp = error * PLL_kp;            //proportional part of the PI controller
if (PI_kp > PLL_limit)            //fixed saturation - proportional part
```

```
PI_kp = PLL_limit;
else if (PI_kp < -PLL_limit)
PI_kp = -PLL_limit;
if (PI_kp > 0)
PI_limit = PLL_limit - PI_kp;          //dynamic anti-windup for integral part
else
PI_limit = PLL_limit + PI_kp;
PI_ki += error * PLL_ki * Tsh;         //integral part of the PI controller
if (PI_ki > PI_limit)                  //anti-windup
PI_ki = PI_limit;
else if (PI_ki < -PI_limit)
PI_ki = -PI_limit;
PI_PLL = PI_kp + PI_ki;                //PI output
PLL_w = PI_PLL + w                     //nominal frequency feed-forward
PLL_phase += PLL_w*Tsh;                //Euler integrator (1/s)
if (PLL_phase >= 2*pi)                 //phase angle fixed saturation: 2*pi
{PLL_phase = PLL_phase - (2*pi);}
PLL_a = sin(PLL_phase);                //orthogonal signal generated by the PLL
PLL_a1 = sin(PLL_phase + pi/2);        //in phase signal generated by the PLL
j++;                                   //increment counter
out[0] = PLL_a1;                       //in phase PLL output
out[1] = PLL_w/(2*pi);                 //frequency PLL output [Hz]
out[2] = PLL_phase;                    //phase PLL output
```

12.5.4 实验：基于 PLL 的基波检测器

在这个实验项目中，周期信号的基波将基于 PLL 结构计算。因此，首先如 12.5.3 节讨论的那样，编写自定义 C 代码实现 PLL 算法。如果 PLL 设计合理，并且编程正确，则 PLL 的同相输出信号应以单位幅值跟踪输入信号。因此，基波信号 (y_1) 的计算公式为

$$y_1 = y \cdot c, \quad c = \frac{1}{T} \int_{t-T}^{t} 2 \cdot x \cdot y \mathrm{d}\tau \tag{12.42}$$

其中，x 是输入周期信号；y 是 PLL 的单位同相输出信号。式(12.42)可以由图 12.27 表示。

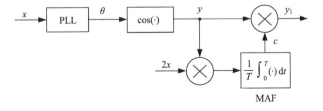

图 12.27 基于 PLL 的基波检测器方框图

基波检测器(FWD)也可以使用自定义的 C 代码编写，然后在 PSIM 平台的 C 模块中实现，如图 12.28 所示。为了评估 FWD 算法，输入信号"grid"中加入 10% 的三次谐波而发

生畸变, 并在 0.3s 时施加相位跳变。图 12.29 显示了仿真结果, 系统在 150ms 内恢复到稳态。完整的实现过程请参见本书作者维护的网页。

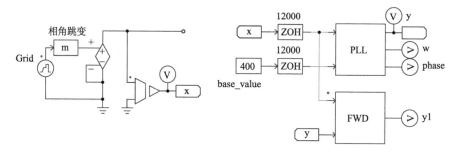

图 12.28　单相 PLL 和 FWD 在 PSIM 中的实现

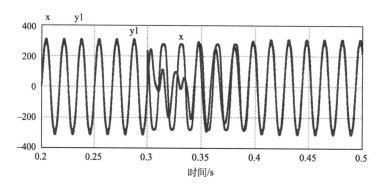

图 12.29　PLL 的输入信号和同相输出信号(单位信号乘以基值)

Customized C code implemented in C block for FWD algorithm

```
static double x, y;                 //input signal
static double y1;                   //output signal
// variables for fundamental wave detector
static int j, PLL_ma_size = 200;    //buffer size
static double sum_mag, Wmag[200];
x = in[0]/400;          //normalized input signal - divided by base value;
y = in[1];              //in phase unitary input signal came from PLL algorithm
// Fundamental wave detector algorithm
if (j == PLL_ma_size) j = 0;
sum_mag += (2*x*y) - Wmag[j];
Wmag[j] = 2*x*y;
y1 = (sum_mag/PLL_ma_size)*y*400;
j++;
out[0] = y1;
```

12.6 MPPT 技术

MPPT 算法在可再生能源发电系统(如光伏发电)的功率调节中非常重要,因为在电流-电压(I-V)特性曲线上存在唯一点对应最大功率点 MPP。而且最大功率点对随时间变化的环境条件非常敏感;例如,光伏电池的最大功率点随太阳辐射的强度和环境温度变化。图 12.30 显示了光伏电池的电流-电压(I-V)和功率-电压(P-V)特性曲线,其中有三个特征点:短路点$(0, I_{SC})$、开路点$(V_{OC}, 0)$和由(V_{MPP}, I_{MPP})表示的最大功率点。此外,最大功率点可以将曲线分为两个工作区域:当光伏能源在最大功率点的左侧工作时,它更像是一个恒流源;当光伏能源在最大功率点的右侧运行时,它表现为一个恒压源。

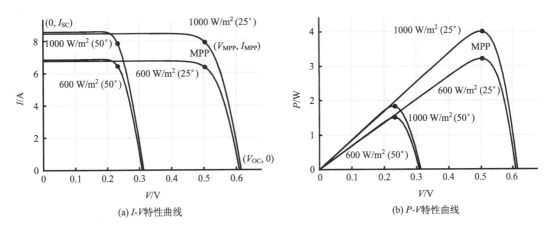

图 12.30　典型光伏电池的特性曲线

光伏电池可以彼此串联和并联,以便组成光伏太阳能电池模块。这些模块之间也可以串联或并联以形成模块组。串联是为了增加电压水平,而并联可以增加电流能力。

光伏电池模块和光伏电池的 I-V 和 P-V 特性曲线形状相同,只是光伏电池的曲线沿着最大功率点左侧部分具有相对更加突出的斜率。然而,由于这些模块的物理面积较大,光伏模块中出现局部遮光,从而在 P-V 曲线上产生多个功率峰值的情况比在光伏电池中要频繁得多。图 12.31 显示了典型的多峰值情况,其中可以观察到局部功率峰值和全局功率峰值,后者就是最大功率点。于是,要快速跟踪最大功率点,如何区分局部峰值和全局峰值是 MPPT 算法中具有挑战性的问题。

从图 12.31 可以看出,控制光伏输出电压(v_{PV})或输出电流(i_{PV})非常重要,因为它们决定了光伏电池的工作点。从图 12.32 可知,MPPT 技术与 DC/DC 变换器一起工作,其中 MPPT 算法为 DC/DC 变换器的内部控制回路提供参考信号[①],即电压(V_{PV}^*)或电流(I_{PV}^*)的参考值。内部控制回路用于调节变换器的输入电压(v_{PV})或电感电流(i_{PV}),产生调节占空比信号(δ),这样将 MPPT 技术与 DC/DC 变换器关联起来,从而确定光伏电池的工作点。

---

① 参考信号是必不可少的,因为 MPPT 技术可以用于电压变量或是电流变量,主要取决于变换器内部控制回路的设计。

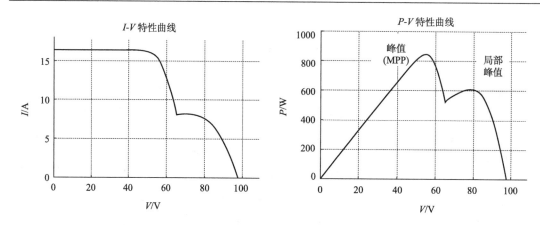

图 12.31　由于局部遮光情况出现的光伏电池系统的多峰值特性

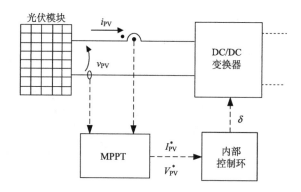

图 12.32　光伏发电系统中 MPPT 算法和 DC/DC 变换器关联的典型结构

文献[17]中介绍了几种 MPPT 技术，而本节主要列出最常用的三种方法：扰动观测法 (perturb and observe，P&O)、增量电导法(incremental conductance，IC)和 β 参数法。

12.6.1　扰动观测法

P&O 技术也称为爬山控制(HCC)，这种方法周期性地改变输出参考信号值，根据光伏装置的输出功率来增加或减少可控的输出量。图 12.33 显示了采用电流控制的扰动观测法的流程图。首先，根据已测得的光伏电池输出电压和电流值计算有功功率 $[\overline{p}(k)]$，计算方法已在 12.2.4 节中介绍，然后，将计算值与之前的样本 $\overline{p}(k-1)$ 进行比较。根据功率和电压的比较结果，增加或减小光伏系统的参考电流值 (I_{PV}^{*})，从而改变光伏系统的工作点。

12.6.2　增量电导法

增量电导法通过监测 $P\text{-}V$ 特性曲线的导数来实现，其中最大功率点所对应的导数值为零。算法根据导数的符号(正或负)，判断输出的参考信号是需要递增还是需要递减，流程图如图 12.34 所示。

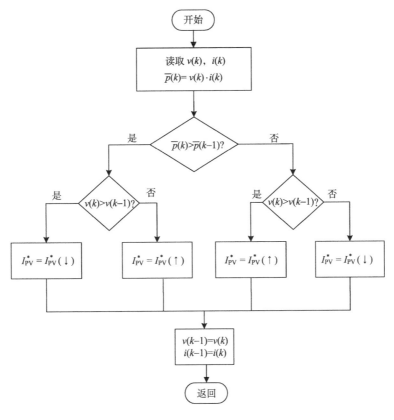

图 12.33 应用于光伏系统电流控制的扰动观测法流程图

需要强调的是，增量技术(如扰动观测法和增量电导法)可能会被光伏模块特性的多个功率峰值所误导，并且这种技术使得系统很难实现正好在最大功率点处工作，而趋向于在最大功率点周围振荡。此外，必须适当地选择增量，以便在时间响应的快速性和稳态振荡程度之间达到良好的平衡。扰动观测法和增量电导法都可以使用可变增量来改进算法[18]。

12.6.3 β参数法

β参数法是通过数学近似来跟踪最大功率点，β参数的定义为

$$\beta = \ln\left(\frac{I_{PV}}{V_{PV}}\right) - c \cdot V_{PV} \tag{12.43}$$

其中，V_{PV} 和 I_{PV} 是光伏模块的输出电压和电流；c 为常数，其表达式为

$$c = \frac{q}{a \cdot k \cdot T_{PV} \cdot N_s}$$

式中，q 是电子电荷；a 是二极管理想因子；k 是玻尔兹曼常量；T_{PV} 是光伏表面温度；N_s 是串联光伏电池个数。

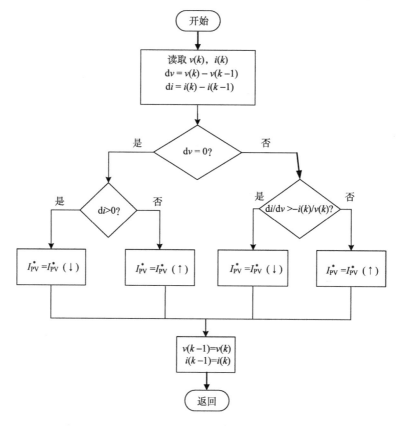

图 12.34　应用于光伏系统电流控制的增量电导法流程图

　　最大功率点处的 β 值几乎不变。因此，在环境变化的情况下，可以使用测量的光伏输出电压和电流不断地进行 β 值计算，并将其插入具有恒定参考值(β^*)的常规闭环控制系统中，如图 12.35 所示。

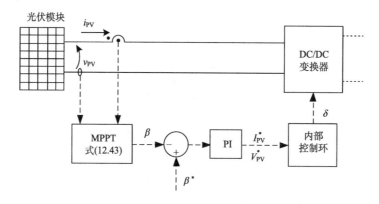

图 12.35　光伏发电系统中基于 β 参数法的 MPPT 示意图

12.6.4 实验：增量电导法的实现

在这个实验项目中,将按照图 12.34 中的流程在 PSIM 中以固定增量步长实现增量电导法。如图 12.36 所示,标准的 PSIM 光伏模块(物理模型)用来代表 Suntech 公司生产的 Pluto Wde-240[19],即六个多晶光伏模块组件,共计 1440W,短路电流为 8.11A,开路电压为 221.4V,最大功率点电压为 177.6V。DC/DC 变换器及其内部控制回路设计为电流控制。增量电导算法用自定义的 C 代码编写,并在 PSIM 平台中的 C 模块中实现。在图 12.37 中,太阳辐射强度(S)急剧变化,以便于使用和评估 MPPT 算法。

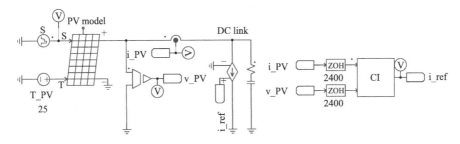

图 12.36　PSIM 中增量电导法的实现模型

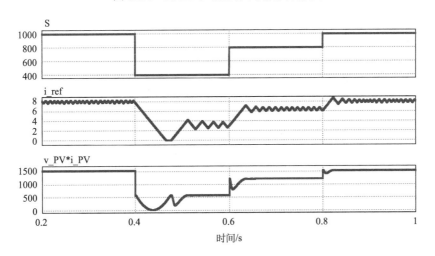

时间/s

图 12.37　增量电导法的波形图

从上到下分别为太阳辐射强度、光伏电流参考值和光伏输出功率

Customized C code implemented in C block for incremental conductance algorithm
```
// variables for IC
static double V, I, delta = 0.05, dI, dV;
static double I_=0, V_=0, Iref = 4;
I = in[0];                        //PV current input signal
V = in[1];                        //PV voltage input signal
dV = V - V_;                      //voltage difference
dI = I - I_;                      //current difference
```

```
// IC algorithm
if (dV == 0)
  { if (dI == 0) { }
    else
    {if (dI > 0) Iref = Iref - delta;
     else Iref = Iref + delta;
    }
  }
  else
  { if (dI/dV == -I/V) { }
    else
    {if (dI/dV > -I/V) Iref = Iref - delta;
     else Iref = Iref + delta;
    }
}
I_ = I;                          //unit delayed current signal
V_ = V;                          //unit delayed voltage signal
if (Iref > 10) Iref =10;         //upper limiter
else if (Iref < 0) Iref = 0;     //lower limiter
out[0] = Iref;                   //output current reference signal
```

使用与图 12.36 相同的电路,学生还应该实现扰动观测法和 β 参数法两种 MPPT 算法,并比较这三种 MPPT 算法的稳态和动态性能。

12.7 孤 岛 检 测

孤岛检测算法的目的是检测电网缺失或不正常运行情况,通过适当的断路器将分布式发电(DG)系统与主电网隔离。为此,孤岛检测算法需要向断路器和 DG 系统的控制策略发送触发信号,这样可以改变 DG 系统的运行状态或关闭 DG 系统。虽然 MPPT 技术对于提高系统的效率很重要,但是孤岛检测技术对于系统的保护以及用户的安全来说也是必不可少的,尤其是在电力系统维护或故障期间。

孤岛检测技术基本可以分为三类:被动检测方法、主动检测方法和远程通信技术。被动检测技术基于对本地的电参量进行孤岛检测,即检测电网断电时逆变器的输出端电压、频率、相位或谐波的变化。主动检测技术通常使用扰动观测法的概念,这意味着 DG 系统向电网注入干扰信号以感知其反馈响应。如果反馈响应不符合预期,则判断进入了孤岛情况。远程通信技术通常使用通信单元,这样允许它们测量非本地的电参量来加快孤岛检测。所有这些技术在成本、准确性、时间响应和有效性等方面都有着各自的优缺点。

为了保证负载的正常运行和用户的安全,以及限制电力扰动向电网传播,人们制定了多项标准。以用于分布式能源与电力系统互联的 IEEE 1547 标准[20]为例,该标准适用于容量小于或等于 30kW(60Hz)的分布式发电系统,并为 DG 系统的孤岛运行以及重新与电网连接设定了条件。如果各相电压的有效值和基频值在表 12.2 所给的范围之内,则 DG 系统必须在特定范围所对应的最大切除时间[①]内实现孤岛运行。DG 系统必须保持孤岛运行，直到与电网重新连接的约束条件全部达到的那一时刻为止，这意味着电压的幅值偏差、频率偏差和相位偏差(电网和 DG 系统电压之间的偏差)在表 12.2 给出的范围内，至少持续 5min(300s)。

表 12.2　系统孤岛运行和与电网重新连接的运行标准(DG 容量≤30kW)

孤岛运行(最大切除时间)		与电网重新连接(最小稳态时间)		
并网点电压/%	频率/Hz	电压幅值偏差/%	频率偏差/Hz	相位偏差/(°)
$V < 50$ (0.16s)	> 60.5 (0.16s)	< 10 (300s)	< 0.3 (300s)	< 20 (300s)
$50 \leqslant V < 88$ (2.00s)				
$110 < V \leqslant 120$ (1.00s)	< 59.3 (0.16s)			
$V > 120$ (0.16s)				

12.8　实验：基于标准 IEEE 1547 的被动孤岛检测

在这个实验项目中，将采用数字技术实现一种被动孤岛检测算法，该算法检测 DG 系统连接点的电压，并将其与标准 IEEE 1547 中的条件进行比较。如果电压参数在可接受的限制范围内，则 DG 系统继续与电网连接运行，但是如果电压参数并未达到要求，孤岛检测算法必须通知 DG 的控制系统，同时将负责系统与主电源隔离的断路器断开，如图 12.38(a)所示。因此，孤岛检测算法作为子系统建模，如图 12.38(b)所示，它负责给断路器和 DG 控制系统发送触发信号来确定 DG 系统孤岛运行还是并网运行。12.5 节已经讨论过，电网和 DG 系统的电压都可以通过 PLL 算法进行测量与处理。经过 PLL 算法处理后，将所得数值与表 12.2 中列出的范围相比较来设置触发信号。根据定义，触发信号等于 1，代表 DG 系统与电网连接，触发信号等于 0，代表 DG 系统孤岛运行。图 12.38(a)为 DG 系统测量信号和触发信号一起作用于控制系统和孤岛开关；图 12.38(b)为电网和 DG 系统的测量信号经 PLL 算法处理后得到相应的电压幅值、频率以及相位信息，用于控制 DG 系统是孤岛运行还是与电网重连运行。

图 12.38 所示的系统在 PSIM 中的实现如图 12.39 所示，其中 DG 系统被建模为电压源，RMS 计算和 PLL 算法已经分别在 12.2.3 节和 12.5 节中介绍。孤岛检测模块基于标准 IEEE 1547 设计，并用自定义的 C 代码编写。该系统的完整实现可以在本书配套网页的仿真文件中找到。请注意，为了更好地观察算法的效果，本例中表 12.2 中所要求的最大清除时间和最小稳态时间都做了减少。在 0.3s 时，将电网电压降低 55%，并保持到 0.4s 时恢复到正常运行。从图 12.40 和图 12.41 的结果中可以观察到，孤岛过程和与电网重连过程是恰当的，它们与所定义的可调时间延迟相符。图中 time 1 对应触发信号为 0 时(断开连接)所需的时间间隔，而 time 4 对应触发信号恢复为 1(重新连接)所需要的时间间隔。

---

①切除时间指从电网发生故障时刻到断路器实际切除电路这段时间，包括检测时间、调整时间以及断路器固有的时间延迟。

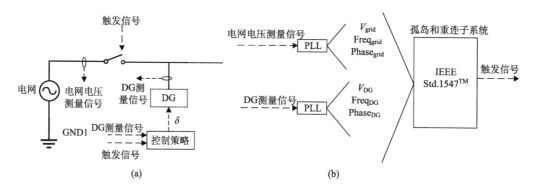

图 12.38　基于标准 IEEE 1547 的孤岛和与电网重连子系统

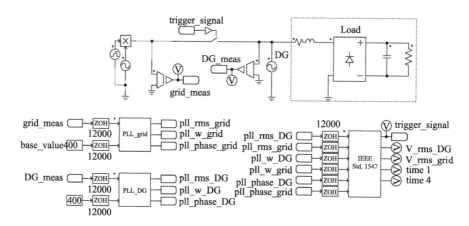

图 12.39　在 PSIM 中实现的孤岛检测算法

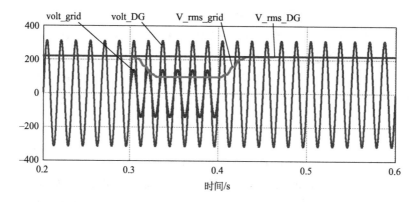

图 12.40　在电压降低期间电网侧和 DG 侧电压的瞬时值及有效值

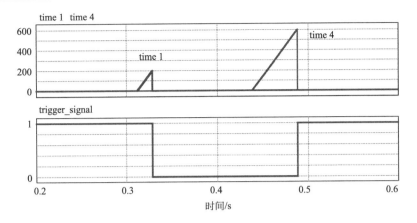

图 12.41 被动孤岛检测算法的结果：可调时间延迟和输出触发信号

12.9 思 考 题

1. 编写自定义 C 程序代码实现式(12.2)中表示的微分函数的计算,并对代码进行评估。

2. 在 PSIM 中实现并比较 12.2.2 节中的三种积分方法：后向欧拉法、前向欧拉法和梯形法。

3. 如图 12.42 所示,为一个具有抗饱和功能的 PI 控制器,请编写自定义 C 程序代码来实现它。图中 L_P 是比例部分的限幅, L_I 是动态积分器的限幅,可按照式(12.44)计算。K_P 和 K_I 分别是比例和积分增益。

$$|L_I(k)| = L_P - |K_P \cdot \varepsilon_x(k)| \tag{12.44}$$

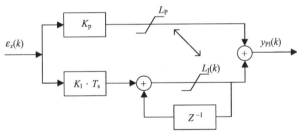

图 12.42 带有抗饱和限幅的 PI 控制器方框图

4. 在 PSIM 中实现并比较两个移动平均滤波器 MAF,其中一个基于单基本周期的时间响应,而另一个基于五个周期的时间响应,MAF 的原理已经在 12.2.3 节中讲述。

5. 无功电流被定义为

$$i_r = \frac{W}{\hat{V}^2} \cdot \hat{v}, \quad W = \frac{1}{T} \cdot \int_{t-T}^{t} \hat{v} \cdot i \, d\tau \tag{12.45}$$

其中,$\hat{v}$ 和 $\hat{V}$ 分别是电压无偏差时间积分的瞬时值和有效值；W 是平均无功功率。与 12.2.4 节相似,请对不同的负载(R、L、C)情况进行分析,计算相应的无功电流。

6. 设计一个 IIR 的调谐滤波器,其频率响应类似于图 12.11,假设它的中心频率为 50Hz,采样频率为 10kHz,阻带为 4Hz。并对所设计的系统进行仿真和分析。

7. 使用 12.4.2 节中介绍的方法,重复 12.4.3 节中的实验项目,即通过改进的 FIR 滤波器计算对称分量。

8. 重复 12.5.3 节中的实验项目,不过这里是输入信号的幅值发生阶跃变化,而不是相位跳变。

9. 不采用 IIR 滤波器,而是使用 12.5.4 节中基于 PLL 的基波检测器 FWD 来实现 12.3.3 节的 THD 计算。

10. 在 12.4 节中已经介绍过,可以先使用 IIR 或 FIR 滤波器进行基波分量识别,然后再计算各序分量。然而,如果预计会出现基频偏差,则需要使用自适应滤波器以确保有效滤波。还有一种方法是使用文献[16]提出的正序分量检测器(positive-sequence detector,PSD),该方法基于 PLL 来实现与最终的频率变化同步。下面简要介绍这种方法。

该方法使用 PLL 来识别 a 相的相位角,然后可以生成单位正弦向量,该向量的每一分量都与输入相电压的对应相同相位:

$$\boldsymbol{y} = \begin{bmatrix} y_a \\ y_b \\ y_c \end{bmatrix} = \begin{bmatrix} \cos\theta \\ \cos(\theta-120°) \\ \cos(\theta+120°) \end{bmatrix} \tag{12.46}$$

求该单位向量与输入信号的点积,结果为

$$\boldsymbol{x} \cdot \boldsymbol{y} = x_a y_a + x_b y_b + x_c y_c = \overline{c} + \tilde{c} \tag{12.47}$$

其中,常数值($\overline{c}$)与正序分量的幅值成正比,它可以通过 MAF 提取。

$$\boldsymbol{y}_1^+ = \begin{bmatrix} y_{a_1}^+ \\ y_{b_1}^+ \\ y_{c_1}^+ \end{bmatrix} = \overline{c} \cdot \frac{2}{3} \cdot \begin{bmatrix} y_a \\ y_b \\ y_c \end{bmatrix} = \overline{c} \cdot \frac{2}{3} \cdot \begin{bmatrix} \cos\theta \\ \cos(\theta-120°) \\ \cos(\theta+120°) \end{bmatrix} \tag{12.48}$$

图 12.43 描述了通过 PLL 实现正序分量检测的过程。值得注意的是,该算法不受频率偏差以及波形畸变的影响。读者可以修改此算法来计算负序分量,然后在 PSIM 或 MATLAB 软件中使用模块或编写 C 代码来实现算法。

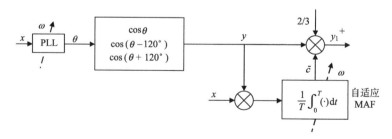

图 12.43　基波正序分量检测器

参 考 文 献

[1] DESTRO, R., MATAKAS, L., KOMATSU, W. and AMA, N.R.N., "Implementation aspects of adaptive window moving average filter applied to PLLs—comparative study", in Brazilian Power Electronics Conference (COBEP), Gramado, IEEE, pp. 730-736, 2013.

[2] TENTI, P., PAREDES, H.K.M. and MATTAVELLI, P., "Conservative power theory, a framework to approach control and accountability issues in smart microgrids", IEEE Transactions on Power Electronics, vol. 26, no. 3, pp. 664-673, 2011.

[3] CAVALLINI, A. and MONTANARI, G.C., "Compensation strategies for shunt active-filter control", IEEE Transactions on Power Electronics, vol. 9, no. 6, pp. 587-593, 1994.

[4] AREDES, M., HAFNER, J. and HEUMANN, K., "Three-phase four-wire shunt active filter control strategies", IEEE Transactions on Power Electronics, vol. 12, no. 2, pp. 311-318, 1997.

[5] MARAFÃO, F.P., BRANDÃO, D.I., GONÇALVES, F.A.S. and PAREDES, H.K.M., "Decoupled reference generator for shunt active filters using the conservative power theory", Journal of Control, Automation and Electrical Systems, vol. 24, no. 4, pp. 522-534, 2013.

[6] OPPENHEIM, A.V., SCHAFER, R.W. and BUCK, J.R., Discrete-Time Signals Processing, 2nd edition, Prentice Hall, Englewood Cliffs, 1999.

[7] NEWMAN, M.J. and HOLMES, D.G., "Delta operator digital filters for high performance inverter applications", IEEE Transactions on Power Electronics, vol. 18, no. 1, pp. 447-454, 2003.

[8] MARAFÃO, F.P., DECKMANN, S.M. and LOPES, A., "Robust delta operator-based discrete systems for fixed-point DSP implementations", in Nineteenth Annual IEEE Applied Power Electronics Conference and Exposition, 2004. APEC '04, IEEE, pp. 1764-1770, 2004.

[9] MATTAVELLI, P. and MARAFÃO, F.P., "Repetitive-based control for selective harmonic compensation in active power filters", IEEE Transactions on Industrial Electronics, vol. 51, no. 5, pp. 1018-1024, 2004.

[10] FORTESCUE, C.L., "Method of symmetrical co-ordinates applied to the solution of polyphase networks", Transactions of the American Institute of Electrical Engineers, vol. 37, no. 2, pp. 1027-1140, 1918.

[11] KAURA, V. and BLASKO, V., "Operation of a phase locked loop system under distorted utility conditions", IEEE Transactions on Industry Applications, vol. 33, no. 1, pp. 58-63, 1997.

[12] DA SILVA, S.A.O, GARCIA, P.F.D, CORTIZO, P.C. and SEIXAS, P.F., "A three-phase line-interactive UPS system implementation with series-parallel active power-line conditioning capabilities", IEEE Transactions on Industry Applications, vol. 38, no. 6, pp. 1581-1590, 2002.

[13] GOLESTAN, S., RAMEZANI, M., GUERRERO, J.M., FREIJEDO, F.D. and MONFARED, M., "Moving average filter based phase‐locked loops: performance analysis and design guidelines", IEEE Transactions on Power Electronics, vol. 29, no. 6, pp. 2750-2763, 2014.

[14] BRANDÃO, D.I., MARAFÃO, F.P., SIMÕES, M.G. and POMILIO, J.A., "Considerations on the modeling and control scheme of grid connected inverter with voltage support capability", in Brazilian Power Electronics Conference, Gramado, 2013.

[15] OGATA, K., Modern Control Engineering, 5th edition, Prentice Hall, Boston, 2010.

[16] PÁDUA, M.S., DECKMANN, S.M. and MARAFÃO, F.P., "Frequency-adjustable positive sequence detector for power conditioning applications", in IEEE Power Electronics Specialists Conference, IEEE, pp. 1928-1934, 2005.

[17] DE BRITO, M.A.G., GALOTTO, L., SAMPAIO, L.P., DE MELO, G.A. and CANESIN, C.A., "Evaluation of the main MPPT techniques for photovoltaic applications", IEEE Transactions on Industrial Electronics, vol. 60, no. 3, pp. 1156-1167, 2013.

[18] HSIEH, G.C., CHEN, H.L., CHEN, Y., TSAI, C.M. and SHYU, S.S., "Variable frequency controlled incremental conductance derived MPPT photovoltaic stand-along DC bus system", in IEEE Applied Power Electronics Conference and Exposition, IEEE, pp. 1849-1854, 2008.

[19] Suntech, HiPerforma module PLUTO 240-Wde Polycrystalline solar module datasheet. http://www.solarchoice.net.au/blog/wp-content/uploads/PLUTO240-245-Hiperforma-Suntech-Solar-Panels.pdf (accessed May 10, 2016).

[20] IEEE "IEEE standard for interconnecting distributed resources with electric power systems", IEEE Std 1547, 2003.